老科技的全球史

David Edgerton

大衛·艾傑頓——著　李尚仁——譯

Shock Of The Old

Technology and Global History Since 1900

目錄
CONTENTS

現代世界的物質史：《老科技的全球史》中譯本導言……9

導論……35
INTRODUCTION

1
重要性……51
SIGNIFICANCE
歷史上，保險套是否比飛機還重要？
我們都知道科技對二十世紀的歷史影響重大，
但到底如何衡量科技的重要性？

2
時間……87
TIME
許多二十世紀最重要的科技是在一九〇〇年之前就發明創造出來的。
在這些科技當中，有些在二十世紀沒落，有些則否。
這些科技的重要性不該被低估。

3
生產……………119
PRODUCTION
雖然農業就業人口減少，但產出卻增加；
屠宰動物通常被歸類為製造業，而非農業。
為什麼會如此？也許家戶是個很好的討論起點。

4
保養……………151
MAINTENANCE
一九五〇年代汽車工業帶來對「自動化」的恐慌，
人們想到工作機會的消失，但是要讓自動化機器能夠運作，
必須大量增加保養的人工，結果能節省的人工所剩無幾……

5
國族……………189
NATIONS
創新並不等於經濟成長，
蘇聯和日本這兩個國家在二十世紀其研發支出都很高，
但日本的經濟卻陷入長期停滯，蘇聯更是貧窮，為什麼？

6
戰爭……………237
WAR
一般常識以為毒氣、雷達和原子彈是二十世紀戰爭勝負的關鍵，
這幅圖像非常誤導。其實，兩次大戰中靠的
主要仍是步槍、火炮、坦克和飛機，甚至馬匹。

CONTENTS

目錄

7

殺戮……267

KILLING

二十世紀是謀殺的世紀。文明化過程並沒有減少殺戮，我們只是將殺戮排除到公共場合之外，無論處決罪犯或殺雞皆然。

8

發明……299

INVENTION

以過去的標準來看，現在並不是一個激進創新的時代。以今天的標準來看，過去顯得特別具有發明力。我們只要想想在一八九〇年到一九一〇年的二十年間出現了許多新產品，像是X光、汽車、飛行、電影與無線電，這些科技今天仍在持續擴張。

結論……331

CONCLUSION

致謝……341

注釋……i

參考書目……xxxii

大衛．艾傑頓重要著作目錄選輯……xlii

給　安德魯

李尚仁
中央研究院歷史語言研究所

現代世界的物質史：《老科技的全球史》中譯本導言

《老科技的全球史》是部二十世紀的全球科技史，[1]但卻是一部不尋常的科技史。大多數科技史的寫法，通常把焦點放在重要的發明與創新。然而，光從章節架構就可看出這本書顯非如此；它雖然是一部二十世紀的科技史，卻不是常見那種依照時間順序講述人們耳熟能詳的重大發明之故事的編年敘事史；從章節安排便可以看出，這是本以主題為架構、強調分析與議論的著作。[2]本書就內容來說也很特別，書中並未特別提到盤尼西林發現的日期或個人電腦是誰發明的，書末也沒有附上「二十世紀重大科技發明時間年表」。作者並未詳述萊特兄弟如何研發與試飛歷史上第一架動力飛機，

1 David Edgerton, *The Shock of the Old: Technology and Global History Since 1900* (London: Profile Books, 2007).

倒是在插圖中提到，萊特經營的腳踏車店是當時相當典型的小型作坊（workshop）。書中不談超音速噴射機、衛星發射或登月計劃等二十世紀著名的科技里程碑，卻用相當的篇幅談鐵皮屋、拼裝船和拼裝車、肥料農藥、屠宰場等一般科技史根本不會觸及的主題。此外，作者還告訴我們，致力研發與使用新進武器科技的國家，不見得會贏得戰爭；二次世界大戰火炮與步槍所殺死的人數，要遠大於轟炸機與原子彈；一個國家投入科技研發的經費多少，與其經濟成長率不見得有正相關。這些見解和主流說法可說大異其趣。

透過這樣的架構與內容，作者強有力地呈現並申述其核心論旨：以發明與創新為焦點的傳統科技史，無法理解科技在全球所扮演的角色；要達成這個目標，必須將研究的焦點放在科技的使用。為何本書會用這樣的角度來看待科技？是什麼樣的作者會寫出一部如此特殊的二十世紀科技史？本書作者大衛・艾傑頓原本主修化學，畢業於牛津大學，後來在倫敦帝國學院攻讀博士，論文分析比較英國在一九三一年到一九五一年間對棉紡織與飛機這兩種製造業的國家干預政策。[3]這個訓練背景不止見諸艾傑頓的科技史研究對於經濟數據與政策分析的重視，也可見諸本書對科技與產業關係的探討，乃至所舉關於飛機與棉紡織業的例子。博士畢業後，艾傑頓先是任教於曼徹斯特大學教授科技史，之後在倫敦帝國理工醫學院（Imperial College of Science, Technology and Medicine）創辦科學史、科技史與醫學史中心（Centre for the History of Science, Technology and Medicine），並擔任該中心主任，後升任「漢斯・勞興講座教授」（Hans Rausing Professor）。他與該中心於二〇一三年移轉到倫敦國王學院的歷史系。艾傑頓的研究興趣主要是二十世紀英國史、全球科技史以及現代性的物質史（material histories of modernity），尤其關心英國國家（British state）、英國軍國主義（British militarism）以及專家與科技官僚在現代世界中所扮演的角色等課題。艾傑頓曾經應清華大學科技與社會中心邀請，於二〇〇二年來台訪問並於清華大學與中央研究院歷史語言研究所發表演講。

艾傑頓的史學研究的重要切入點批判是長久以來充斥著英國史學界、社會科學

2 曾經擔任技術史學會會長的美國科技史學者烏舍曼，批評此書缺乏中心主導敘述，也沒有編年的發展，而是按照各章主題進行論辯，因而就像「許多受到科技研究（science and technology studies）影響之歷史學者的著作一般，在許多方面是部哲學著作，非歷史。」Steven W. Usselman, "Material World", *Reviews in American History* 35 (2007), pp. 580-589, on p.581。這個說法不是很公允，這種近年在科學史與醫學史也十分常見的分析性寫作架構，不見得就是受到ＳＴＳ的影響，更不能說這樣的寫作方式就是「哲學」，而不是歷史。這本書的內容與其說是哲學，毋寧是帶有強烈史學論辯性質的歷史研究綜述。

3 David E. H. Edgerton, 'State Intervention in British Manufacturing Industry, 1931-1951: A Comparative Study of Policy for the Military Aircraft and Cotton Textile Industries', unpublished Ph.D. Dissertation, University of London.

界的「英國沒落論」（British Decline）以及相關的歷史解釋，尤其是致力檢討此一說法所涉及的科技史史學議題。本文就由他對沒落論（declinism）的反思著手，來簡介艾傑頓的科技史史學觀點。

○對英國沒落論的批判

根據艾傑頓的看法，沒落論的說法深刻地影響了當代英國對於英國歷史、政策、文化與產業的認識。所謂「英國沒落論」並非泛泛地指涉大英帝國在二十世紀的瓦解以及英國國力在這段期間的衰弱，而是對十九世紀末到二十世紀英國歷史的一套特定的看法和解釋，其中特別強調科技落後與國勢衰頹之間的因果關係。這套沒落論的論點大致如下：十九世紀上半的英國不只是國力超強的帝國，也是工業革命的發源地；經濟上，英國的產業領先群倫是全世界製造業的中心。然而，到了一八七〇年代情況卻開始改變。雖然英國仍是個大帝國，甚至還持續擴張其海外殖民地，國家卻開始走上沒落之路。英國的經濟效率比不上新興的德國與美國，其產業缺乏研發與創新，工廠使用過時的技術，無法在國際上與其他國家競爭。這是英國在二十世紀走下坡的源頭。造成英國走向沒落的重要原因之一，是英國政府與產業界不夠重視科學與技術，投入技術研發與創新的資源嚴重不足，高等教育更是忽視科學與科技教育的重要性。這種偏頗的走向，和英國以牛津和劍橋這兩所古老大學為代表的菁英文化關係密切。這些大學的教育偏重以古希臘文、拉丁文閱讀古典典籍，頂多再加上對數學這個抽象學科的偏好，卻對實用的科學與技術不屑一顧。結果這些大學培養出來的政治與文化菁英不只對科學缺乏理解，而且還有反科技與看不起工程師的偏見，結果造成英國社會一股反產業與反科技的風氣；也使得英國文化充滿了懷舊氛圍與對田園風味的喜好，上流社會瀰漫著一股向後看、不往前看的舊式仕紳風尚。牛津與劍橋大學畢業的菁英位居政界、法界、文官體系乃至商業與金融界的要津，導致英國政府與企業界對科技研發的無知與輕視，而政府財政部門的政策偏頗，更導致英國政府對於科技研發與科學研究的投資嚴重偏低。如此林林總總的不良影響，導致一八七〇年後英國技術發展落後於其他的競爭者。[4]

4 David Edgerton, *Science, Technology and the British Industrial 'Decline' ca. 1870-1970* (Cambridge: Cambridge University Press/Economic History Society, 1996), pp. 1-10, 16-19; David Edgerton, *Warfare State: Britain 1920-1970* (Cambridge: Cambridge University Press, 2005), pp.191-229. 英國沒落論的代表作參見Correlli Barnett, *The Audit of War: the Illusion and Reality of Britain as a Great Nation* (London: Macmillan, 1986)；Martin Wiener, *English Culture and the Decline of the Industrial Spirit, 1850-1980* (Cambridge: Cambridge University Press, 1981).

這套科技沒落論說法廣為英國學界所接受，不只是右翼的歷史學家鼓吹這套「英國沒落論」，就連著名新左派學者派里．安德森（Perry Anderson）也附和這套說法，認為二十世紀的英國善於操弄人民、管控其帝國，卻在經濟上欲振乏力。它能夠透過福利國家的體制取得人民的支持，卻在科技發展上一籌莫展。儘管如此，艾傑頓認為還是有卓然不群的學者與知識分子不受沒落論誤導，並能洞察英國的國家性質。安德森的論敵同時也是英國勞工史、社會史的左翼史學大家湯普森（E. P. Thompson），就是其中佼佼者。湯普森在批判安德森的論點時指出，自十九世紀以來「政治經濟學與科學就是英國意識形態的核心」。安德森攻擊的是過去的舊事物，卻未能看清楚英國國家（state）的新現實。[5]

沒落論另一個影響更為深遠的說法，是史諾（C. P. Snow）關於科學與人文「兩種文化」的看法與討論。艾傑頓認為，史諾的論點除了把受人文學科教育出身的官員、文化界與產業經營者，將之對立於工程師與科學家之外，還把這兩者與現代英國南北對立的刻板印象掛勾。在這幅圖像裡，英國南方富裕的傳統貴族與仕紳階級的古典人文品味主導了菁英文化與政府政策，然而大多數務實的工程師與科學家卻出身於製造業重鎮的北方，而且家境背景通常較為微寒。兩種文化的對立還沾上了貧富、南北對立的色彩。艾傑頓的批評則指出，史諾所謂兩種文化其實是基於非常偏頗的取樣，其中討論到所謂的科學其實只侷限於學院中的物理學，而人文知識分子則只有討論到小說家；對於十九世紀晚期以來英國科學、技術的種種重要成就，以及這段期間英國科學、技術與文化的密切關係，史諾完全視而不見。此外，艾傑頓還舉出許多史諾著作中的史實錯誤，包括他關於特定科學家在二次大戰英國戰略轟炸中所扮演的角色等說法。這些事例顯示，史諾在知識上甚至可信度上都有相當可議之處。[6]

艾傑頓認為沒落論不只偏離歷史實際狀況甚遠，而且導致許多扭曲誤導的科技

5 David Edgerton, 'The State, War and Technical Innovation in Great Britain, 1930-50: the Contrasts of Military and Civil Industry', in Ian Varcoe, Maureen McNeil and Steven Yearley (eds.), *Deciphering Science and Technology: The Social Relations of Expertise* (London: Macmillan, 1990), pp.29-49, on pp. 32-35; Edgerton, *Warfare State*, pp. 225-226. 安德森附和沒落論的說法出於Perry Anderson, 'The Figures of Descent', *New Left Review* No.161 (1987), pp.27-28，該文後收錄於Perry Anderson, *English Questions* (London: Verso, 1992), pp.121-192; 湯普森的回應見於E. P. Thompson, 'The Peculiarities of the English', *The Socialist Register* 2 (1965), pp. 311-362，後收錄於E. P. Thompson, *The Poverty of Theory and Other Essays* (London: Merlin, 1978), pp. 35-91.

6 艾傑頓對史諾的批評，參見Edgerton, *Warfare State*, pp.191-229; David Edgerton, 'C. P. Snow as an anti-Historian of British Science: Revisiting the Technocratic Moment, 1959-1964', *History of Science* Vol. 43 (2005), pp. 187-208. 後者有個較簡短版本的中文翻譯：大衛．艾傑頓著，周任芸譯，〈查爾斯．史諾：英國科學的「反歷史評論者」〉，收錄於吳嘉苓、傅大為、雷祥麟主編，《ＳＴＳ讀本Ｉ：科技渴望社會》（台北：群學出版社，2004），頁107-122。

觀點。誤導的原因之一是，史諾等人把焦點放在被認為對政府的政策走向有很大影響的管理階層高階文官（administrative civil servants），並將之描繪成由牛津劍橋文科畢業、攻讀古典學（classical studies）的上流階級出身者所主導。換言之，一群不懂科學，養尊處優，背景類似十八、十九世紀貴族與上流階級的過時人物，主導了英國政府的產業、國防與科技政策。但艾傑頓指出，這種說法忽略了政府所聘用的專家與技術人員，這批人相當龐大而且扮演重要角色。此外，高階文官雖大多出身於私立住宿學校、畢業於牛津劍橋的文科，但其中大多攻讀歷史學這類的現代學科，而非古典學。而且高階文官當中也有不少重要人物是科學家與工程師，有些甚至是成就相當高的科學家。[7]

更重要的是對經濟數據的考察顯示，所謂英國的科學教育、研發活動乃至產業效能到了十九世紀晚期都不如德國，二次世界大戰後又被日本、法國等國家超前的沒落論說法，其實無法成立。實際情況恰好相反，在一九六〇年代之前，英國富裕程度僅次於美國，其科學與技術教育的水準以及創新的紀錄，也毫不遜色於德國、法國與義大利等歐洲國家。有一個說法是，英國政府的研發支出集中在核能和航空這兩個科技領域，誤以為這兩個大型的高科技產業在未來會帶來龐大的經濟效益，沒想到結果正好相反，這兩個科技產業都未能帶來預期的經濟效益甚至導致虧損。

然而，實際數字顯示，儘管政府偏好發展核能與航空等昂貴的高科技，但是英國民間產業對於科技研發的投資也相當可觀。在一九六〇年代中期之前，英國產業的研發支出高於日本、德國、法國以及義大利。數據甚至顯示一些奇怪的現象，例如一九六〇年代英國民間產業的研發支出是法國的四倍，但法國卻有比較高的經濟成長率；一九六〇年代晚期和義大利的比較也可見到類似的現象。這段期間法國和德國的研發支出低於英國（稍後德國才超過英國），但國家富裕程度卻開始超越英國。[8]這種現象甚至引發懷疑：「英國的問題是不是企業花太多錢在研發上面？」[9]

○福利國或戰爭國

除了對十九世紀末以來英國產業與經濟發展的批評之外，沒落論的說法還有一個重要來源，就是對英國二十世紀的戰爭表現與軍事實力的負面看法，尤其對第一

7 Edgerton, *Warfare State*, pp.108-134.
8 Edgerton, *Science, Technology and the British Industrial 'Decline'*, pp. 36, 46, 57, 63, 67.
9 David E. H. Edgerton, 'British Industrial R&D, 1900-1970', *Journal of European Economic History* Vol. 23 (1994), pp.49-67, on p.65.

次與第二次世界大戰之間（interwar period）英國軍事政策與武器發展的評價甚低，並據此進而對英國政治與文化作出嚴厲的批判。[10]艾傑頓對英國沒落論的批判，有相當大一部分是針對二十世紀英國航空產業做有系統的研究與重新評估，其成果展現於《英格蘭與飛機：論一個好戰的科技國家》一書。[11]

有些沒落論的歷史學家如巴耐特（Correlli Barnett）認為，二次大戰前與戰時，英國航空工業的無效率與錯誤發展，以及軍方對科技重要性的缺乏理解與無法使用科技，使得英國在戰爭中吃了不少虧。艾傑頓以詳盡的研究和數據來反駁這種說法。他指出在兩次世界大戰之間，英國政府花費在飛機研發上的經費，不只高於陸軍與海軍的研發經費，也高於全國任何其他的產業。而且英國政府在政策上十分在意要讓數量足夠的私營飛機設計與製造公司存在，讓它們彼此競爭，以維持創新的效率與技術發展的優勢。為此英國對航空工業投入大量的資源與經費。一九二〇年代英國擁有全世界最大的航空工業。許多人認為二次大戰期間英國的軍火工業落後於德國，航空產業生產效率不彰。然而事實上在一九四〇年代英國的飛機產量比德國要高出百分之五十，戰時英國航空工業的生產效率要比德國來得更好。因此艾傑頓認為英國航空工業與空軍的史實，和所謂「英國沒落論」的說法正好相反，事實上英國這個國家非常重視科技、相信創新科技所能帶來的效益，而且非常熱衷於將科技應用到戰爭上面。早在萊特兄弟飛機研發有所突破時，英國軍方就對飛機的軍事用途興致濃厚。艾傑頓認為假使第一次世界大戰結束得晚些，英國很可能會是第一個有系統將飛機與坦克等新武器科技運用在戰場上的國家。此外，英國也是全世界最早讓空軍獨立成為一個軍種的國家。[12]

英國政府之所以重視空軍，一部分原因是來自軍事戰略上的考量。英國自認陸軍兵力比不上德國，因此從來就沒有打算動用大批地面部隊在歐陸與對方決戰；使用飛機轟炸對方便成為戰略上的優先選擇。英國政府打的如意算盤是要藉由運用飛機這種科技武器，來減少戰場上的人力消耗，從而節省戰爭的經濟成本。英國政府還相信使用飛機來攻擊對方的城市與工業等平民目標（而非敵人軍隊），是致勝的要訣。早在一九三〇年代，英國就認為要因應德國的挑戰，空軍是既便宜又有效率的方法。英國政府做這樣的選擇也有歷史上的因素：二十世紀初英國在中東等地使用飛機來鎮壓殖民地人民的反抗，發現成效良好。於是飛機成了大英帝國用來控制人

10 Barnett, *The Audit of War*. 艾傑頓對此書的批評，參見David Edgerton, 'The Prophet Militant and Industrial: The Peculiarities of Correlli Barnett,' *Twentieth Century British History* Vol. 2 (1991), pp. 360-379.

11 David Edgerton, *England and the Aeroplane: An Essay on a Militant and Technological Nation* (London: Macmillan, 1991).

12 Edgerton, *England and the Aeroplane*, pp. 1-82.

口稀疏之殖民地的有效工具。由於英國空軍先前有此一試身手的機會，因而得到國家在政策上與戰略思維上的垂青。[13]

二次大戰發生時，英國將這樣的戰略付諸實行。一般人常以為第二次世界大戰是德國率先轟炸英國，加上中日戰爭時日本對上海平民的轟炸，以及納粹德國在西班牙內戰對西班牙共和派的轟炸，這些血淚斑斑的歷史使得許多人認為，轟炸平民是第二次世界大戰中法西斯主義與納粹特有的殘忍作風。然而實情恰好相反，艾傑頓在《英格蘭與飛機》與《英國的戰爭機器》這兩本書指出，在英國上空的空戰要到一九四〇年五月才開打，但早在這之前英國空軍就已經對德國展開轟炸了。此外，英國空軍的編制比起德國空軍更側重於轟炸平民目標，而英國與德國對雙方平民轟炸的規模也不成比例，總計英國有六萬名左右平民死於轟炸，而德國光是漢堡一個城市就有十一萬八千名上下的平民死於盟軍轟炸。許多歷史敘述把德國空軍一九四〇年對英國科芬特里（Coventry）的轟炸（該次轟炸因為毀掉當地著名的教堂而哄傳一時），與一九四五年盟軍對德勒斯登（Dresden）的轟炸相提並論。然而科芬特里共有五百五十四人死於轟炸，德勒斯登卻至少有兩萬五千人死於轟炸，三萬五千人失蹤。[14]

二次大戰時約克大主教（Archbishop of York）威廉・天普（William Temple）首度提出「福利國家」（welfare state）這個名詞來形容英國，對比於被稱為「權力國家」（power state）的德國。[15]福利國家本來是個戰時的宣傳詞彙，戰後卻成為常用的名詞，用以指稱英國國家日益擴張的社會服務與福利措施，如公醫制度等。福利國家也成為一個社會科學概念，是史學與社會科學研究戰後英國社會的重點。艾傑頓並不否認福利國家的出現，但他認為其重要性遭到誇大，結果是研究焦點只放在福利國家，卻幾乎完全忽視更為重要的「戰爭國家」（warfare state）[16]；大多數人只注意到戰後英國的「福利國家」性質，卻忽略英國長久以來的「戰爭國家」性格從未消退。艾傑頓引用研究數據指出，一九三九年後的福利支出擴張其實遠不如一般認為的那般龐大，相反地，戰後軍費支出的成長速度要遠高於福利支出的成長速度。就以一九五三年為例，「國防占了所有公共支出的百分之三十以上，醫療保健與社會安全則占百分之二十六」。[17]由此看出，戰後英國仍花費大筆的經費與資源在國防預算與武器發展上面，其人力、

13 Edgerton, *England and the Aeroplane*, pp. 41-43.
14 Edgerton, *England and the Aeroplane*, pp. 59, 64; David Edgerton, *Britain's War Machine: Weapons, Resources and Experts in the Second World War* (London: Penguin, 2011), pp. 35-42, 65-69.
15 Edgerton, 'The State, War and Technical Innovation in Great Britain', p. 30.
16 Edgerton, *England and the Aeroplane*, pp. 85-89.
17 Edgerton, *Warfare State*, pp. 66-68, on p. 66.

預算金額與擴張速度都遠大於社會福利。英國致力於重新武裝，軍費支出從一九四九年占百分之六．五的國家生產毛額，提升到一九五〇年代的百分之十，全國科技研發經費有一半以上是花在武器研發上面。武器研發占了國防經費的百分之十五。這使得英國成為戰後西歐最大的「戰爭國家」。

英國國家領導菁英對科技的重要性堅信不移，「國防政策倚重科技與資本密集的武器系統」；而且主張軍火科技應該交由民營部門來發展，但是國家要介入輔助與指導，認為「在某種程度的國家控制下之私人產業，最能夠達成技術進步」。艾傑頓把英國的這套軍事思維與國防政策稱為「自由派軍國主義」（liberal militarism），這個名詞除了和普魯士／德國以及日本的軍國主義做出區分之外，也強調英國的民主體制往往遮蔽了其軍國性質，以致於多數研究者對其視而不見。艾傑頓認為自由派軍國主義有四大特徵：「不採行大量徵兵」、「依靠科技與專業人員來彌補人力的不足」、「攻擊目標不侷限於敵方軍隊，也包括平民與經濟」、「標舉其普世意識形態和世界秩序觀」。除了英國外，美國也沿襲採納這樣的軍事思維，成為繼英國之後的自由派軍國主義佼佼者。英國的自由派軍國主義又可分為四個階段：十九世紀到一次世界大戰是「海軍至上主義」（navalism）、一次世界大戰後到二次世界大戰則是「空軍至上主義」（airforceism）、一九五〇年代起則是「核武至上主義」（nuclearism），到了冷戰結束後，英國建軍方向則是要在美國領導下扮演輔助角色，強調能夠快速投射兵力的能力。[18]

自由派軍國主義將大量資源投注於軍事科技的研發，試圖以高科技武器系統戰勝數量更為龐大、以地面部隊為主的對手，但英國在二十世紀的實戰經驗卻戳破了這個昂貴的美夢。第一次世界大戰，英國打的戰略如意算盤是用海軍封鎖德國，切斷其經濟命脈，同時透過制海權將自己生產的彈藥源源不絕地提供法國等從事地面作戰的盟邦；結果海軍封鎖未能達成目標，戰局的演變迫使英國急忙徵召大量兵員投入歐陸西線戰場，進行漫長而死傷慘重的戰鬥。第二次世界大戰前，英國同樣企圖用海軍封鎖德國，並且使用戰略轟炸摧毀德國的經濟生產與國民的士氣，而只打算用小量陸軍兵力支援法國。[19]其結果，如本書所述，是更加難堪的軍事失敗。真正打敗納粹德國的是蘇聯紅軍犧牲慘重的地面作戰。柏林是靠巷戰拿下來的，而不是轟炸。英國在二次大戰前耗費巨資研發配置的轟炸機，在戰爭之初甚至無法轟炸到其目標，因為軍方沒有預期到白晝轟炸，敵方的防衛會讓轟炸機損失慘重；戰爭初期英國空軍並沒有有效進行夜間投彈的光學設備，要等到遭遇上述問題後才在戰爭

18 Edgerton, 'The State, War and Technical Innovation in Great Britain', pp. 31, 41; David Edgerton, 'Liberal Militarism and the British State', *New Left Review* No. 185 (1991), pp. 138-169.

19 Edgerton, 'Liberal Militarism and the British State', pp. 138-146.

期間研發出來。同樣的狀況也發生在英國大力研發的雷達，起初英國的雷達系統並無法有效在夜間引導戰鬥機與高射炮火攻擊來襲的德軍轟炸機，也是在實戰期間經過改良並改變高射砲的配置之後，才解決這問題。[20]

創新與使用

投入大量預算從事科技研發，不見得能帶來高速的經濟成長；擁有昂貴精密的高科技武器系統，不見得能戰勝科技水準落後的敵人。這樣的情況牴觸了許多人對科技的認知與常識，但歷史充斥著這樣的例子，統計數字也顯示如此，那麼這究竟是怎麼回事？有怎樣的解釋？艾傑頓認為，我們對於科技在歷史中發揮的作用以及科技與社會的關係，認識多有錯誤；而一般的科技史與科普著作乃至通俗文化對科技的呈現，要為此負很大的責任。這類作品最常見的問題，就是把焦點放在發明與創新而非使用。艾傑頓在〈從創新到使用：十道兼容並蓄的科技史史學提綱〉這篇論文中，有系統地回顧近年科技史研究的取向問題，乃至檢討歐美社會文化主流對科技的看法；但這篇文章並非只有批判，它還提出新的研究方向。這篇論文引用大量科技史文獻、行文論證相當緊湊嚴密，但是其核心論點其實相當簡單：會對人類社會產生重大影響的科技，必然是使用相當廣泛的科技；一項科技要能獲得相當廣泛的使用，距離其發明必然已經有相當長一段時間；然而，大多數的科技史研究乃至通俗文化都把焦點放在發明、創新以及新科技早期的應用，這使得我們對於科技與社會的關係以及科技在歷史上如何發揮作用，理解有所偏差。艾傑頓認為「我們不應將發明與創新的歷史，與科技史混為一談」，科技史研究的重點應該是「使用中的科技（technology-in-use）的歷史」。

其實本書的部分論點，在〈從創新到使用〉已經以提綱挈領的方式提出，例如「技術使用的歷史與創新的歷史，在地理、年代與社會學的面向都有著明顯的差異」（提綱二）、「創新與技術的混淆在國族史（national histories）當中特別明顯。但是民族－國家（nation-state）不是世界的縮影」（提綱三）、「一種技術的普遍性不是其重要性的絕對指標。一定得把替代技術列入考量」（提綱七）、「以創新為中心（innovation-centred）與以知識為中心（knowledge-centred）的技術敘述，是二十世紀文化的核心」（提綱十）等等。[21] 艾傑頓之前的研究大多以英國為研究主題，〈從創新到使用〉討論的範圍則是全球科技史。不過該文是以文獻批評回顧的方式進行寫作，其中使用了不少專業術語，行文

20 Edgerton, *Britain's War Machine*, pp. 28-69.

相當簡約緻密，一般讀者閱讀可能較為吃力。

除了批評主流科技史以科技創新為焦點、未能正視使用的重要性之外，艾傑頓對目前科學史與科技史的研究潮流也有其他的反思。他認為近年來科學史與科技史的主流是微觀的個案研究，但卻忽略了「鉅觀的政治、經濟與國族」。[22]然而艾傑頓也指出，科技史研究的情況並非向來如此，「關於科學、經濟與社會之關係的思考，有個重要的馬克思主義傳統，自一九三〇年代起帶來了豐富的新科學史與科學政策研究」，但後來的「西方馬克思主義排斥庸俗的經濟主義與政治經濟學，左派開始研讀彩色副刊而非經濟版：它發現了消費，而將生產與政治視為過時並予以放棄。」少數的例外，是一九七〇與八〇年代的科技史對企業與勞動過程的研究帶來相當豐碩的成果。艾傑頓呼籲科學史與科技史要「嚴肅看待生產、消費、勞動與經濟」。[23]要進行這樣的研究需要有不同的分析方法，計量史學在此非常重要。艾傑頓感嘆：「很不幸地，史學的流行風潮導致計量史學甚至一般經濟史的不受信任」，這點亟待改變。[24]

此外，艾傑頓認為，近年科技史寫作的旨趣往往是「將科技放在歷史與文化的脈絡中」來加以理解，但問題是，構成脈絡的既有歷史作品往往已經預設了某種對科技的看法，導致循環論證，因此他贊成拉圖以及受到拉圖影響的ＳＴＳ學者皮克林（Andy Pickering）的主張：要同時書寫「內容與脈絡的歷史」。不過艾傑頓對拉圖的學說並非毫無保留地接受，他警告不要像拉圖那般常混淆「社會學（sociology）與社會（society）」，並且「把世界看成是實驗室無中生有地創造出來」。[25]

其次，艾傑頓指出即便科學史學者現在強調要對科學家的說法存疑，要將之放到歷史脈絡中檢視考察，但是歷史學者仍舊低估科學家與工程師的說法在多大程度上形塑了一般人乃至歷史學者對科技的理解，史諾「兩種文化」的看法就是個很好

21 李尚仁、方俊育合譯，大衛・艾傑頓（David Edgerton）著，〈從創新到使用：十道兼容並蓄的科技史史學提綱〉（From Innovation to Use: Ten Eclectic Theses on the Historiography of Technology），收入於吳嘉苓、傅大為、雷祥麟主編，《ＳＴＳ讀本Ⅱ：科技渴望性別》（台北：群學出版社，2004），頁131-170。這篇文章最早的版本是David Edgerton, 'De l'innovation aux usages. Dix thèse éclectiques sur l'histoire des techniques' 的標題發表在《年鑑》（*Annales HSS*）, juillet-octobre 1998, Nos. 4-5, pp. 815-837；英文版David Edgerton, 'From Innovation to Use: Ten Eclectic Theses on the Historiography of Technology,' in *History and Technology* Vol. 16 (1999), pp. 111-136. 中譯本是根據英文版所翻譯。

22 Edgerton, *Warfare State*, p. 333.

23 David Edgerton, 'Time, Money, and History', *ISIS* Vol. 103, No. 2 (June 2012), pp. 316-327, on pp. 317-318.

24 Edgerton, *Science, Technology and the British Industrial 'Decline'*, p. 68.

25 David Edgerton, 'Invention, Technology, or History: What Is the Historiography of Technology About?', *Technology and Culture* Vol. 51 (2010), pp. 680-697 [PDF publication], on p. 694-695.

的例子。艾傑頓呼籲學者不只要重視史諾這類的「反歷史學者」(anti-historians),也要著重另一種「由下而上的史學」(historiography from below):這不是研究庶民的歷史,而是不要只注意到學院科學家的說法,更要留心「訃聞、電視紀錄片、童書、百科全書、博物館以及業餘歷史學者鉅細靡遺的可愛著作。」[26]他還特別提醒,一般人常認為科學家關於科學的看法乃出自於科學主義(scientism),但其實它們更常來自一般的觀念:「維多利亞時代的科學家敵視由國家來資助科學,這是當時一般看待國家的態度;第一次世界大戰前轉向經濟國族主義,也不是只有科學家才如此。伯納(J. D. Bernal)的《科學的社會功能》(*Social Function of Science*, 1939),也很明顯地是衍生自馬克思主義關於壟斷資本主義、軍國主義與帝國主義的標準分析,他試圖向科學家說明,要讓科學自由的唯一辦法是廢除資本主義。同樣地,自由科學學會(Society for Freedom in Science)反對科學計劃的人,其自由科學的理論也不是自己發明的,而是來自奧地利經濟學」。[27]換言之,科學家與工程師對科學、科技政策乃至科技與社會之間關係的看法,不見得來自對其科學研究經驗而來的深刻反思或獨到創見,而更可能是來自當時盛行的政治經濟思想、社會理論乃至常民偏見。對於科學家與工程師這類說法,歷史學者若不假思索地信以為真,帶來的會是扭曲的科技史圖像。例如,「許多關於英國科學與技術的討論,都不具批判性地依賴科學家、工程師與產業界人士的證詞。這些人強調負面的特徵；如此說法無疑源自他們鼓動要爭取更多經費」。[28]

最後，就如本書所指出，學院內的研究只占整體研究事業的一小部分。以英國為例，即便是兩次大戰之間的和平時期，「軍事研究仍占了其科學研究的三分之一到二分之一」，而且有充分證據顯示「第二次世界大戰最重要的創新都出自於戰爭國家，而非學院」。他指出「大多數的科學研究是為了軍事或經濟的目的，金錢報酬是關鍵」。但科學史與科技史卻嚴重地偏向探討「距離經濟漩渦最遠」的學院科學與學院研究，這帶來相當扭曲的科學與科技圖像。[29]

這樣一本強烈反對過去科技史的研究取向，對許多名家的重要著作不假辭色加以批評，並提出不少一反習以為常觀點之見解的著作，其出版不免引起注目與議論。令人驚訝的是大多數的書評，包括某些在本書中遭到點名批評的學者，大多給本書相當正面的評價，甚至高度的讚譽。例如曾對美國電氣化過程做出經典研究，並提出必須將科技當成「系統」（system）加以分析，而對科技史研究做出影響深遠的重大

26 Edgerton, *Warfare State*, pp. 332-338, on pp. 334-335.
27 Edgerton, 'Time, Money, and History', pp. 318-319. 伯納是二十世紀上半英國著名的馬克思主義物理學家。
28 Edgerton, *Science, Technology and the British Industrial 'Decline'*, p. 11.
29 Edgerton, *Warfare State*, p. 330; Edgerton, 'Time, Money, and History', pp. 317, 326.

貢獻之史學大家湯瑪斯・休斯，就寫了篇相當正面的書評，即使艾傑頓在本書中批評休斯的著作仍是「創新中心」（innovation-centric）的著作。[30]另一位知名科技史學者，也曾任科技史學會會長的蒲賽爾，同樣在科技史重要期刊的書評中盛讚本書是「重要而令人信服的著作」、「給了一張讓我們更大膽向前的地圖以及這樣做的理由」。研究美國商業史與科技史的學者何區費德則認為這本書除了提供科技史學者許多反思之處外，「全球史與跨國史的學者也可從他對知識與產品全球轉移的討論獲益」，「雖然商業史學者會發現這本書直接的用處較少，但它無疑會激勵出反思創造力與新的研究課題」。[31]著名的科學史學者謝平則在《紐約客》發表的長篇評論更將這本書對科技史的影響，比擬於馬丁・路德發動宗教改革運動：「這本書是知識新教（intellectual Protestantism）一次刺激、精簡而優雅的操作，熱烈地將打倒偶像的命題貼在炒作科技教會（the Church of Technological Hype）的大門上」。[32]

在成書三年後面對相關的討論，艾傑頓指出這本書的寫作是基於這樣的理念：「對於二十世紀社會之物質構成的說法相當薄弱，但卻有很高的權威；這些關於物質現代性的理論取代了經驗研究；過去的推廣宣傳形塑了史學議程」。本書則「尋求呈現關於歷史中之科技的新史學論證，關於生產、國族與國族主義、戰爭等等的新史學論證。」艾傑頓強調，「本書宗旨並非主張要以研究『使用』來取代研究『創新』、研究小科技來取代研究大科技，也不是要鼓吹研究使用者和消費者、把研究焦點從富裕世界轉移到貧窮世界；相反地，它的訴求是重新思考發明／創新以及使用——重新思考大科技與小科技、生產與消費、富裕社會與貧窮社會。」[33]

這本書討論了許多我們其實很熟悉、但是在一般科技史寫作中卻經常忽視、在思考相關議題時也視而不見般地忽視掉的科技，闡明科技在二十世紀史中的重要性。它不只展現了新的研究成果和研究途徑，也提出新的研究議題，甚至指向科技史尚待探索的廣大領域。本書結論說：「二十世紀的生產力毫無疑問是增加了，但科技究竟在其中發揮怎樣的作用，卻仍舊是個謎。」科技史已經累積許多可觀的研究成果和

30 Thomas P. Hughes, "Book Review", *ISIS* 98 (2007), pp.642-643. 休斯在書評中不只很有風度地提到艾傑頓對他的批評，結尾還特別提了〈從創新到使用：十道兼容並蓄的科技史史學提綱〉這篇文章。

31 Carroll W. Pursell, "Review of David Edgerton, *The Shock of the Old: Technology and Global History since 1900*", *Technology and Culture* 49(2008), pp.237-238; Richard Hochfelder, "Review of David Edgerton, *The Shock of the Old: Technology and Global History since 1900*", *Business History Review* 82(2008), pp.127-128, p.128。其他類似的正面評論還包括Christopher Otter, "Book Review", *Journal of American History* 94 (2007), p.590。

32 Steven Shapin, "What Else Is New? ", *The New Yorker* (May 14, 2007), pp. 144-148,on p.145. 中文世界一般將Protestantism翻譯為「新教」，以相對於天主教這個「舊教」，不過少數人曾將之譯為（基督教的）「抗議宗」，或許是更為適切的翻譯。在此處更是如此。

33 Edgerton, 'Invention, Technology, or History', on p. 685.

內容非常豐富的著作，但這門學科的旅程還仍待展開。

後記——

本書為的中譯本，是科技部「經典譯注計畫」（計畫編號：102-2410-H-001-034-MY2）的成果。原書書名不易翻成達意且流暢的中文。部分原因在於英文書名 *The Shock of the Old*，或許有意指涉對比了藝評家勞勃・休斯（Robert Hughes, 1938-2012）在一九八〇年為英國國家廣播公司（BBC）製作的紀錄片「The Shock of the New」。此系列影片共分八集，每集一小時，介紹從印象派以來現代藝術的發展。這系列紀錄片播映後轟動一時且深受好評，同年出版成書，並於一九九一年修訂擴充再版。這系列影片的標題強調現代藝術創新風格引起的震撼，以休斯的話來說，這系列影片介紹「未來的神話如何在機器鼎盛時代的千禧樂觀氛圍中誕生」。[34]

本書的旨趣與該書大異其趣，強調的是科技的重要性往往是歷久才產生的，以使用的角度來考察這些舊科技的重要性，會帶來意想不到的驚奇與震撼。本書作者強調，舊科技之所以發揮重大效用，通常經過改良、改型乃至應用於原發明者所不曾想到的用途。不過脫離了英國的出版與文化脈絡，在中文語境實在很難覺察本書書名的文化指涉。譯者提給科技部的計畫書原本草擬的書名中譯是《舊物新猷：科科技與一九〇〇年之後的全球史》，雖然較為忠實的對應原文，但卻相當拗口而不容易看出全書的內容與要旨。譯稿完成且通過科技部審查之後，在與出版社編輯商討下，考量全書內容與論旨，決定節取英文書名的主標題與副標題，以《老科技的全球史》作為本書中文書名，以利中文讀者一目瞭然。

除了經典譯注計畫的經費支持之外，譯者也要感謝科技部邀請的兩位匿名審查人寶貴的批評與意見。他們除了指出譯文初稿一些翻譯上的錯誤與不夠精確之處，也促使筆者進一步修改增補這篇導論，增益了導讀的內容與譯文的可讀性。我曾在中研院與陽明大學合作之人文講座課程採用此書做為教材，參與此一課程的助教與同學在討論中提出的意見，讓我獲益不少。在使用本書做為教材以及漫長的翻譯與修改期間，余玟欣小姐、林昱辰小姐、曾令儀小姐、蔡宛蓉小姐、陳姿琪小姐以及楊文喬先生等助理與助教的寶貴協助，使得我的工作進行順利很多。計畫執行期間科技部人文司秦志平女士不厭其煩地回答與協助解決許多程序技術問題。左岸編輯林巧玲小姐和我推敲此書的中文譯名許久，也對於譯文提出許多有用的建議。謹在

34 參見 Robert Hughes, *The Shock of the New: Art and the Century of Change, Updated and Enlarged Edition* (London: Thames and Hudson LTD, 1996), p. 6。

此向以上諸位致上誠摯的謝忱。當然，本書翻譯若有任何的疏漏錯誤，則完全是我本人的責任。

最後，我要感謝本書作者同時也是我的老師David。譯者於一九九四年至一九九九年間在帝國學院先後攻讀碩士與博士學位，期間擔任「科學史、科技史與醫學史中心主任」的David給了我許多指導與協助。他對我獎學金申請書的寶貴批評，幫助我順利取得倫敦大學的博士研究獎學金，也是我申請並取得倫敦大學大學學院（University College London）博士後研究的推薦人之一。雖然他不是我的博士論文指導教授，但碩士期間旁聽他的科技史課程，以及他給我的許多指導與建議，讓我在知識上與研究上獲益良多。這本書的翻譯過程除了獲得他的鼓勵，也感謝他協助解答我提出的相關問題。將這本精彩的重要著作翻譯成中文，僅能表達我對David的感激於萬一。

導論
INTRODUCTION

我站在山丘上看見舊事物前來，
但它卻是以新事物的面貌出現。
它拄著前所未見的新楊杖蹣跚而行，
且在腐朽中發出聞所未聞的新臭味。

貝托．布萊希特（Bertolt Brecht,1939），
引自〈舊之新的遊行〉（Parade of the Old New），
收入於約翰．威列特與羅夫．曼海姆主編的
《貝托．布萊希特：詩集，1913-1956》p. 323
（John Willett and Ralph Manheim [eds.], *Bertolt Brecht: Poems 1913–1956*, London: Methuen, 1987）

大多數的科技史是為各年齡層的男孩所寫，這本書則是為所有性別的成人而寫。我們已經和科技共同生活了漫長的時光，整體而言，我們對科技已有相當的認識。從經濟學者到生態學者、從古玩愛好者到歷史學者，人們對於周邊的物質世界及其變遷有不同的看法。然而太常出現的狀況是：在討論科技的過去、現在與未來時，議程是由那些提倡新科技的人所設定。

這些人高高在上地向我們宣揚科技，使得我們只想到新奇與未來。過去數十年來，「科技」一詞和「發明」（創造出新的觀念）與「創新」（新觀念的首度應用）緊密地連結在一起。在談論科技時，重點總是放在研發、專利以及初期的使用，用來指稱後者的術語是「傳播」（diffusion）。縱使科技史有許多不同的斷代方式，但其依據都是發明與創新的日期。二十世紀最重要的科技常常簡化為航空（一九〇三）、核能（一九四五）、避孕藥（一九五五）與網際網路（一九六五）。告知我們變遷的速度越來越快，而且新科技越來越強大。大師們堅稱，科技正使得世界進入新的歷史紀元。據說在新經濟新時代，在我們這個後工業與後現代情境裡，關於過去與當下的知識越來越無關緊要了。即使在後現代，發明家仍舊「超越他們的時代」，社會則仍受到過去的束縛，以致出現所謂太慢採用新科技的情況。

太陽底下有新鮮事，世界確實正在劇烈轉變，但上述思維方式卻仍一成不變。

強調未來讓人覺得似乎很有原創性，但這種未來學其實相當老套。認為發明家超越了他們的時代，而科學與技術的進展速度超過人類社會的應付能力，這樣的觀念早在十九世紀就已經是老生常談了。二十世紀初提出「文化落差」（cultural lag）這個標籤，讓上述說法獲得學術界的採用。在一九五〇年代之後，一個人可以大言不慚地宣稱「未來就深植在科學家的身上」；到了二十世紀末，未來主義已經是陳腔濫調了。科技未來這種說法的歷史久遠矣。知識分子宣稱「後現代」建築預示新的未來，但這種新的未來卻是靠著那改變一切的舊式科技革命或工業革命所帶來的。

就科技而言，炒冷飯的未來主義吸引力歷久不衰，即使它的不合時宜早已公諸於世。科技的未來一如往常向前邁步。舉例而言，二〇〇四年三月二十七日美國國家航空暨太空總署（NASA）的X－43A太空飛機（space aeroplane）首度試飛成功。雖然飛行時間只有十秒，依然成為全球新聞。報紙新聞報導：「從小鷹鎮到X－43A，是一個世紀的持續進步」，速度「從一小時七英里到七馬赫，[1]是過去一百年來航空能力進展的驚人指標。」[1]我們很快就能再次享受從倫敦到澳洲的即時旅行。

1〔譯註〕位於北卡羅萊納州的小鷹鎮（Kitty Hawk）是萊特兄弟實驗飛機飛行的地點。馬赫（Mach）為流體力學度量名詞，速度除以音速等於馬赫數。

在這光鮮的表象背後有著另一個故事，會讓前述那個老掉牙的故事漏洞百出。在一九五九年到一九六八年間，B－52轟炸機每隔幾星期就會從加州愛德華空軍基地起飛，機翼下搭載著X－15太空飛機。當B－52抵達高空時，X－15就會發動火箭引擎，由穿著銀色加壓太空衣的「研究飛行員」駕駛，以六．七馬赫的速度飛抵大氣層即將接觸太空的邊緣。當時共有三架X－15以及十二位研究飛行員。這些豪飲的工程師－飛行員（engineer-pilots）大多是退役的戰鬥部隊軍人，登陸月球的尼爾．阿姆斯壯（Neil Armstrong）也是其中一員。正如湯姆．伍爾夫（Tom Wolfe）在《太空英雄》[2]書中所描寫，他們看不起一般太空人，稱後者為「罐頭牛肉」（spam in the can）。太空人後來聲名大噪，而菁英的X－15飛行員則如其中一位所說，只能感嘆在一九九〇年代初他仍舊是「駕駛過全世界最快飛機的飛行員。我年紀已經大了，應該要讓年輕人享有這樣的殊榮。」[2]過去與現在還有更直接的連結，把X－43A與其輔助火箭載上高空的，正是X－15研發計畫中所使用的B－52轟炸機，這是目前全世界役齡最老的轟炸機。[3]B－52轟炸機是在一九五〇年代開始製造的。不僅如此，X－43A所使用的關鍵科技是超音速衝壓噴射引擎（scramjet），這是已有數十年歷史的技術，最早用在一九五〇年代設計的英國「獵犬」（Bloodhound）防空飛彈；而此型飛彈則一直服役至一九九〇年代。換言之，X－43A的新聞故事也可說是：「用一九五〇年代的飛機，發射了超音速衝壓噴射引擎無人飛機，其速度比一九六〇年代太空先鋒的飛機稍微快一點點。」

以使用中的科技（technology-in-use）做為思考的出發點，將會出現一幅完全不同的科技圖像，甚至也可能形成一幅完全不同的發明與創新圖像。[4]整個隱形的科技世界隨之浮現。過去的科技地圖是根據創新的時間軸所繪製，思考「使用中的科技」則會引領我們重新思考對科技時間（technological time）的看法。它所帶來的歷史無法套用一般的現代性方案（schemes of modernity），並且反駁以創新為中心之說法背後的某些重要預設。更重要的是，「使用中的科技」新視角會改變我們對何者才是最重要的科技之認定，它會產生一部全球史；至於以創新為中心的歷史，雖然號稱具有普世性，其實僅侷限於少數地方。

2〔譯註〕湯姆．伍爾夫（Tom Wolfe, 1931-），當代美國作家，以報導文學作品著名。*The Right Stuff*出版於一九七九年，是伍爾夫根據對太空飛機測試飛行員廣泛訪談後所寫成的作品。中譯本參見湯姆．伍爾夫原著，張時譯，《太空英雄》（台北市：皇冠，1984）。

此一新史觀之不同以往將會令人詫異。例如，蒸氣動力向來被認為是工業革命的特徵，然而它在一九〇〇年的絕對重要性與相對重要性，都遠高於一八〇〇年。即使在率先工業革命的英國，蒸氣動力的絕對重要性在一九〇〇年後仍持續增加。英國在一九五〇年代的煤使用量，遠高於一八五〇年代。全世界在二〇〇〇年所消耗的煤，遠高於一九五〇年或一九〇〇年。世界上的汽車、飛機、木製家具與棉織品都多於以往。全球海運噸位持續增加。我們仍在使用巴士、火車、收音機、電視與電影，而紙張、水泥與鋼鐵的消費量是越來越高。縱使電腦這項二十世紀晚期關鍵新科技出現已有數十年，書本的印行量依然持續增加。後現代世界擁有年紀四十歲的核電廠與年紀五十歲的轟炸機。這不只是科技懷舊風而已：後現代世界有新的遠洋郵輪、有機食物以及用復古樂器演奏的古典音樂。甚至已經過世的六〇年代搖滾歌星，其作品仍有巨大銷售量；而今天的小孩仍舊愛看他們祖父母小時候觀賞的迪士尼影片。

以使用為中心的歷史，並非只是把科技的時程往前推移。正如布魯諾・拉圖適切地點出，現代人所相信的現代，從未曾存在過。不論是前現代、後現代或現代，時間總是混雜一氣。[3] 我們用舊的器物和新的器物工作，同時使用鐵槌與電鑽。[5] 科技在以使用為中心的歷史中不只會出現，還會消失與重新出現，進行跨世紀的混搭。

自一九六〇年代晚期以來，全球每年腳踏車的生產量都遠超過汽車。[6]斷頭台在一九四〇年代一度令人膽寒地重新登場。一九五〇年代走向沒落的有線電視，在一九八〇年代捲土重來。所謂落伍的戰艦，在第二次世界大戰所參與的戰役超過了第一次世界大戰。此外，二十世紀還出現一些科技倒退的案例。

以使用為基礎的歷史（use-based history）不只會擾亂我們那整齊劃一的進步時間軸線，我們心目中最重要的科技也會為之改變。我們對重要性的評估是以創新為中心的，也結合了有關現代性的特定說法——此說法視某些科技為關鍵。在新的科技圖像中，二十世紀不只有電力、大規模生產、航太、核能、網際網路與避孕藥，也包含了人力車、保險套、馬匹、縫紉機、織布機、哈伯法[4]、煤炭氣化、燒結碳化物工具[5]、腳踏車、波紋鐵皮（corrugated iron）、水泥、石綿、DDT殺蟲劑、電鋸與冰箱。馬匹對納粹征服戰役的貢獻遠大於V2火箭。

以使用為基礎的歷史以及新的創新史，其核心特徵是幾乎所有的科技都有替代

3〔譯註〕布魯諾・拉圖（Bruno Latour, 1947—），法國科技研究(Science and Technology Studies, STS)理論家與哲學家。現代時間觀認為「現代」來自於和「傳統」、「過去」的斷裂、我們活在一個和過去截然不同的嶄新時代。艾傑頓在此呼應拉圖對現代時間觀的批判，認為這種斷裂並不存在，我們生活的世界充滿了來自不同時間的事物與技術；歷史時間不是一去不復返的線性時間，而是混雜多重的。

圖1｜大約介於一九〇〇年與一九一〇年之間，在阿勒波（Aleppo）附近的柏林－巴格達（Berlin-Baghdad）鐵路興建工地，一隻騾子在鐵軌上拖著器械。不論是富裕國家或貧窮國家，騾子和鐵路在二十世紀都是極為重要的科技。

品：世上有多樣的軍事科技、發電方式、汽車動力、資訊儲存與處理的方式、金屬切割法以及建築物屋頂施工法。平常所見的歷史書寫方式卻對這些替代選擇視若無睹，以為它們並不存在或是不可能。

以使用為基礎的歷史有個特別重要的特徵，那就是它可以是真正的全球史；涵蓋了所有使用科技的地方，而不是少數創新與發明集中出現的地點。在以創新為中心的敘述中，大多數的地方並無科技史；以使用為中心的敘述，幾乎所有地方都有科技史。以使用為中心的敘述帶來和全世界所有人都有關的歷史，因為世界上大多數的人口都是窮人、不是白人，而且有一半是女人。使用的觀點指出二十世紀出現的新科技世界之重要性，而這個世界在過去的科技史中卻無一席之地。這些科技當

4〔譯註〕哈伯法（Haber-Bosch process），讓氮氣與氫氣產生化學反應來製造阿摩尼亞（ammonia）的方法，可用於製造化學肥料或火藥。此方法為德國化學家佛利茲．哈伯（Fritz Haber, 1868—1934）於二十世紀初所發現，哈伯因此在一九一八年獲頒諾貝爾化學獎。此生產方法由德國化學公司巴斯夫（BASF）購得，該公司的化學工程師卡爾．博施（Carl Bosch, 1874—1940）成功將此方法擴大用於工業生產。參見Noretta Koertge (ed.), *New Dictionary of Scientific Biography* (Detroit : Charles Scribner's Sons/Thomson Gale, 2008), Vol.3, pp.203-206.

5〔譯註〕燒結碳化物（cemented-carbide）是在熔爐中使用鎳合金或鈷合金來接合（cement）硬度極高的碳化鎢（Tungsten Carbide）顆粒所形成，可用來製造切割金屬的工具。相關簡介可參見國際鎢業協會（International Tungsten Industry Association）的網站。

中，最重要的是窮人的新科技。它們之所以被遺漏，是因為一般認為貧窮世界只有傳統的在地技術，缺乏富裕世界的科技，或僅是受害於帝國科技的暴力。當我們在思考城市時，我們應該同時想到鐵皮屋城（bidonvilles）和未來城（Alphaville）；我們不應該只想到柯比意[6]規劃的城市，也要想到沒有都市計畫的貧民區，後者不是由偉大的營造者所建造，而是由數以百萬計的人用許多年的時間自己建造而成。這是我所謂克里奧科技[7]的世界，這種科技從起源地移植到其他地方而獲得更大規模的使用。

這種新研究取向所帶來的結果之一，是我們的注意力從新的科技轉移到舊的科技、從大型科技轉移到小型科技、從壯觀的科技轉移到平凡無奇的科技、從男性的科技轉移到女性的科技、從有錢人的科技轉移到窮人的科技。然而其核心是重新思考一切科技的歷史，包括富裕世界大型、壯觀、男性的高科技之歷史。儘管有種種的批判，事實上對於二十世紀的科技與歷史，我們還沒有一套完整之生產主義的、

6〔譯註〕柯比意（1887—1965），法國建築師與都市規劃思想家，鼓吹使用現代工業科技與工程理性設計的功能主義建築和都市規劃。

7〔譯註〕Creole technologies，克里奧（creole）一詞原本用來指稱父母是出生於歐洲的第一代移民，自己則是在殖民地或移居地出生的歐洲後裔，也用以指稱此類移民區域所使用混合兩種或兩種以上語言的語言，或是如此混合的烹飪方式。

圖二｜美國之所以成為世界上最富裕的農業國家之一，部分要歸功於創造出高度機械化卻由動物提供動力的農業。在這張一九四一年拍攝於華盛頓州瓦拉瓦拉郡（Walla Walla County）的照片裡，一位農夫駕著由二十匹騾子所拖拉的收割機。某些區域在二十五年前就已經用牽引機取代了馬和騾子。

男性的、唯物論的解釋。我們仍有一些有待探討之大議題，某些大問題懸而未決的程度令人驚訝。

一套以使用為中心的說法，也反駁了以創新為中心之歷史某些根深蒂固的結論。例如，國家創新會決定國家是否成功，這個預設的立論基礎就會站不住腳；二十世紀最創新的國家並不是成長最快的國家。或許從使用的角度所產生最令人驚訝的批評是，以創新為中心的歷史無法適切解釋發明與創新。以創新為中心的歷史把焦點放在某些後來變得重要的科技的早期歷史。然而，發明與創新的歷史必須把焦點放在特定時間內的所有發明與創新，不論它們後來成功或失敗。它也必須關照所有的科技發明與創新，而不能偏好那些因為名聲響亮而獲得偏愛、而被視為重要的科技。傳統以創新為中心的歷史會寫到比爾・蓋茲，但發明與創新的歷史也應該包括靠大量生產銷售木製家具而致富的英瓦爾・坎普拉德（Ingvar Kamprad）。他創建了宜家家居公司（IKEA），有些人認為他比蓋茲還有錢。更重要的是，我們的歷史應該為那些大多以失敗收場的發明與創新留下一席之地。大多數的發明從未為人所使用；許多的創新以失敗告終。

以創新為中心的觀點也誤導了我們對於科學家和工程師的看法。科學家與工程師將自己呈現為創造者、設計者、研究者，這種史觀也加強了這樣的印象。然而，大多數科學家與工程師主要從事的是物品與製程的運作和維修；他們關心的是物品的使用，而非發明或發展。相對於以創新為中心的未來主義來討論科技的重要性，歷史特別能夠成為重新思考科技的強大工具。歷史揭露出，科技未來主義大半是不會隨著時間而改變的，目前我們對未來的願景呈現出令人驚訝且無自覺地缺乏原創性。就以承諾會帶來世界和平的那一長串技術為例：交通科技，從鐵路與蒸氣船到無線電與飛機，以及現在的網際網路，似乎都讓世界變得更小，也讓人們團聚，因而確保了長久的和平。毀滅性的科技，像是巨大的鐵甲戰艦、諾貝爾的火藥、轟炸機和原子彈，是如此強而有力，以至於它們會迫使世界各國修好。許多新科技會解放那些受到壓迫的人。在新科技用人唯才的民主要求下，舊的階級體制將會萎縮；少數族群會得到新的機會——在汽車時代擔任司機、在航空時代擔任飛行員、在資訊時代擔任電腦專家。從吸塵器到洗衣機在內的新家用科技將會解放婦女。科技超越國界，國族的差異將會隨之消散無蹤。隨著世界各地不可避免地使用相同的科技，政治體制也會趨同。社會主義和資本主義的世界將合而為一。

上述論點要有說服力，就必須否認這些科技的歷史，在相當驚人地程度上也的確如此。即使是晚近的歷史，也遭到持續而有系統的湮滅。例如在一九四五年中，轟炸機不再是一種創造和平的科技，原子彈取代了其位置。當我們想到資訊科技時，就忘了郵政系統、電報、電話、無線電和電視。當我們頌讚線上購物時，郵購目錄就消失無蹤。在討論基因工程的優缺點時，好像都忘了還有其他的方法來改變動物和植物，更別說其他增加食物供給的辦法。一部關於過去的做事方式以及過去的未來學如何運作的歷史，會讓許多當代關於創新的主張站不住腳。

我們必須警覺到，過去的未來學影響了我們的歷史。我們因而把焦點放在發明與創新以及那些我們認定為最重要的科技。這樣的文獻是二、三流知識分子和宣傳家的作品，像是威爾斯（H. G. Wells）的書以及美國航空太空總署公關人員的新聞稿，我們從那裡得到的是關於科技與歷史的一套陳腔濫調。我們不應把這些說法當成有所本的知識，因為它們通常不是；而應該把它們當作提問的出發點。哪些是二十世紀最重要的科技？世界真的變成一個地球村了嗎？文化真的落後於科技嗎？科技的政治與社會效應是革命性還是保守？在過去一百年間，新科技帶來的經濟產出戲劇性地增加嗎？科技改變了戰爭嗎？技術變遷的速度是否越來越快？以上是本書試著回答的一些問題；不過這些問題常常是在以創新為中心的框架中提出，如此一來它們是無法回答的。

如果我們不再思考「科技」，而是思考「物品」（things），那麼這些問題會變得容易回答多了。思考物品的使用，而非思考科技，會連結到我們熟知的世界，而不是那個「科技」存在的奇異世界。當我們說「我們的」科技時，指的是一個時代或整個社會的科技。相反地，「物品」不適用這樣的整體性，也不會聯想到那種人們常以為是獨立於歷史之外的力量。我們像成人般地討論物品的世界，卻像小孩子似地討論科技。例如，我們都知道物品的使用廣泛分佈於各個社會。但是物品及其用途的終極控制權，卻高度集中於少數社會或社會中的少數人手裡。一方面是所有權以及其他形式的權威，另一方面則是對物品的使用，而這兩者是相當徹底地分離。世界上大多數人住在不屬於他們的房子；在別人的工作場所使用別人的工具工作；事實上他們表面上擁有的許多物品，都是靠信貸協議得來的。國家或某些小團體在社會中擁有不成比例的控制權；某些社會擁有的物品比其他社會還多。世界上許多地方的許多物品是外國人所擁有的。物品以特定方式屬於特定的人，科技則非如此。

CHAPTER

1

重要性 SIGNIFICANCE

在歷史上保險套是否比飛機還重要？我們都知道科技對二十世紀的歷史影響重大，但到底影響有多重大，或許是無法評估、也很難評估科技是什麼時候產生最大的效應。能夠區分科技變遷和其他的變遷嗎？什麼是重要性的適切衡量？它是種量化的指標，比如說經濟影響？或者是某種社會和文化效果的質性評估？根據電影、報紙版面以及知識分子著作所呈現的科技，來評量其文化重要性嗎？如果一種科技在這些層面沒有產生迴響的話，我們能夠覺察到它的重要性嗎？以此種標準來看，飛機在文化上非常重要，保險套則不重要。一旦我們開始嚴肅思考這些問題，就會為二十世紀科技史帶來許多新的洞見。

許多表面看來極為權威的故事告訴我們哪些科技在什麼時候最重要。他們把焦點放在少

圖三｜火箭從一開始就是一種非常公眾的科技。它的公眾能見度帶來誇大其歷史重要性的觀念，在一九四〇年代與一九五〇年代尤其是如此。這張照片紀錄了於一九五〇年七月二十四日，在日後被稱為卡拉維爾角（Cape Canaveral）所進行的第一次火箭發射。此型火箭是勝利二型火箭（Bumper V2），這是V2火箭的改良型。

數的個案。一九四〇年之前通常認為電力、汽車和航空是最重要的科技，第二次世界大戰之後則是核能、電腦、太空火箭與網際網路的時代。[1]這些敘述有時也納入了某些生物科技，像是新的食品、醫藥與避孕藥，還有一些化合物。[2]這些說法大同之中當然會有小異。因此有一種說法是，一八九五年到一九四〇年是電氣化（electrification）時期；一九四一年到二十世紀晚期是摩托動力化（motorization）的時代；而接下來是經濟電腦化的時代。[3]

上面的說法就像是還沒進行歷史分析就先主張其重要性的離譜說法。一九四八年有位分析者論稱，世界已經歷了特定科技所帶來的三次工業革命。第一次工業革命倚靠的是鐵、蒸氣和紡織；第二次工業革命靠的是化學、大型工業、鋼以及新的通訊方法；第三次工業革命在一九四八年時仍在進行，這是「電氣化、自動機械、生產過程的電子控制、航空運輸、無線電等等的時代」。第四次工業革命正要展開：「隨著原子能和同溫層超音速飛行的來臨，我們面臨更為驚人的第四次工業革命」。[4]在一九五〇年代，有些人相信在最初的工業革命之後，接下來發生了一場「科學革命」。這場革命發生在二十世紀早期到中期，和飛機、電子學以及原子能有關。還有人認為第三次工業革命的「警訊」出現在一九四〇年代，其基礎是核能和電子裝置的自動化。[5]蘇聯的「科學技術革命」（Scientific-Technical Revolution）觀念注重自動化，並從一九六〇年代中期開始成為共產黨的教條。[6]晚近的分析者則強調，他們從數位電腦和網際網路的作用，看到了工業社會徹底轉變為後工業社會或資訊社會。某些經濟學家在這樣的脈絡中發展出一種觀念，認為經濟史是由少數「通用科技」（general-purpose technologies）所塑造的。按照時間先後最重要的通用科技分別是：蒸氣動力、電氣以及現在的資訊與傳播科技（ICT）。

我們該多認真地看待關於這些科技及其在特定時期重要性的這些看法？答案是：這些說法反映了我們自以為是的想法，其基礎卻不如所想那般穩固。它們的年代明顯是以創新為中心，意謂著創新與初期的使用所帶來的影響。這不是唯一的問題。選擇這些通用科技是根據什麼基礎？這些基礎堅實嗎？例如為何選擇蒸氣動力？為何不是包含蒸氣機、汽油與柴油引擎，乃至天然氣與蒸氣渦輪在內的熱引擎（heat engine）？同樣地，電氣意味著什麼？它顯然包括照明與牽引（traction），或許也包括工業用途。不過它包括電子產品（electronics）嗎？電子產品幾乎沒有什麼替代品。沒有電氣的話，我們能設想電話、電報、廣播、雷達和電視嗎？然而如果「電氣」包含上述這些科技，那「電氣」和資訊傳播科技有何區別？這所引發的問題是，到底資訊傳播科技的精確定義是什麼？同樣重要的是，我們也得追問為何其他科技不在名單上。有許多無所不在的科技，從處理金屬的技術（車床或是軋齒邊機器或許是很好的案例）到有機化學或冶金，都可以納入選擇。

這些選擇雖然有足夠的一致性而顯示出共同的理解，但日期和論證卻有相當差異，顯示這些選擇並非基於對重要性的詳細分析。標準入選名單毫不令人驚訝，顯示了這些科技的高文化能見度，亦即長久以來一直宣稱它們是二十世紀的關鍵科技。以往的科技宣傳太輕易就成為我們的物質世界史。

廣播節目、雜誌或報紙，有時會請讀者或專家挑選史上最重要的發明，結果選擇結果常常很奇怪、容易受到挑戰而且往往很愚蠢。例如，某個宣揚科技的英國老套廣播節目，請聽眾票選一八〇〇年以來最重要的技術發明，結果選出的是腳踏車。獲選為最有益於人類社會的科技是淨水和供水系統，洗衣機則當選最重要的家庭科技。[7]這種票選活動的好處是讓我們聚焦思考，對「什麼是最重要科技的共識」提出挑戰。

評估科技

要如何評估科技的重要性？首先必須區分創新和使用。在大多數情況下，重要科技的選擇不只高度偏頗，而且在決定該科技在什麼年代最重要時，往往高度以創新為中心。有時發明、發展與創新的過程所費不貲；有時成本能夠回收且還有利潤，但其效益只有在後來使用時才會出現（有時成本也會增加）。發明與創新通常要過好幾十年之後，才會出現大規模的使用。例如，現在離汽車與電氣的創新已經超過一世紀，但其使用量還在增加。有時在回答下面這個有趣的問題時，這些議題會片斷地受到注意。富裕國家的經濟成長率在一九七〇年代、一九八〇年代、乃至一九九〇年代，要比一九五〇年代和一九六〇年代的長榮景期（the long boom）來得緩慢，然而每個人都說新科技正在徹底改變事物。正如一位經濟學家所說，資訊科技影響了一切，但生產力數據卻不這麼顯現。對此的反應之一是宣稱數據錯了，無法顯現出資訊科技帶來的轉變；早已習於將質性改變（quality changes）列入考量的統計局，仔細檢討其預設與方法，但結論還是：這確實記錄了科技的效果。另一種反應是宣稱，資訊傳播科技就像電氣一樣，產生影響的時間其實晚於以創新為中心的研究方法所宣稱的時間。換言之，對革命時間點的判定有誤，或許誤差了數十年。然而，年代日期只是問題的開端，因為問題不只在於時間，也包括判斷是何種科技重要以及該科技的影響有多大。

○使用是不夠的

重要不等同於普遍或有用。根本重點是要區辨使用（use）與有用（usefulness）、普遍與重要。研究科技的經濟史學者就做到了這一點。他們主張某種科技的經濟重要性，在於使用此種科技與使用另一種最佳替代科技的成本效益差異。因此，羅伯特・福蓋爾（Robert Fogel）在評估十九世紀美國鐵路的重要性時，並非預設沒有鐵路就無法運輸人員和貨物，而是把鐵路和運河及馬車等其他交通工具做比較。他發現粗略估計下，在一八九〇年因為鐵路而增加的美國經濟產出，小於百分之五的國內生產毛額GDP。由於那時美國經濟成長非常快速，這等於是說，如果沒有鐵路的話，美國經濟得等到一八九一年或一八九二年，才能達到一八九〇年的產出。[8]二十世紀的汽車運輸、電氣化或是民用航空的功能，並未受到如此詳細的評估；然而我們能夠想像一個沒有汽車或飛機，卻仍具有生產力的世界；雖然在某方面可能難以設想一個沒有電氣而還有生產力的世界。一九五〇年代和一九六〇年代認為，核能和火箭是改變世界的科技，因而深受鍾愛；但如果我們計算所有的成本效益的話，很可能會發現它們是讓世界變得更貧窮，而非更富庶。

有許多人反對這種虛擬的歷史（這樣的歷史將探討某些沒有發生的事情），認為這無法令人滿意。確實如此，但如果我們要合理評估科技的重要性，就無法避免這種假設。因為大多數的評估都隱含著虛擬的預設，這是論證的關鍵。

把使用等同於重要性，背後隱藏的虛擬預設是沒有其他的選擇。用兩個信手拈來的例子，就可說明這一點：報紙刊登一篇文章，想像這個世界如果沒有電腦的話會變成什麼樣子；結論是那幾乎無法運作，因此電腦極為重要。[9]這等於是問，如果現有的（電子數位）電腦都突然停止運作的話，將會發生什麼事。另一個例子是二十世紀晚期某個電視節目，主角是位日本管理大師，相信網際網路將會帶來新的全球公民時代。[10]為了展示這點，節目透過網際網路訪問遠在舊金山的這位大師。結果連線一直中斷，而且傳輸品質很差。主持人稍微嘲笑了這位不幸的大師，但卻錯過了真正的笑話。英國早就擁有能夠和舊金山進行通訊的能力。十九世紀晚期可以透過電報來通訊；二十世紀早期就有長途電話了。所謂世界公民或無國界市場等說法，也可用上述科技來說嘴。

二十世紀最戲劇性的價格變化是電子通訊的價格，帶來了實質電話費的大減（大約減少百分之九十九），使得大量資料的傳輸得以可能（就像網際網路一樣）。同樣地，沒有電腦的世界這個例子，預設了沒有替代電腦的科技；然而，我們會使用其他的選擇並且用其他方式來做事。當然，電腦會比其他的科技做得更好，而且電腦的許多用途或許沒有替代選擇，而這正是我們需要找出的。問題不在於電腦能做什麼，而是它做得有多好，以及哪些事情是電腦能做而其他科技不能的。

正因為有這麼豐富的發明，因此有許多足堪匹配的替代選擇。在電腦之前有其他的計算機器：讀卡機用在大規模的資料處理，數學運算是由一組「計算員」（computers）用機器來進行運算，通常用的是電子機器。計算尺是設計工坊的重要工具：大型的工業用計算尺和學校用的計算尺大不相同。在數位電子電腦之前就有機械類比的計算機，包括潮汐預測器（tide predictor）與微分解析儀（differential analysers）。電子類比計算機和數位電腦，對二次大戰後數十年間的複雜系統設計，共同發揮了重要作用。電訊在網際網路之前就已經存在了：二次大戰結束多年後，電報仍舊承載大量的遠距通訊。電話和無線電受到廣泛使用。有線電視與高頻無線電傳輸已有數十年歷史。在CD之前有其他的錄音方式：蠟盤（wax cylinders）、蟲膠（shellac）唱片與黑膠唱片以及錄音帶都能錄音。不論是打仗或生產能源，達到目標的方法不只一種。即使替代選擇已經存在，通常也難以想像。我記得在一九八〇年代中期詢問過一班念工程的學生：能用什麼來替代衛星進行長程通訊？結果他們想不出來。那時正當全世界再度鋪上電纜——不是電報全盛時期有中繼器（repeaters）的銅纜線，而是光纖纜線。替代選擇無所不在，然而人們對此視若無睹。發明以及人類善用發明的能力，意味著我們應該比較各種替代選擇；不過由於世界變遷的方式如此之多，因此很難比較現在的世界和過去的世界，或另類的世界。

「沒有其他選擇」這種沒有言明的虛擬預設比較極端，更常見的預設是，沒有足堪匹配的其他選擇：新科技要比它所取代的科技遠為有效、更有效率、更強大而且更好。然而，一樣物品之所以被廣泛使用，並不用比受取代者好很多：只需要比另類選擇稍微好一點就可以了（我們暫時假設是比較好的科技取代了比較不好的科技）。我們有時候可以毫無困難地理解這點，雖然這類事情常被認為很瑣碎。迴紋針無所不在並不是因為它是驚天動地的重要科技。其實，它的無所不在、數十年不變的簡單設計，以及它運作的速度不快，也不會消耗大量的能源，似乎都指出它是個不重要的科技。更重要的是，我們知道沒有迴紋針也不會怎麼樣。由於人類的發明能力，我們有不少整理紙張的科技，每一種都有特定的用途。有許多辦法可以把紙張放在一起：把紙訂在板子上、用訂書針、打孔或是把紙裝在紙袋中、使用膠帶、把紙放在夾子中或裝訂成冊。[11]我們這麼常使用迴紋針是因為就許多用途而言，迴紋針比其他選擇稍微好一點點，而且我們很清楚這一點。

○科技選擇

認為新科技遠優於舊科技是很普遍的預設。十九世紀晚期所謂的輸電系統戰爭，交流電系統（AC）被認為比直流電系統（DC）好很多。某些方面確實如此，但並非完全如此。不論如何，這個重大選擇並不是因為無懈可擊地證實有一種系統比另一種系統好，而是因為相信交流電系統最後會比直流電系統好，這樣的信仰成了自我實現的預言。雖然事實並不全然如此：直流電系統仍舊運作了好多年，而且仍有新的直流電系統設立。某些特殊領域仍在發展它們。一般推論交流電系統的主要好處是傳輸的成本較低，但是在某些特殊的情況下，例如水底傳輸，使用的是高壓直流電系統，包括英國和法國的跨海峽的第一道和第二道電網連線，其年代可以回溯到一九六一年。

認為新科技顯然優於舊科技，這樣的假設導致一個重要推論：要解釋為何沒有從舊科技改用新科技，理由常歸因於「保守主義」甚至愚蠢或無知。「抗拒新科技」成為心理學者、社會學者乃至歷史學者必須探討的問題。[12]然而「抗拒」這種說法要有理，就必須不存在其他的替代選擇。在我們所置身的世界中，如果個人或社會本來就無法完全接受所有提供的創新或產品，這種情況下，談論對科技或創新的抗拒是很荒謬的。抗拒是必要的。在選擇一種科技時，社會必然抗拒許多「舊的」與「新的」替代科技。在這個意義上，許多科技甚至大多數的科技都是失敗的。然而，許多科技其實只是增添可供選擇的科技。例如轟炸機並未取代陸軍和海軍；在一九六〇年代之前，數位電腦並未取代類比電腦。

把問題焦點放在科技選擇的歷史學者，一再指出替代的競爭科技。例如二十世紀早期的美國曾有短暫期間，蒸氣汽車或電動汽車要比汽油動力汽車更普遍；事實上電動汽車曾是芝加哥的主流。電動車後來找到利基市場（niche market）：在一九〇七年到一九一八年之間，電動車占柏林計程車的百分之二十左右。[13]在第一次世界大戰之前，德國消防局強烈偏好用電動消防車來取代馬匹消防車。二十世紀中期出現工業用電動車的成長，英國獨特的電動牛奶車將牛奶送到家家戶戶。雖然電動車代表著一個可行的替代選擇，但它普遍輸給了汽油動力汽車。原因之一是輸電網路範圍外的使用問題，以及電池維修碰到的特定問題。[14]在汽車的世界中有著不同的內燃引擎——柴油、汽油與二衝程；有不同的車體材料，例如在一九四〇年代，美國的汽車使用大量的木材，也有汽車使用合成材料。塔本特（Trabant）這款車是個好例子，這是由東德發展出來，並在其特殊環境下生產了多年，該車的車體是由樹脂和羊毛所製成，並使用二衝程引擎。二十世紀有許多互相競爭的道路建材，包括瀝青與水泥。[15]

航空也有許多不同類型的引擎和飛機。有汽油引擎與柴油引擎，蘇聯則在一九三〇年代努力發展蒸氣航空引擎。[16]汽油引擎有許多種類：旋轉式的、放射狀的與線式的（inline）。噴射引擎則發展出渦輪推動（turbo-prop）、渦輪噴射（turbo-jet）與渦輪風扇（turbo-fan）等種類。在兩次世界大戰之間，飛機機體建造從木材轉為金屬；這提供了一個如何做出選擇的有趣例子。改用金屬常視為是技術進步的指標——金屬顯然比較好，設計師越快改用金屬就越凸顯出他們的先進。相反地，到了後期還使用木材則被視為某種怪癖。然而，木材不如金屬這樣的假設是站不住腳的。「相信」金屬是未來的材料，因而必然更適合於建造飛機，是推動從木材改為金屬的動力，航太史學者後來也採信這套意識型態。然而成功的木製飛機仍在生產，二次世界大戰英國的蚊式飛機（Mosquito）就是著名的例子。[17]值得注意的是，電動車又東山再起；而飛機的結構現在使用「複合材料」（composites），這種材料的原理類似於兩次世界大戰之間飛機所使用的木製夾板。

另一種看見替代科技的辦法，是注意那些所謂的備用科技（reserved technologies），這是在首選的科技故障時拿來使用的。由於系統日益可靠，在富裕國家這些科技現在比較沒那麼常見。然而，即使在富裕而穩定的國家，家庭仍舊備有石蠟燈（paraffin lamps）乃至蠟燭。除了瓦斯爐或電爐之外，也還備有一個煮飯用的小型瓦斯爐（Primus stove）。船隻有備援的手動操縱器，以備主要操縱器故障時使用；船隻攜帶使用槳和帆的救生艇。汽車仍舊帶著備胎，通常比一般的輪胎來得原始。這些備用科技通常是較古老而簡單的科技，雖然不必然都如此。在危機時刻，回到較早、較牢靠及或許較低階的科技，可能有趣地反映了對科技的演化思考模式。舊的科技，或毋寧說那些被認定是舊的科技，在許多社會的儀式場合占有特殊的一席之地——從晚餐使用燭光到閱兵時穿的十九世紀制服乃至武器，以及葬禮使用由馬所拉的靈車。

有時情況會迫使人們使用備用科技。一九六〇年左右的英國人偏好的自殺方法是使用含有一氧化碳的家庭瓦斯。到了一九七〇年代早期，由於甲烷取代了煤氣，他們就再也沒辦法這樣做了。結果，使用汽車廢氣自殺變得越來越流行，在一九九〇年這一度是最常見的自殺方法。但其使用率後來又快速下降，部份原因是觸媒轉化器的普遍使用，這使得汽車廢氣不再那麼致命。接著越來越常用的是上吊，到了二十世紀末這成為最重要的自殺方法，但此非必然，因為女人偏好吞服固態與液態的毒藥。[18]

○評估航太與核能

私人和公共機構很早就想要評估各種計畫，通常是在計畫執行之前就進行評估。因此負責美國水利工程的美國陸軍工兵團，在二十世紀早期為了替其計畫辯護，於是便在成本效益分析的發展上扮演了關鍵角色。[19]長久以來臨床試驗就對醫師和醫療體系很重要，但此外還有一些較為粗糙的評估方式。在兩次世界大戰之間，有位醫師宣稱，如果英國不要用臥床休息來治療常見的腿部膿瘍（leg ulcers），而改用彈性貼布（elasticated plaster, Elastoplast）這項新產品的話，那就可以省下百分之一．六七的年度國民所得。我們不清楚這樣的節省效果是否有達成，但如果是的話，那麼彈性貼布顯然會是英國二十世紀最重要的科技發明之一。[20]

二十世紀的戰爭提供了評估科技重要性的重大案例。在對其他社會作戰時，重要性評估針對的是特定的系統、原物料供應、工業等。怎樣才能最有效癱瘓敵人？摧毀它的運輸？摧毀它的能源供應？或是摧毀它的一般產業？要達成這樣的毀滅效果，必須選用怎樣的手段？這類評估有兩個重大案例，它們處理的是二十世紀最著名且被認為改變了世界的科技：航空與核能。

在第二次世界大戰之前空軍人員相信，從空中進行的新式戰爭將會是毀滅性和決定性的。英、美空軍對歐陸進行的戰略轟炸（strategic bombing）以及美國空軍對日本的轟炸，都來自此一信念。其主要的論點是，現代社會即便只遭到輕微的轟炸都會崩潰（此一論證後來被轉用到飛彈與核子武器）。戰爭進行時，有些人就注意到空中武力不必然具有毀滅性或決定性，以致對轟炸這種做法以及／或是攻擊的目標，發生了激烈的爭辯。這些討論有時強調某些特定工業的戰略重要性。因此有人主張應該攻擊滾球軸承（ball-bearing）的生產，該項生產集中在少數的工廠，而汽車沒有這項產物就無法行駛；或是攻擊合成油料工廠，因為沒有燃料的話，德國就無法戰鬥；或是攻擊發電廠等等。諾曼地登陸前夕出現了如何協助挺進部隊的爭論。該攻擊怎麼樣的目標？是整體的德國工業、油料工業或是交通運輸呢？如果是後者的話，那該怎麼攻擊？該攻擊道路和鐵路橋樑呢？還是該攻擊車輛調度廠和維修廠？前者很難加以摧毀，而後者很容易擊中卻很快可以修復。[21]一九四二年到一九四五年間的英國轟炸部隊指揮官亞瑟．「屠夫」．哈里斯（Sir Arthur 'Butcher' Harris）否定精準轟炸特定工廠或特定工業的重要性，認為這是靠不住的「萬靈丹」；他主張唯一有效的目標是整個城市。

還有一個更廣泛的問題：轟炸機有多重要？亞瑟．哈里斯爵士在一九四五年宣稱：「重型轟炸機對於贏得這場戰爭的貢獻超過任何其他武器」，他還補充說，雖然未來戰爭的關鍵科技會改變，「但最快贏得戰爭的方法，仍舊是毀滅敵人的工業，從而毀滅其作戰潛力。」[22]這位英國指揮官在他最後的報告，使用一系列投彈噸位的表格和圖形來支持其論點。他指出英國皇家空軍投了將近一百萬噸的炸彈，其中約百分之四十五是投在「工業城鎮」。成功的指標是德國目標區「整體被摧毀的面積」；在戰爭結束時，目標區有百分之四十八被英國皇家空軍的炸彈所「破壞」或「摧毀」。

圖四｜一架B-29型轟炸機在轟炸韓國山區。雖然美國沒有使用B-29對所謂的韓國「共產匪幫」丟原子彈，但它們仍舊摧殘了這個國家。令人遺憾的是，注意力大多放在這場戰爭中並沒有使用原子彈，而非轟炸所帶來的可怕後果。然而，進行了這麼大的破壞，美國仍舊沒有贏得韓戰。

哈里斯並沒有提供轟炸影響工業生產的任何資料或圖表資訊，也沒有攻擊合成燃料或交通運輸之效果的資訊，後兩種都是他所反對的攻擊目標。除了這兩個例子之外，他也沒有考慮其他替代的戰略。他宣稱在一九四四年四月到九月之間，當轟炸機部隊在諾曼第登陸時轉去攻擊德軍運輸與部隊，而偏離「其適當的戰略角色」，德國因而能夠重新組織其生產與增加武器的供應，特別是新的武器。[23]其次，他宣稱如果沒有轟炸的話，德國就能夠將兩百萬名工人投入防空部隊以及製造武器，而非從事修復轟炸的損壞。靠著被捕的德國軍需部長亞伯特．史佩爾（Albert Speer）所提供的證據，他宣稱沒有轟炸的話，德國的反坦克火炮與野戰火炮的生產將能夠提高百分之三十左右。[24]史佩爾在審訊時宣稱，在一九四四年德國百分之三十的火炮生產、百分之二十的重型砲彈、百分之五十到五十五的「電子科技產業」，以及百分之三十的光學儀器產業的產出，都使用在防空火炮上。[25]

然而，在一場有史以來最了不起的事後科技評估，哈里斯的主張受到毀滅性的攻擊。當陸軍挺進到轟炸過的地區時，美國戰略轟炸調查（US Strategic Bombing Survey）的調查員也一同前往。領導調查工作的是英國保誠保險公司（Prudential Insurance Company）的負責人：此一龐大的工作動用了三百五十名軍官、三百名平民與五百名徵召人員。[26]美國戰略轟炸調查得到的結論，牴觸了英國皇家空軍區域轟炸的主要做法，但特定的報告則支持對運輸及合成燃料產業進行轟炸。調查宣稱，轟炸城市對生產的影響很輕微，但癱瘓運輸與合成燃料的生產則直接打擊到德國的戰爭機器。[27]和戰略轟炸調查的重要宣稱相牴觸的證據比比皆是，例如，在一九四四年德國（七十五釐米以上的）重型火炮當中，只有百分之十三是防空火炮。此外和一九四三年相比，防空火炮所占的比例是下降的，這點和英國空軍以及史佩爾充滿自信的說法完全相反。[28]

美國戰略轟炸調查對於轟炸日本的評估特別令人吃驚。轟炸日本本島的猛烈程度比不上對德轟炸：在日本投了十六萬噸的炸彈，在德國本土則投了一百三十六萬噸的炸彈。[29]然而，造成的損害卻差不多，因為對日本的轟炸時間更為集中，投擲也更為準確。遭到攻擊的六十六座城市，有百分之四十左右的建築物被摧毀。但是，轟炸在經濟上的效果卻不是很明顯，因為日本當時還受到另一種形式的攻擊影響——封鎖。美國戰略轟炸調查報告指出：「日本經濟在很大的程度上被摧毀了兩次，一次是切斷進口，第二次則是空中攻擊。」即便沒有進行任何轟炸，日本的軍需生產到了一九四五年也會只剩下一半。[30]

美國戰略轟炸調查對日本受到的傳統轟炸與兩次原子彈轟炸進行比較，其結論是極具破壞性。他們評估投在廣島的原子彈所造成的損害，相當於「兩百二十架B－

29轟炸機攜帶一千兩百噸的燒夷彈、四百噸的高爆彈與五百噸的破片人員殺傷彈」，而投在長崎的原子彈則相當於「一百二十五架轟炸機攜帶一千兩百噸的炸彈」。[31]使用另外一種度量方法得到的結論是，原子彈「將一架轟炸機的破壞力提高了五十倍至兩百五十倍」。[32]這使得一顆原子彈相當於五百噸到兩千五百噸的高爆火藥（TNT），而非一般所說的一萬噸到兩萬噸的高爆火藥。之所會出現這樣的差距，是因為原子彈巨大的爆炸力量並沒有針對任何特定的目標。報告顯示原子彈轟炸所造成的損害，相當於一次傳統的大型轟炸，這頂多只占對日本轟炸所造成損害的幾個百分點而已。原子彈的設計者不會因此感到驚訝。一九四五年五月在洛色拉莫士[1]舉行一場關鍵的委員會會議指出：「對一個兵工廠投下一顆原子彈所造成的效果，和任何目前這種幅度的空軍轟炸所造成的效果，不會有太大的區別」。[33]此一認識對於目標的選擇影響重大，因為原子彈的潛在攻擊目標必須是「在明年八月之前不太可能會受到攻擊」的目標；會議提到「除非有意外狀況發生，空軍願意保留五個目標讓我們使用」。最後選出四個目標（京都、廣島、橫濱以及小倉兵工廠）並且「保留這幾個目標」。[34]原子彈之所以能展現其破壞能力，是因為停止使用其他的轟炸方法。然而，原子彈不只是大規模毀滅武器，它也是製造巨大恐懼的武器；我們不應該低估這一點。

原子彈是個工業產品，耗費了接近二十億美元（相當於一九九六年的兩百億美元）。花十億美元來摧毀一個只要花少許經費就能用傳統轟炸方式摧毀的城市，其實是很不划算的。另一個看待這件事情的方式是，製造四千架左右的B－29轟炸機花費了三十億美元，這類轟炸機純粹是用在對日本進行長程轟炸，包括投原子彈。這個金額包含了它們的備用零件，但不包括維修、燃料、武器、以及人員的費用，也不包括機場建造與營運的費用。[35]另一個指標是製造原子彈的經費相當於多製造三分之一的坦克或五倍的重型火炮。[36]不難想像如果多出數千架的B－29轟炸機、增加三分之一的坦克或五倍的火炮或是其他的武器，會增加盟軍多大的戰力。難道這不會可觀地縮短戰爭的時間嗎？換言之，我們也可以論稱，原子彈計畫由於它減少了可用的傳統作戰原料，而延長了戰爭與造成更多的人命損失。我們之所以沒有看出這一點，部分原因是戰後精心編造的神話，宣稱原子彈使得戰爭很快就結束，因此至少拯救了一百萬條美國人命。[37]此一神話建立在可疑的假設：宣稱如果沒有原子彈轟炸的話，日本會堅持作戰下去，而唯一打敗日本的方法是入侵其本土，而這至少會帶來一百萬條美國人命的損失。換言之，這個論點的預設是，相對於原子彈，封鎖和

1〔譯註〕Los Alamos，洛色拉莫士位於美國新墨西哥州，是製造原子彈的曼哈頓計畫之實驗室所在地。

傳統轟炸是無效的。然而，在投原子彈之前，日本已經快要投降了。導致日本想要投降的關鍵因素是蘇聯加入對日戰爭，以及改變向日本提議的投降條件，此一投降條件在原子彈轟炸之後才又更動。原子彈或許讓日本更願意投降，但並沒有讓日本更快投降。它們並沒有帶來戰爭的終結，也沒有嚇阻未來的戰爭。太平洋戰爭不是因為原子彈而結束的，原子彈也沒有嚇阻未來的戰爭。

德國的V2火箭計畫是另一個巨大的戰時努力，同時它在經濟上與軍事上也是非理性的，當時有些人已經清楚看出這一點。英國的科學情報顯示德國當時正在建造十噸重左右的火箭，攜帶一噸左右的彈頭。此一評估證實是正確的，但它的爭議性在於，建造射程兩百英哩的火箭來投射一噸重的爆炸物，是不符合成本效益的，相同成本可以建造多架飛機來攜帶十倍的炸彈，其航程更遠而且可以反覆使用。然而德國還是做了這樣的事情。[38] V2火箭在一九四二年十月試射成功。兩年後，開始進行實戰發射，而且德國每天大約建造二十枚V2火箭。歷史學者麥可．紐菲德（Michael Neufeld）說，V2「是個獨特的武器，死於其生產過程的人多過被它打死的人」：至少有一萬名奴工死於V2的生產過程，而大約有五千人被它炸死。[39] 德國總共生產了大約六千枚V2火箭，因此粗略地說要花兩條人命來製造一枚V2火箭，而每枚火箭則殺死一個人。評估指出，如果不生產V2的話，德國可使用相同的資源來生產兩萬四千架戰鬥機。

發展與生產V2的所有費用大約是五億美元，這是美國原子彈計畫的四分之一。然而所有V2火箭加起來的破壞力，小於英國皇家空軍或美國空軍的一場城市轟炸。對抗軸心國的二十六個同盟國以及後來加入者，在一九四二年被稱為「聯合國」（United Nations）；它們應該感激華納・馮・布勞恩[2]、亞伯特・史佩爾以及希特勒支持V2火箭科技，因而消耗了德國自身的戰力。然而，軸心國更應該感激葛羅夫將軍[3]以及原子能科學家創造出有史以來最昂貴的爆炸物。在此有個可怕的對稱性，因為美國在二次大戰期間只製造了四顆原子彈，每顆原子彈的破壞力相當於一場傳統轟炸——換言之，其成本效益相當於用五億美元來摧毀一個城市。當然如果戰爭持續久一點，這種做法在經濟上會比較合理些，因為資金成本已經投入。假如第二次世界大戰真的根除了世界上的軍國主義，而且所有的武器發展也隨之終止，那麼火箭和原子彈不會被視為是未來科技的源頭，而是戰爭與軍事科技可怕的非理性例子。

在二次大戰之後，在前所未有的和平時期軍國主義的脈絡下，火箭和原子彈**後來**

2〔譯註〕華納・馮・布勞恩（Werner von Braun, 1912-1977），納粹德國的火箭工程師，戰後投效美國。
3〔譯註〕General Groves，曼哈頓計畫的負責人，本書稍後對此人會有更詳細的討論。

開始有些道理了。將火箭結合毀滅能力遠超過原子彈威力的氫彈，在成本效益上比較合理，因為其毀滅力量大幅提升。就此而言，原子彈和V2的例子顯示，只把注意力放在科技的早期發展是短視的（雖然這兩者在戰時都有巨大的生產規模）。換言之，這個例子指出，特定時間的效能和一長段時間之後的效能有所差別，經濟學家稱此為靜態效能（static efficiency）和動態效能（dynamic efficiency）。

然而美國戰後的核彈計畫，包括轟炸機和飛彈，雖然能夠執行巨大的毀滅，卻不便宜：在一九四〇年到一九九六年之間，花費了接近六兆美元（一九九六年的幣值）。這大約是美國這段時間所有國防支出的三分之一，而略低於美國這段時間所有的社會安全支出。[40]此一武器是如此地強大，以至於它無法使用；就這點而言，我們必須放棄以使用來評估重要性的判準。如果核子武器有任何用途的話，那是防止其他人的某些行動。可是對中國共產黨而言，核子武器只不過是「紙老虎」，雖然他們自己也製造核子武器。

○副產品

當我們指出特定科技並未具有其所宣稱的強大效用時，最常見的反應之一是，這些科技具有重要的次級效用，而這是直接評估所遺漏掉的。因此，聽到主張鐵路對經濟發展沒有那麼重要時，其中一種反應是指出它對其他產業的刺激效果，像是工程、鋼鐵與電報。「副產品」（spin-off）這個名詞就是用來描述這樣的效應。副產品的重要性未曾受到適當的評估，因為這是一種宣傳的論說，有識之士很少會嚴肅看待。副產品論點的一個重要特徵是，論點常連結到其他的科技，而這些科技因為其他原因而被認為具有根本重要性，但這種連結並沒有令人信服的證據。航空、火箭和核能都是重要的案例。

一個最有名但帶有點戲謔意味的例子，是美國太空計畫帶來鐵氟龍（Teflon）這項副產品，這個塗料具有製作不沾鍋的重要用途。這種論證有其重要性，因為直到不久前，民用的太空計畫都還沒有任何經濟用途。當然，非軍事的太空計畫有其他的目的，像是提供娛樂、宣傳，以及讓人樂於從緊要卻繁瑣的問題分心；不過這些科技的提倡者並不會強調這類目的。鐵氟龍很難正當化太空計畫巨大的開支。

有趣的是，鐵氟龍的起源和太空計畫一點關係都沒有。早在一九六〇年代之前的數十年間，鐵氟龍就已經為人所知和使用，甚至已經用在不沾鍋上面。杜邦公司（DuPont）在一九三八年發明，在一九四五年命名為鐵氟龍並首次開始銷售，[41]戰時的主要用途是用在炸彈生產計畫。鐵氟龍不沾鍋是一九五四年馬克葛雷（Marc Grégoire）

在法國發明的，並且由一家名叫特福（Tefal，鐵氟龍加鋁：TEFlon+ALuminium）的法國新公司在一九五六年推出；到了一九六一年，特福單在美國一個月就銷售一百萬個鍋子。[42]美國航太總署有個網站，同時也出版一本名叫《副產品》的雜誌，但裡面從來沒有提到鐵氟龍，美國航太總署倒是宣稱，無線動力工具、菱紋（ribbed）游泳衣、心律調整器的重要改進、雷射心血管手術、數位訊號處理、煙霧偵測器、腳踏車安全帽、嬰兒食品以及其他林林總總的產物，是起源於太空計畫。

雖然乍聽之下頗不尋常，但某些副產品其實對國家的財富有負面效應。英國在一九五六年開始使用核子反應爐來發電，主要目標是要生產鈽以製造核子彈。結果被誤導為具有「世界上第一座商用核子反應爐」的殊榮。[43]英國早就有全世界最具企圖心的民用核能計畫，而且在接下來的十年會比其他任何國家生產更多的核能。英國第一個核能計畫是以鋁鎂鈹合金反應爐（Magnox reactors）為基礎。時至今日它們當中有些還在運轉，預計在二〇一〇年會全部除役[4]，因此這些反應爐的壽命大約有四十年。早在一九六五年，英國就做出關於下一代反應爐的決策，並且選擇了進步型氣冷反應爐（advanced gas-cooled reactor）。英國於一九六〇年代開始建造這些反應爐；第一座

4〔譯註〕最後一座Magnox反應爐在二〇一五年底停止運轉。

圖五 | 碼頭式核電廠（Shippingport nuclear reactor）的興建。這是美國第一座商業運轉的核電廠；它位於俄亥俄河旁，距離賓州的匹茲堡市大約二十五英里。此一反應爐的原型本來是為了航空母艦所設計，這是典型的衍生科技（spin-off technology）！軍事科技運用於民間用途。這是一部長壽的機器，它在一九五七年建造，一直使用到一九八二年。然而「核能時代」從未實現。

在一九七六年完成，最後一座在一九八九年完成。它們目前仍在運作，而最後一座預計在二〇二三年除役。相較於其他型的核能或非核能科技，進步型氣冷反應爐計畫極為昂貴，也給英國帶來損失。與假想中的壓水式反應爐（pressurised water reactor）計畫相比較，以一九七五年的價格來估計，損失大約有二十億英鎊。[44]當電業私營化時，鋁鎂鈹合金反應爐賣不出去；而英國政府實際上是免費將進步型氣冷反應爐贈送給民營業者。

一九六〇年代第二個衍生自軍事前身的大計畫，是英法合作的協和式（Concorde）超音速客機；根據成本效益分析，這也是個可怕的金錢浪費。協和式飛機的原型在一九六九年開始飛行，而其商業飛行（如果這是正確的形容的話）則在一九七六年開始。有任何回收嗎？航空公司說就算把協和式飛機免費贈送給它們，還是賺不了錢，英國航空（British Airways）和法國航空（Air France）營運協和式飛機三十年左右，果然無法回收成本。協和式飛機計畫或民用核能計畫很難找到任何有價值的副產品。

值得注意的是這些是龐大而有爭議性的科技，由國家出資、籌組與採用。結果導致很多人認為國家總是會做出壞的、可怕的科技判斷；相較之下民間社會尤其是市場會做出更好的決策。在民間社會，重要性的問題會由許多匿名的計算者來評估。然而，大型企業有很大的決策力量，而許多彼此競爭的決策者不見得會帶來更好的結果，因為他們是根據已知數來做判斷，但他們對這些已知數本身卻可能沒有任何的控制能力。和替代選擇相比，許多這類小型決策加總起來可能帶來負面的結果。這種效應很難計算，也較少有動機進行這樣的計算。其中一個例子是，讓大量的人擁有汽車來造就運輸機動化的世界，並不是最好的資源使用方法。公共運輸可以達成更好的結果。

小科技大效應

談到避孕科技，臉紅之餘最先想到的是口服避孕藥。人們之所以認為避孕藥重要，不只是因為這是個強力的避孕方法，也因為常常認為是它帶來了性革命。富裕國家的性革命是貨真價實的，因此可以宣稱合成類固醇賀爾蒙的使用帶來了性革命，正是個小而平凡的科技如何引發巨大改變的驚人例子。然而，避孕藥究竟造成什麼其實並不清楚。把避孕藥直接連結到性革命，可以輕易看出背後的預設是：沒有可以取代避孕藥的避孕方法，或是其他的方法差很多。相較之下，這些其他方法的歷史幾乎不為人知。避孕藥是大量文獻的主題，但保險套以及其他許多尋常的生育控制科技則很少成為避孕史的重點。[45]然而，長久以來避孕就有許多方法；就沒落的科技、逐漸消失掉的科技，乃至「舊」科技的重現而言，這些避孕方法的歷史展現出老科技的重要性。避孕是個絕妙的例子。

長久以來人們使用不同的方法來控制生育和避孕。二十世紀有好幾種生育控制技術，包括墮胎、結紮、體外射精、各種用橡膠做成的避孕器材以及化學避孕法。二十世紀的大多數時候，有些避孕方法在世界上許多地方是非法的，而且幾乎都隱藏在公共視線之外，很難知道實際狀況或是取得這些方法的使用指標。

最重要的避孕方法之一，似乎是保險套。保險套曾經讓人聯想到理髮店、軍營以及疾病預防；多年來它一直是種半地下產業的產品。從一九三〇年代開始，用玻璃模子沾一下乳膠溶液就有辦法大量生產保險套。它們的產量以數十億計，生產成本低廉且輕巧而容易棄置。美國在一九三一年保險套的日產量是一百四十萬個，而且快速成長，因此戰後保險套在美國廣泛使用。部隊發放保險套給士兵，二次大戰之後避孕保險套的使用無疑因此大為增加。例如，英國每年的銷售量穩定成長，從一九四九年的四千三百萬個，增加到一九六〇年代晚期的一億五千萬個。[46]然而，大多數的性行為顯然並沒有使用保險套。

保險套只是眾多避孕科技當中的一種。還有各種女性使用的避孕科技在半地下的市場販售——這些產品包括墮胎藥物、殺精劑、清洗劑及結紮。一九三〇年代這類科技在美國的銷售量跟保險套差不多。兩次世界大戰之間，在英國和美國活躍的著名生育控制運動者瑪莉・史托普（Marie Stopes）和瑪格麗特・桑格（Margaret Sanger），推廣子宮頸帽和避孕膜這類特定的女性橡膠避孕科技。它們由女人所主控，而且在許多方面要比保險套來得體面；使用它們也需要醫療介入。這些運動者的目標是將避孕方法醫療化與女性化。瑪格麗特・桑格後來成為提倡避孕藥研究的要角，避孕藥後來是由製藥工業所生產，並且由醫師開立處方。在美國避孕藥從一九五〇年代晚期就可以取得，在一九六〇年就取得販售的許可。

避孕藥獲得巨大的成功。避孕藥不只是增加了一種避孕科技而已，而且導致其他不起眼的避孕科技走入沒落。一九六〇年代早期，保險套在美國的銷售量大為降低，到了一九六〇年代晚期，避孕藥是比保險套更加普遍的避孕方式。英國的保險套銷售從一九七〇年代初期就開始下降。避孕藥要比其他的避孕方法更有效，而且在體液交融的過程中不需要使用高溫硫磺處理過的橡膠，更重要的是，避孕藥是在性行為進行之前使用；這些重要的特性不會影響到其避孕效力，但對其受歡迎的程度卻有很大的影響。同樣重要的是，避孕藥是唯一可以公開討論的避孕科技。

避孕藥使得避孕變得公開且體面。就許多方面而言，這在它登上檯面前是難以想像的，這也是避孕藥能夠轉變性關係的原因之一。避孕藥的普及和性行為之間的關聯受到爭辯：關於它和性革命的關係沒有清楚的結論；性革命的新穎之處不在於婚前性關係，而是發生性關係但根本不打算和對方結婚。和其他技術相較，避孕藥對性行為產生如何的影響並沒有受到探討。[47]但宣稱避孕藥是唯一能夠帶來性革命的技術方法，這是難以讓人信服的。

在性革命之後，許多早於避孕藥出現的避孕方法並未消失，這點發人省思。避孕藥之後，對於避孕方法的研究比以前更多，帶來了與避孕藥競爭的科技，包括子宮避孕器（IUD）。[48]保險套則是那種成長、消失、又重新出現的科技之一。在愛滋病出現之後，其銷售在一九八〇年代遽增，此一現象使得保險套首度和避孕藥一樣可以被公開提及。全球保險套的產能從一九八一年的每年四十九億個，提高到一九九〇年代中期的每年一百二十億個。可預期的是保險套也有科技創新。第一個符合人體解剖形態的保險套在一九六九年生產，一九七四年則出現用殺精劑潤滑的保險套，之後還有更多的創新。杜蕾斯（Durex）這個保險套品牌在二〇〇四年慶祝七十五週年歷史，其口號是「七十五年的絕佳性」（75 years of great sex）。

○瘧疾

瘧疾控制就像生育控制一樣，使用過許多不同的方法。就如同避孕藥，任何特定方法的重要性都必須和其他方法做比較，而非假定沒有其他方法可以控制瘧疾。瘧疾、霍亂或結核病這類原本認為已經受到控制的疾病重新出現，導致對付它們的舊技術獲得重新使用，同時也發展出新的方法。[49]就全球規模而言，瘧疾一直是最嚴重的疾病之一。過去瘧疾不像現在一樣侷限於熱帶地區，在二十世紀前半，它是許多溫帶地區的本土病（例如南義大利）。瘧疾是能夠治療的疾病，也可以用預防性投藥來加以控制，或是透過消滅傳播瘧疾的蚊子來加以控制。傳統的治療方法使用奎寧這種自然產物，荷蘭帝國擁有殖民地爪哇的種植莊園，而控制了此一藥物。於是其他國家特別是德國，開始尋找人工合成的替代品。在一九三〇年代發展出了阿的平（Atebrin），又稱為美帕克林（mepacrine），但它會讓皮膚變黃，因而很少使用。第二次世界大戰日本占領荷屬東印度，迫使同盟國使用這種藥物進行治療和預防。戰時推動了抗瘧疾藥物的大型計畫，帶來三種廣泛用於治療與預防的藥物：氯喹（〔chloroquine〕德國人在一九三〇年代就製造出來卻貶而不用）、胺酚喹（amodiaquine），以及又名為百樂君（paludrine）的鹽酸氯胍（proguanil）。一九七〇年代在敘利亞以及非洲的法國殖民地，氯喹大量用於預防性投藥，企圖消滅此一疾病，結果提高了抗藥性。[50]

藥物只是故事的一部分。殺蟲劑以及透過控制水流和確保排水良好，以消除昆蟲的繁殖地，也證實相當有效。多管齊下確實已經在世界上許多地方成功消滅瘧疾。不過瘧疾控制特別讓人聯想到ＤＤＴ。這種殺蟲劑是由瑞士的汽巴嘉基（Ciba-Geigy）公司所發展出來的，被美國人所大量採用，不只用來因應瘧疾，也用來對付傳染斑疹傷寒的蝨子。ＤＤＴ的發明人保羅．穆勒博士（Dr. Paul Müller）贏得了一九四八年的諾貝爾醫學與生理學獎。而英國人發明了另一種強效的新殺蟲劑林丹（Gammexane），但較少採用。有人在一九四四年宣稱，太平洋指揮官麥克阿瑟贏得「一場最偉大的勝利……以科學和紀律戰勝了瘧蚊。」這個說法並不令人驚訝，因為在此之前瘧疾造成的士兵傷亡人數，是戰鬥傷亡的十倍以上。[51]戰後ＤＤＴ大量使用，試圖以此來消滅瘧蚊。ＤＤＴ帶來的不是瘧疾的消滅，而是一種廉價快速的殺蚊方法；它不需要繁瑣漫長的介入，是個只需要低度維護工作的選項。[52]

然而，或許正是因為缺乏深度的介入使得瘧疾得以生存，而在監控系統一再弱化之後得以擴張。一九五〇年代展開了全球瘧疾的撲滅計畫，企圖將之從下撒哈拉非洲（sub-Saharan Africa）之外的所有疫區根除。這個計畫的基礎是ＤＤＴ「亂槍打鳥的戰爭」，雖然起初獲得些成功，但從一九六〇年代晚期就開始失去動力。印度在一九五一年有七千五百萬個瘧疾案例，其中八十萬人因此死亡。一九五三年開始噴灑DDT，大批噴灑人員使得瘧疾案例在一九六一年降低到五萬人。然而由於沒有監控或處理新的傳染爆發，導致後來的病例又增加。罹病案例在一九六五年增加到十萬人，此後直到一九七〇年代罹病人數持續增加，到一九七〇年代晚期或許達到了五千萬人。結果「世界衛生組織開始重新採用原本被奇蹟殺蟲劑所取代的舊策略……整套已經生鏽的設備又重出江湖。」[53]增加舊藥物的生產，引進新的藥物，並且重新強調使用蚊帳。

就全世界而言，汽車殺死的人數僅略少於瘧疾，這數字讓人清醒，並注意到科技的重要性。非洲每年死於車禍的人數是歐洲的三倍（全球每年大概有一百萬人死於車禍，其中有二十萬人是在非洲）。非洲路上每部車輛的平均死亡率是富裕國家的四十倍以上。雖然非洲的汽車要比歐洲少得多，但就人口比例而言，它們殺的人數是歐洲富裕國家的三倍以上。交通意外是肯亞第三大死因，僅次於瘧疾和愛滋病。然而，把瘧疾和汽車連在一起看告訴了我們，我們對科技的時間感需要調整，這是我們下一章要討論的主題。瘧疾在非洲增加，不是因為走入逆轉的時間隧道，而是因為非洲進入了一個新的未來，一個舊模型所未能預見的新未來。

CHAPTER

2

時間

TIME

一九二〇年代，一架帝國航空公司（Imperial Airways）的飛機飛過駱駝商隊；驢車拖著汽車的殘骸經過孟買。所謂舊與新的並置，是常見的攝影類型。第一張照片代表科技的樂觀主義，第二張照片則顯示一個比較曖昧的態度。科技這種表面上的時間衝突，來自於對舊與新的特定理解。我們把駱駝、驢車、木犁或是手搖織布機視為歷史過去時期的科技。然而在上個世紀，它們的製造、維修與使用就如同飛機與摩托車一般，這些事物都存在於同一個彼此相連的世界。二十世紀末的某些驚人照片是這種情況的最佳範例：印度人和孟加拉人拆除巨大的遠洋船隻，但他們不是在新式的乾塢工作，[1]而是在孟加拉灣與阿拉伯海的海灘使用最簡單的工具來拆船。

驢車和手搖織布機屬於民俗博物館，而飛

機和汽車則屬於科學與科技博物館；偶爾兩者會被擺在一起。曼谷科學博物館於二○○○年開幕時，便將常見的科學與技術展示和民俗博物館的展品擺在一起：它有一個「傳統科技」的展區，包含了雕刻、陶瓷、冶金、枝編工藝以及紡織品。這些不是即將淘汰的科技，展示它們是為了保存與復興傳統手工藝。它們在富裕世界的科學博物館和民俗博物館通常是分開的，而且有各自不同的時間感。科學與科技博物館要訴說的是新奇、首創以及未來的故事。

倫敦科學博物館主展廳的名稱宏偉堂皇：「現代世界的構成」（the Making of the Modern World）。展廳地板上有條時間軸，但這是條創新的時間軸，因此蒸汽動力只出現在關於十八世紀與十九世紀的展示。然而直到不久前，這座博物館的訪客走進門大廳內，皆會經過一具三聯往復式航海蒸汽引擎（triple-expansion reciprocating marine steam engine）。大多數的成年參訪者會很自信地認為，這是十九世紀中期的機器，因為它看來像是「工業革命」的產物。不過它的標籤卻訴說著不同的故事：這座引擎是在一九二八年為一艘英國漁船建造。這艘漁船後來改裝成遊艇，與這具引擎一起使用了幾十年，年代久遠到使其帶有某種歷史趣味，如常言道，足以成為博物館的收藏。實際上，這座博物館收藏了許多二十世紀的蒸汽引擎；只是在博物館針對以年輕人為主的參訪者訴說的故事中，並沒有這些引擎的一席之地。在民俗工業博物館，抑或那些展示以往的交通機器或戰爭機器的博物館，這類機器比較可能成為展示的重點。一位傑出的分析家想到我們致力保存古老的繪畫、珠寶等事物，卻不保存工具時，寫道：「有用的物品要比有意義與令人愉悅的物品消失得更為徹底。」[1]它們一旦失去實際用途就會消失；然而，許多我們眼中的老物品，其實際使用的時間遠超過未來導向的科技史所允許。我們的工業、科學與科技博物館見證了許多機器綿長的壽命，但在此同時，許多這類博物館卻也否定此點對我們思考科技有何重要。

許多二十世紀最重要的科技是在一九〇〇年之前發明創造出來的。在這些科技當中，有些在二十世紀沒落，有些則否。這些科技的重要性不該被低估，因為即使這些科技正在消失中，也仍有其重要性。要等到它們幾乎完全消失掉時，才會像它們剛出現時那樣地不重要。事實上，二十世紀的科技史通常始於那些被視為陳舊甚至過時，僅能不合時宜地存在著的科技，像是駱駝商隊與驢車。或許馬匹是更好的例子。

1〔譯註〕乾塢（dry-dock）是專為造船或拆船設計的工作場所，可將要拆的船駛入後將船底的水抽乾，再進行工作；或是在船隻建造完成後，將水注入可以讓船浮起駛出。乾塢的設計與圖片，可參見台船公司的網站：http://www.csbcnet.com.tw/csbc/Ship/Ship07_new.aspx（二〇一五年三月八日十一點十一分點閱）。

圖6｜二十世紀初期的一種新科技。一九〇六年的節慶期間在日本橫濱弁天通上的人力車。人力車在二十世紀由日本傳播到東亞和東南亞。二十世紀晚期在某些地方它的使用持續增加，而它在二十一世紀仍受到使用。

○時代在改變

傳統上科技時間表紀錄的是發明與創新。時間表意味著時間是關鍵變數，時間的前進塑造了歷史。許多圖表以時間軸來呈現經濟數據，背後就是這樣的預設。然而，事物的傳播方式不同於疾病的傳染，並不是少數人先取得新科技，接著越來越多人向這些擁有新科技的人學習使用，直到大多數人都開始採用新科技。物品所有權的國際傳播顯示，物的擴散方式並非如此：不管一開始花了多久的時間引進新科技，不同國家採用的速率差異甚大。

新科技在發明之後很快就出現在世界各個角落。汽車在一八九八年便出現在巴塞隆納；西斯潘諾－蘇易莎（Hispano-Suiza）及伊利查德（Elizalde）這兩家著名的汽車公司分別在一九〇四年和一九一一年成立於巴塞隆納。荷屬東印度（現在的印尼）到了一九一二年已經擁有一千一百九十四輛車，[2]在安地斯山山腳的阿根廷城市薩爾塔（Salta），到了一九一五年就有了兩百輛以上的汽車。巴塞隆納的第一台飛機出現在一九一〇年；當地則在一九一六年生產第一架飛機。一九一〇年日本出現第一架飛機，而日本軍方於一九一四年便在中國使用飛機攻擊德軍。第一次世界大戰之前，北非與巴爾幹的戰事就已經使用飛機。哥倫比亞的第一家航空公司在一九一九年開始營運。

電視是另一個好例子，說明科技一開始就在全球獲得快速採用。在一九三九年之前，只有英國與德國擁有電視；富裕國家在一九四〇年代晚期和一九五〇年代初期建立或重新建立廣播系統，阿根廷（1952）與日本（1953）也這麼做。[3]非洲也沒有落後太久，摩洛哥、阿爾及利亞和奈及利亞在一九五〇年代就有電視了；在一九六〇年代初期，電視出現在更多的非洲國家以及韓國、新加坡、馬來西亞、中國、印度、巴基斯坦、印尼以及大多數的中東國家。[4]

新科技抵達世界特定地區所花的時間，不太能告訴我們當地採用的速率，因此也沒辦法告訴我們它對不同國家造成的影響。這不是時間的問題，而是金錢的問題。大致而言，收入決定了新科技的採用。美國在一九二〇年代大量出現許多消費產品，像是汽車和洗衣機，其普及程度領先最富裕的歐洲國家三十年左右。歐洲人比美國人窮；一旦他們和從前的美國人一樣富有時，他們就購買同樣數量的這類產品。這樣的過程不斷重複：當其他國家變得比較富裕之後，就有越來越多的人民購買那些出現已久的標準貨品。許多國家都還沒有到達美國一九二〇年代的人均收入或是汽車、電力的普及程度。雖然非洲許多地方在一九五〇年代和一九六〇年代就有了電視，但是在一九八〇年代，平均每一千人才擁有二十五台電視，擁有率遠低於同時或稍後才取得電視的較富裕國家。

儘管在經濟發展的驅動下，科技在不同的時間重現是二十世紀重要的歷史元素；但這種現象也有可能誤導我們，因為這不是一模一樣的重現。二十世紀末的哥倫比亞、摩洛哥、墨西哥、泰國、中國與巴西的人均收入水準，和世界上最有錢的國家及帝國強權在一九一三年的收入水準差不多。然而兩者在交通、傳播、健康照護等領域所使用的科技顯然不同。原因之一是新科技變得普及，時間是一項因素。但同樣的「舊」科技，卻以始料未及的方式為人使用。當窮國變得有錢之後，他們擴大對科技的使用，這種使用方式並不符合常見的現代化公式。

○馬、騾子和牛

人類數千年前就已發明使用馬匹來達成目的。馬的繁殖、飼養、訓練和維護是專家的工作，創造出野外不曾存在的牲畜。若問何時是馬匹使用量最大的時代，答案要比我們想像的更為晚近。馬匹在二十世紀不是前機械時代的殘留物；依賴馬匹的大都會在一九〇〇年是全新的現象。在英國這個全世界最工業化的國家，馬匹使用的高峰不在十九世紀初期，而在二十世紀初期。馬匹為何和「鐵馬（iron horses）」拉的火車在同一時間擴張呢？答案是：經濟發展與都市化連帶出現了更多的馬拉巴士

（horse-buses）、馬拉街車（horse-trams）與馬車。此外，使用火車和輪船來長途運送貨物，馬拉車輛的短程運輸就變得更有必要。因此倫敦肯頓市場（Camden Market）的訪客，會注意到在巨大的火車站和運河交會點附近有許多的舊建築是馬廄。[5]裡面的馬不是供附近的攝政公園（Regent's Park）騎乘用，而是用來運貨。「倫敦、中部與蘇格蘭（London, Midland and Scottish）公司」是一九二四年英國最大、最先進的火車公司，其馬匹數量和火車頭的數量同為一萬；相對地，它只有一千輛左右的汽車。「倫敦與東北火車公司（London and North Eastern Railway）」在一九三〇年擁有七千輛蒸汽車頭和五千匹馬，但只有八百輛左右的汽車。[6]不過毫無疑問地，到了一九一四年在世界最富裕的大城市，馬達動力的巴士、貨車和汽車以及電動街車開始取代馬匹運輸。

馬匹農業用途的高峰來得更晚。例如，芬蘭由於伐木業的使用而讓馬匹數量在一九五〇年代達到高峰。美國提供了最鮮明的例子。美國農場農用馬匹從一八八〇年的一千一百萬匹，在一九一五年達到兩千一百萬匹的高峰，到了一九三〇年代中期才又降回到一八八〇年代的數量水準。[7]美國的例子特別有趣，因為其農業在二十世紀初已經高度地機械化，但仍舊使用馬的勞力。我們很容易低估馬匹對鄉下地區的影響。英國和美國農業使用馬匹的高峰時期，大約有三分之一的農地用來養馬：因為馬匹吃大量的乾草和穀物。[8]機械化的農業幫助美國成為世界上最有錢的大國，

圖7｜在第一次世界大戰時，馬匹對各交戰國都極為重要。在這張巴黎拍的照片中，馬匹將赴戰場。在第二次世界大戰中，馬匹對德國陸軍是不可或缺的，德軍在進攻蘇聯時所使用的馬匹數量，要比拿破崙在一八一二年入侵俄羅斯帝國所用的馬匹數量高很多。

而且美國到了一九一〇年代也是世界上最大的汽車生產國，遙遙領先其他國家。

二十世紀的歷史上，有個使用馬匹運輸之處特別值得注意。第一次世界大戰和第二次世界大戰被視為是工業化的戰爭，展現了工程、科學與組織的壯舉；事實確實如此。正因為如此，這兩場戰爭都使用了大量的馬匹，而這些馬就像人一樣受到徵召，每個交戰國都依賴馬匹、騾子和其他馱獸。在第一次世界大戰之前，英國小規模的陸軍擁有兩萬五千匹馬，但到了一九一七年中，大量擴編的英國陸軍擁有五十九萬一千匹馬、二十一萬三千匹騾子、四萬七千頭駱駝和一萬一千頭牛。在一九一七年晚期，英國光是在西線戰場上就有三十六萬八千匹馬和八萬兩千頭騾子，數量遠超過英國的汽車。這並非瘋狂堅持要使用騎兵。西線戰場英國的馬匹只有三分之一是騎乘用（而且其中只有一些屬於騎兵部隊）；大多數馬匹是用來運輸現代戰爭所需要的大量物資，特別是從鐵路卸貨地點運輸到前線。英國使用現有的馬匹不是異常的緊急措施。英國迫切需要馬匹，而從美國購買了四十二萬九千匹馬和二十七萬五千頭騾子，此外還進口了大量的草料。英國善用全球馬匹市場的能力，是其軍事力量的關鍵。[9]不論如何，這點英國並非特例。美國龐大的陸軍在一九一八年湧進歐洲，每個大型兵團都配備兩千匹運送輜重的馬，另有兩千匹騎乘的馬，以及兩千七百頭以上的騾子：每四名士兵就配有一匹馬或騾子。

馬匹有著長久的重要性，另一個更為突出的例子是第二次世界大戰。德國陸軍常被形容是以裝甲車為中心，但德軍在第二次世界大戰所擁有的馬匹數量，超過第一次世界大戰的英軍。馬匹是「德軍的基本運輸工具」。德國在一九三〇年代重新整軍經武，購買了大量的馬匹，以致於德國陸軍到了一九三九年擁有五十九萬匹馬，此外該國其他地方還有三百萬匹馬。一個步兵兵團約需要五千匹馬才能移動。德國在一九四一年為了入侵蘇聯，聚集了六十二萬五千匹馬。隨著戰事的進展，德國陸軍劫掠它所征服的國家之農業馬匹，使得軍用馬匹的數量越來越龐大。德軍在一九四五年初擁有一百二十萬匹馬；整場戰事損失的馬匹估計約為一百五十萬匹。[10]較諸過去的戰爭，是否第一次世界大戰和第二次世界大戰都使用了更多的馬匹？儘管也使用了其他的運輸方式，運輸馬匹和士兵人數的比例是否也提高了？[11]德軍在進攻莫斯科時所使用的馬匹數量，確實要比拿破崙大軍的馬匹來得多。事實上德軍比當年的法軍花費更長的時間才抵達那裡。

毫無疑問，馬匹和騾子的全球數量在二十世紀初期下降了。馬匹從富裕城市和許多有錢國家的田野消失。然而，馱獸在世界上某些地方不只依舊重要，甚至因為這些動物取代了人力而變得更加重要。甚至還有獸力取代牽引機的戲劇性例子。古巴的農業在一九六〇年代早期由於蘇聯和東歐提供的農業機具而改變，導致犁田動物減少。然而蘇聯在一九八九年崩潰，使得古巴政府提出發展農耕動物的計劃。農用馬匹的數量恢復了，不過主要焦點是牛。古巴養殖訓練大批的牛隻，並建立起使用牛隻所需要的基礎技術建設。牛隻數量的恢復相當壯觀，牠們從一九六〇年的五十萬頭減少到一九九〇年的十六萬三千頭，但在一九九〇年代晚期又增加到三十八萬頭；取代了四萬台牽引機。[12]

走錠精紡機的沒落

許多工業機器的使用在二十世紀沒落了。一個很好的例子是英國棉紡織工業的走錠精紡機（spinning mule）；它在一九〇〇年主導了當時最重要的棉紡織工業。走錠精紡機是在十九世紀初期發明的，其名稱源自於它混合了兩種不同類型的紡紗機：「多軸紡紗機」（spinning jenny）的拉扯運動和「水架」（water-frame）的捲動運動。二十世紀每台走錠精紡機約有一千五百個捲軸，每一組走錠精紡機由一名男性紡紗工和他的兩名助手操作，後者分別被稱之為「大接頭工」（big piecer）以及「小接頭工」（little piecer）。

當時這個全球化產業的核心是走錠精紡機。棉花運到距離產地千里之遙處加工，由少數幾個工業重心出口到全世界。這個產業的重鎮是自由貿易的英國，特別是曼徹斯特這個棉都（Cottonpolis）。英國棉紡織工業的最高峰是一九一三年，當時它不只是全世界最大的棉紡業，同時也是最有效率的。[13]當全球貿易在兩次大戰之間出現壁壘，而日本又成為主要的競爭者時，曼徹斯特的出口因而衰退。一九三一年是最不景氣的一年，其產出只有一九一三年的一半。英國棉紡織工業未能有太大的復甦，從一九五〇年代初持續長期的沒落，雖然此一沒落產業仍舊相當重要。在一九三〇年代它占全世界紡織品出口的百分之三十，而在一九五〇年代初期則占了百分之十五。在一九二〇年代棉產品占了英國所有出口的百分之二十五，而在一九五〇年代初期仍占了百分之五。

直到一九五〇年代晚期，英國棉紡織業所使用的機器絕大多數還是走錠精紡機，但機器都已經相當老舊了。一九三〇年代所使用的走錠精紡機，大約有百分之八十是在一九一〇年之前裝設的。一九二〇年之後就幾乎沒有新裝設的走錠精紡機，而一九三〇年代之後就完全沒有了，因此到了一九五〇年代，絕大多數的走錠精紡機都已經使用超過四十年，這是一九三〇年代所預估的機器壽命極限。其他國家使用的另外一種紡紗科技是「環錠細紗機」（ring-spindle spinning machines），但是英國棉紡產業走錠精紡機占高比例的特殊現象，不是因為抗拒環錠細紗機，而是在一九二〇年代初之後就很少投資新機器。投資是如此之低，以至於如果按照一九四八年的機器替換率，要花五十年才能用新式的環錠細紗機取代所有的走錠精紡機，而且要另外再花五十年才能用新式環錠細紗機取代舊式環錠細紗機。[14]以一九五〇年代中期的投資來計算，要用數十年時間才能取代既有的環錠細紗機。[15]

因此這個產業在一九一三年之後的歷史是，機器日益老舊且數量越來越少。許多走錠精紡機之所以消失，純粹因為它們過於老舊而不值得保留，但許多淘汰的機器其實還能運作，之所以淘汰是因為產品已經沒有市場。有人宣稱這些老機器占據空間，導致沒有辦法安裝新機器。結果政府花了很大的力氣來成立所謂的紡錘委員會（Spindles Board），向工廠收購並報廢紡紗機。此一事例所代表的全球現象（在人們需要工作而世界需要衣服時摧毀紡紗機），在一九三〇年代震驚了進步派輿論。從一九三六年到一九三九年，委員會報廢了六百二十萬台紡織機；相較之下，從一九三〇年到一九三九年，民間自行報廢了一千五百萬台。戰後在不同的經濟環境下，推動了進一步的報廢計畫。一九五九年通過棉紡工業法案（Cotton Industry Act）之後，推動了最大規模的報廢，在一年內幾乎拆掉了將近一千萬台走錠精紡機；這些機器在當時已經使用了五十年、六十年或七十年。有的機器被保存在民俗博物館或科學與科技博物館。

我們的科技博物館強調的是最初的設計，因而很容易錯失其典藏品不尋常的生命故事。不過仍在使用的老物品有其專屬的懷舊刊物，那些仍舊可以運作的老火車、老汽車和老船隻有許多專門的出版品。像《螺旋槳迷》（*Propliner*）專門討論還能飛的螺旋槳飛機。我們對十九世紀、二十世紀的科技感到懷舊，這也點出了那些曾經代表未來的事物，其消失所具有的重要性。熨衣機（ironer）曾經傳播到百分之十的加拿大家庭，然而它並沒有成為新一波家庭自動化的開端，反而很快就消失，就像英國的泡茶機器（tea-making machine）一樣。[16]飛船這項二十世紀初的科技奇觀，在一九三〇年代很快就不再使用。奇蹟殺蟲劑ＤＤＴ要比它企圖消滅的蚊子和其他昆蟲消失得更快。協和號看來會是第一架也是最後一架超音速客機。載人的倍音速（hypersonic）飛機在一九六〇年代消失。核能一度視為是未來的科技，二十世紀末許多國家要將之淘汰。醫學也可見到這種現象，許多二十世紀發明的治療方法不再使用；腦額前葉切開術（lobotomy）以及電痙攣治療法（ＥＣＴ）是鮮明的例子，雖然後者偶爾仍在使用。

○不是未來城而是鐵皮屋城：科技與貧窮的巨型城市

貧窮世界與科技的故事，經常被述說為技術轉移、抗拒、無能、缺乏維修以及被迫依賴富裕世界科技的故事（「貧窮世界」一詞要比美名修飾的「開發中世界」以及現在已經無關緊要的「第三世界」來得適切）。關鍵的概念是帝國主義、殖民主義與依賴，而主要的過程是將技術從富裕國家轉移到貧窮國家。最關鍵的衡量指標是貧窮世界擁有富裕世界的科技及其創新能力。另外一套想法則認為，貧窮世界背離其本真而採用「西方」科技，即便只是部分地採用都是背離。[17]此種觀點至少可以回溯到兩次世界大戰之間，認為現代科技摧毀了地方古老、另類而更為純正的文化。近來則認為，「西方」科技帶頭對貧窮社會發動暴力攻擊。這些說法都未能考慮到在二十世紀新出現之貧窮世界的獨特性。特別是，這些說法都沒能看出貧窮世界是個獨特的**科技**世界，這個科技世界成長快速而且依賴在地的、巧妙稱為「克里奧」（creole）的科技，而其中不少是我們所認為的「舊」科技。我們可以像建築師庫哈斯（Rem Koolhaas）及其同夥的著作那般，用窺淫的方式來消費這個獨特的世界，但是不需要把這世界想成是未來的世界，而是一個擁有自身貧窮科技的獨特世界。[18]

全球人口在二十世紀增加了三倍，但是歐洲的人口只增加約百分之五十。主要的人口成長出現在貧窮世界——亞洲、拉丁美洲與非洲。最大的改變發生在貧窮世界的城市，它們以驚人的速度成長。到了世紀末，世界上大多數的大城市都位處貧窮地區（這和二十世紀初呈現強烈的對比）：巴黎、倫敦與紐約在過去以其規模和富裕領先群倫，而公元兩千年那些最大的城市是其他地方不會想要仿效的：聖保羅、雅加達、喀拉蚩、孟買、達卡、拉各斯（Lagos）與墨西哥市。這是一種新型態的都市化，而且是快速驚人的都市化，它們並未重複稍早柏林或曼徹斯特的經驗。它們不是馬匹、火車或紡織機的城市，也沒有巨大的電子工業或化學工業。此外，它們大多數地區的建築物並不是由建築師、工程師或建築公司所蓋的，而且也不符合建築法規。這些城市的這些區不是為了汽車或火車所蓋的，更甭提高速資訊網路了。

這個新的都市化過程，其核心是貧民窟或違建區的成長；不過我們一定要小心使用這些名詞，因為它們描述的是許多不同種類的住屋。例如里約熱內盧的貧民窟（favelas）是有水電的，而瓜地馬拉城的外來人口居住區（asentamientos）晚上則是漆黑一片。貧民窟一詞乍看之下可能指涉城市當中最窮的人居住的老舊敗壞區域，就像富裕世界以及貧窮世界的許多區域一般。然而，二十世紀晚期興起了一種新型的貧民窟，它們是新興建的，甚至可以說是刻意建造的。例如，年輕城市（pueblos jóvenes）這個樂觀名詞是用來形容利馬（Lima）的貧民窟，這透露出關於它們的重要訊息，雖然有些貧民窟已經有幾十年的歷史了。

富裕城市之貧民窟的特徵是缺乏設施，像是缺乏永久的建物，或是某些特定形式的衛生設施或電力，但是我們對這樣的定義要特別小心。我們要問的不是違建區缺乏什麼樣的科技，而是它們擁有什麼樣的科技。因為貧窮的城市有特定且新式的建築系統、衛生系統，乃至水、食物以及所有的生活必需品的供應系統；它們並不傳統，而是嶄新的。事實證明，它們能夠維持規模龐大而快速擴張的新型都市狀態，即使那是一種悲慘的生活。肯亞的「飛行廁所」(flying toilet)是貧民窟的現代科技之一。塑膠袋是二次大戰之後四處可見的化工業產物，它不只用來大解，同時也用來丟棄過去被奇怪地稱為「夜土」(night soil)的大便：裝著大便的袋子開口綁死，拿到屋外用力把它丟得離住家越遠越好。[19]

用來建築許多貧民窟的現代材料的名稱，有時被烙印在建築物的名稱上。北非早期的臨時貧民窟被稱為油桶城(bidonvilles)，因為這些建築物是用切開敲平的汽油桶(bidons)所建造；這個字已經變成法文的專有名詞了。摩洛哥對應的阿拉伯文名詞是「金屬城」(mudun safi)。祖魯語(Zulu)稱南非德爾班(Durban)的貧民窟建築為箱板屋(imijondolos)，這個名詞或許是源於其建材來自一九七〇年代在港口用來運輸約翰·迪爾牽引機(John Deere tractors)的木板條箱。[20]

貧窮世界的鄉村或城市發展一種突出的材料，那就是波紋鐵皮(corrugated iron)或白鐵(galvanised iron)，用來製造「罐頭屋頂」(tin roofs)。十九世紀英國軍隊用它來製作活動住屋，將之傳播到世界各地。它也是澳洲、紐西蘭與美洲的白人移民社區用來建造屋頂與牆壁的關鍵材料；現在視之為地方特色建築而引人興趣。這是二十世紀一種極為重要、真正的全球科技。它便宜、重量輕、容易使用且壽命很長，使其成為貧窮世界到處可見的材料，這是在富裕世界所見不到的。二次大戰有位西非的訪客注意到：「伊班達（Ibadan）是當時黑色非洲最大的城市……不到半個世紀它就從一個地方市集成長為住民接近十萬人的城市；雖然就像非洲常見的狀況一樣，那裡房子的屋頂大多是用電鍍鐵皮所建造。」[21]今日的伊班達位在一條總共有七千萬人的貧民區城市走廊的一端。[22]從空照照片看來，它的屋頂仍舊是生鏽的波紋鐵皮。

波紋鐵皮不只是一種都會科技；它也被用來取代傳統鄉村建築的乾草屋頂。比利時的殖民者在盧安達首度使用波紋鐵皮來建造他們的公共建築。到了二十世紀末，即便最貧窮的家庭也使用一種較輕型的波紋鐵皮作為標準的屋頂材料。農人的房屋是用磚胚和波紋鐵皮屋頂所建造，而被稱為「大地的鐵皮」（terres-tôles）。鐵皮屋頂是整棟房屋中村民唯一無法自行製造的部份，因此是珍貴的財產；在一九九四年的種族屠殺，胡圖族（Hutu）劫掠圖西族（Tutsis）房子的鐵皮。情勢逆轉時，胡圖族難民背著鐵皮逃往剛果，其他人則把鐵皮埋在田裡。[23]

就像其他科技一樣，波紋鐵皮的形式和材料也有所創新。它變得更輕更堅韌，有許多不同等級的品質與類型，有新的瓦楞形狀與塗裝。但是長久使用的正弦浪板型（sinusoidal corrugations），仍舊是最便宜等級的主流。

第二種重要的便宜建材是石棉水泥，特別是石棉瓦。奧匈帝國的石棉生產者路德維格．哈謝克（Ludwig Hatschek）在一九〇一年為石棉水泥申請專利。他稱這個發明為「以特奈」（Eternit），而這項材料和這個名稱都持續使用很長的時間。一九〇三年有個同名的瑞士公司開始生產這項產品，並且成為一家大型跨國公司，在世界各地都有分公司。在許多地方「以特奈」仍舊意味著石棉水泥；而在其他地方則稱為優拉賴特（Uralite）或優拉利塔（Uralita）。石棉這項纖維材料的主要用途是製作石棉水泥（又稱為纖維水泥），後者主要用來製造瓦楞屋頂、建築材料以及自來水管和汙水管。石棉水泥是現代都市化過程的關鍵材料。二十世紀初主要在北美洲使用；第二次世界大戰之後它在北美洲，尤其在歐洲的使用量大增，而亞洲、南美洲與非洲的使用量則在一九六〇年代和一九七〇年代開始成長。[24]不幸的是後來發現石棉是嚴重的致癌因子，在美國、歐洲與世界各地都逐漸禁止使用。結果從一九七〇年代中期開始，全世界的產量都下跌。不過在世紀末，它的產量依舊維持在一九五〇年代的水準。即使在一九九〇年代，南非接受公家補助的新住屋仍有百分之二十四使用石棉水泥屋頂。[25]

法國殖民地馬丁尼克（Martinican）的作家派翠克．沙莫梭（Patrick Chamoiseau）在他有闕達建城市的偉大小說《德薩可》（*Texaco*）中，反映了對於一九六〇年代與一九七〇年代新興貧窮城市的新理解。《德薩可》將馬丁尼克的歷史區分為隱蔽處（ajoupas）與長屋的時代、乾草時代、木板條時代、石棉時代以及水泥時代，反映了違章建築城市的關鍵建材。[26]石棉年代用石棉水泥板蓋牆壁，屋頂則用波紋鐵皮建造，因此人們偶爾會買一袋水泥來讓他們的世界更為穩固。書中角色之一是位新型的都市專家，他開始了解這種新型的城市。「自立造屋」（self-help housing）與「自動營建」（auto construcción）的確成了都市計劃的藝術名詞，承認了在現代性標準網絡之外大量興建的房子。

波紋鐵皮、石棉水泥與水泥不是貧窮世界的發明，而先是出口到貧窮世界，然後開始在當地生產。貧窮世界的成長及其大量增加，與使用來自富裕世界的「舊」科技，是攜手並進的；同樣重要的是，如此傳播的科技通常是擷取「舊」科技而來的，我們可以把它們形容為克里奧科技。克里奧是個複雜的名詞，有很長的歷史和許多不同的意義。它通常意味著原本外來的事物在當地的衍伸產物（尤其是美洲的白人和黑人所衍生的產物）。這個名詞也帶有在地、庸俗、通俗的意義，而和大都會的精緻成對比。克里奧意味它是衍伸的，同時也不同於原來的案例。有時克里奧意味著外來與既有的混合體，雖然這不是它通常的意思。[27]

○克里奧科技

克里奧科技的一個重要面向是：它基本上是一種進口的科技，但在貧窮世界取得新的生命。許多例子是貧窮世界很晚才採用富裕國家的科技，並且使用很久。一個小例子是印度奧里薩省（Orissa）的警察在一九四六年採用信鴿，一直用到一九九〇年代才逐漸淘汰。印度的汽車工業則有一些較為著名的例子。從一九五〇年代中期開始，一九五五年的皇家恩費爾德子彈型機車（Royal Enfield Bullet motorcycle）開始在印度生產。這型機車直到今天仍在最初的馬德拉斯工廠（Madras factory）生產，年產量一萬輛，其生產方式仍舊很少使用生產線組裝。西孟加拉邦（West Bengal）烏塔帕拉（Uttarpara）的印度斯坦汽車公司（Hindustan Motors），仍在生產以一九五〇年代中期莫里斯牛津系列II汽車（Morris Oxford Series II）為藍本的大使型汽車（Ambassador）。它的生產從一九五七年開始，迄今已經製造了八十萬輛。就產量規模而言，福斯金龜車（Volkswagen Beetle）的歷史更是著稱的例子。它到了一九七〇年代早期就超越福特T型車，成為全世界生產數量最高的汽車（一千五百萬輛），而且還繼續生產，總產量到達兩千一百萬輛。這型車最後的產地在墨西哥，該地從一九五四年就開始生產，而在二〇〇三年停產。巴西的生產在一九八六年停止，在一九九三年重新生產，而在一九九六年再度停產；

這時德國早已不再生產此型車了。

共產中國對於舊的生產技術自有其獨特態度，追求「兩條腿走路」的工業化方針，而被稱為「科技的二元主義」。第一條腿是城市大規模的工廠生產，採取蘇聯模型，致力移轉其技術、模型、設計與工廠。有很長一段時間中國一直是蘇維埃科技的生產者，直到一九八〇年代末它仍在生產蘇聯一九五〇年代的卡車和蒸汽引擎。蒸汽火車迷前往中國的列車調度廠和旁軌（sidings）參觀，因為要到一九八〇年代中期，中國的柴油引擎和電動引擎的生產才超過蒸汽引擎。

第二條腿是地方經營的小規模工業，依賴地方原物料並供應地方需求，它們通常位於農業部門。這些工業的基礎是中央提供的科技設計，其本身通常是世界其他地方都已經不再使用的「老」科技。從一九五〇年代晚期開始，「後院式煉鋼工業」生產以及小規模的水泥窯、肥料工廠、農業器械工坊、食物加工、發電與礦業在大躍進時期盛行。在這當中，肥料生產是少數的新科技，地方工廠生產一種全世界其他地方都沒有使用的肥料：碳酸氫氨。

從各種角度來看都極不成功的大躍進，讓中國人民付出巨大代價。饑荒奪走數以百萬計的人命，在一個極為貧窮的國家，還殘酷地浪費了技術與天然資源。隨著大躍進的瓦解，許多地方企業關門。但也有許多企業持續生存，延續經營到這種工業又再度大為擴張的文化大革命。到了一九七一年有百分之六十的肥料生產、百分之五十的水泥生產以及百分之十六的水力發電量都來自於小型工廠；整體大約占了中國工廠產出的百分之十。[28]

○交通

所謂貧窮世界的科技只是在時間上落後於富裕社會，這樣的想法並不完全適用。貧窮的巨型都市之生活肌理就說明了這點。交通是第二個例子，因為貧窮巨型城市的交通模式，不同於一九〇〇年或甚至一九三〇年的大型富裕城市。當時這些富裕城市並沒有二十世紀晚期亞洲巨型城市的腳踏車密度或摩托車密度。全世界的腳踏車生產與摩托車生產欣欣向榮，特別是在一九七〇年代以來的貧窮世界。數十年來腳踏車的生產首度超越了汽車。近年來全世界每年大約生產一億輛腳踏車，而只生產約四千萬輛汽車。全世界在一九五〇年代約有一千萬輛腳踏車與一千萬輛汽車，直到一九七〇年代它們的數量保持大致相等。在一九七〇年代早期，中國腳踏車的生產從每年幾百萬輛，擴張到每年四、五千萬輛，而帶來巨大的改變。[29]台灣與印度在二十世紀末生產的腳踏車數量，要比一九五〇年代的全球產量更高。貧窮的巨大都市使用的腳踏車衍伸科技，提供了一個克里奧科技的例子。

據報導，加爾各答市在二〇〇三年仍試圖淘汰手拉人力車，這種交通工具在亞洲大部分地區早已消失。就手拉人力車的標準而言，這些手拉人力車都算過時了：加爾各答的人力車輪子有輪輻，但這種輪子並非來自腳踏車科技；它們是木製並使用實心的橡膠輪胎而非充氣輪胎。顯然這是古老的殘留物囉？

事實上，手拉人力車並不是古代的發明，而似乎是日本在一八七〇年代設計的，雖然歐洲曾小規模使用類似的物品。人力車取代了轎子，其使用在十九世紀晚期蓬勃發展，起先盛行於日本，數量在一九〇〇年左右達到高峰，然後迅速傳播到亞洲各地。在新加坡它的數量於一九二〇年代達到最高峰，而加爾各答的人力車則在一九二〇年代和一九三〇年代成長。大多數地方在第二次世界大戰後停止使用手拉人力車。譴責它是一種羞辱可憐車夫的野蠻機器。

腳踏人力車（有時稱為三輪車）是一種和人力車幾乎一樣老的發明，然而，這種物品的使用在後來才達到高峰。[30]它是在一八八〇年代發展出來的，但起初使用的人不多，要到新加坡在一九二九年開始採用才改觀；當地腳踏人力車的數量在一九三五年超過了手拉人力車。它們在一九三〇年左右出現在加爾各答，約在一九三八年引進達卡（Dhaka），而在一九三六年引進雅加達。到了一九五〇年，它們已經出現在南亞和東亞的每一個國家。日本從未大量使用它們。在不同國家它們的設計有些差異，但在同一國家中則差異不大。最常見的設計是乘客坐在駕駛後面（印度、孟加拉、中國與澳門的「三輪車（triciclo）」）。但乘客坐在駕駛前面的版本也很常見，例如印尼的「貝卡車」（becak）、越南的「腳踏輪車」（cyclo）和馬來西亞的「三輪車」（trishaw）。還有些是乘客坐在駕駛的旁邊，像是菲律賓的「側車」（sidecar）、緬甸的「賽卡車」（sai kaa）以及新加坡的「三輪車」（trishaw）。[31]

腳踏三輪車在第二次世界大戰後並沒有消失，而且在一九六〇年代和一九七〇年代還快速成長。據估計在一九八〇年代末全世界總共有四百萬輛，雖然某些國家的數量減少了，但其總體數量仍在增加。達卡是腳踏人力車的首都，在二十世紀末約有三十萬輛。下一種克里奧科技是世界上的富裕城市所不知道的，那就是速克達改裝的計程車（scooter-based taxi）。這些「自動人力車」（auto-rickshaws）從一九五〇年代開始出現於印度，而相似的設計傳播到亞洲各地（例如泰國的「噠噠車」〔tuk-tuk〕以及孟加拉的「寶貝計程車」〔baby-taxi〕）。

腳踏人力車是都會的機器，而非鄉村的機器。它的出現其實晚於表面上看起來較為新穎的交通科技。必須先有專門為汽車、巴士與卡車建造的碎石鋪面道路，才會有腳踏人力車。然而，在亞洲快速擴張的城市，它們被視為一種丟臉的貧窮科技，也是一種必須淘汰的舊科技。不論殖民時期或是後殖民時期，亞洲的城市政府都想要管控它們，不是限制執照數量就是乾脆加以禁止。然而，即便政府曾在二十世紀中成功淘汰掉紡紗機這類機器，企圖禁止人力車卻以慘敗收場，因為據我們所知，其數量仍持續成長。現在它們出現於過去從未出現過的地方，包括在倫敦市中心的蘇活（Soho）娛樂區固定營運。

○改造船隻

水路運輸提供了一些克里奧科技的好例子，特別是混種科技。流經曼谷這個巨型城市的大河，是一種不凡品種的小艇之家鄉。透過將大型汽車的引擎架在環架上面，推動長軸末端的螺旋槳，這些長而薄的木船轉變成為動力船隻。駕駛透過轉動整個引擎與螺旋槳來控制船隻。「長尾船」（long-tailed boats）是個精彩的發明，首次出現在曼谷，接著傳播到整個泰國，它們不只用在觀光業，同時也成為提供船隻動力的標準方式。船尾是在曼谷製造的，價值一百美金，購買引擎的花費大概是六百美金，相較之下一部摩托車要價五百美金。這些船也出現在高棉與越南的湄公河，有人說祕魯的亞馬遜河也有這樣的船。

克里奧科技的另外一個例子是使孟加拉重新獲得活力的「鄉村船」（country-boat），在這個國家有數以百萬計的人依賴船隻運輸。這些由居無定所的窮苦船匠（mistri）手工建造的船隻，逐漸為陸地運輸所取代。然而，一九八〇年代初期它們在孟加拉西北部獲得改造。當地的新水井使用汽油幫浦打水，但這些水井每年大部時間都是閒置的。某個不知名的工程師使用其中一個引擎來推動船隻；到了一九八〇年代晚期，在雨季以及乾季的市集日人們使用許多這樣的船隻。漸漸地，這些引擎永久裝置在船上，其中灌溉幫浦引擎仍最受歡迎，因為購買這

圖8｜在二十一世紀前夕，於烏克蘭的喀爾巴阡山山腳下蒐集乾草。雖然這樣的車輛看起來像是歷史遺物，但它的車輪看起來是從汽車拿過來的；而且圖片中可以看到電線或是電話線。此外烏克蘭的農業早在數十年前就已強迫現代化了。

些引擎有政府補貼。一九八〇年代他們開始使用鐵皮來造船，也使用海邊拆船廠再生使用的鋼板來製造更大的船。[32]

三輪車、馬達小艇、長尾船以及貧民區的建築，都結合了大型工業的產品——（汽車引擎、腳踏車、水泥、石棉水泥）以及當地小規模工業的產物。這些是衍生出來、適應當地的科技。但它們不僅如此——舊的、更傳統的科技因為在地改裝而獲得新生命。這樣的混種很普遍。世界上有許多地方使用汽車車軸和方向盤來製造驢車。最原始的木造漁船則因為使用合成漁網而變得更有效率；大型手工製造的木船則裝上引擎、雷達與聲納，只要造訪世界各地的小漁港就可以證實這點。

懷舊與重新出現

在富裕世界有許多「舊的」科技被重新引進。有線電視在一九五〇年代和一九六〇年代時是消失中的科技，但是在一九八〇年代卻以貌似新型的外觀強勁復辟，承諾將帶來更多的電視頻道。廣義的電纜的確重返了，雖然其形式通常是光纖電纜，比之前的銅線電纜可以傳遞更多倍的訊息。保險套的使用在二十世紀大量擴張，然後因為引進避孕藥與其他新的避孕方式而沒落，但隨著愛滋病的出現又恢復成長。

針灸在十七世紀就引進歐洲，在十九世紀初期曾經一度興盛，接著緩慢地沒落，但到了一九七〇年代又重新復甦。航空飛機在一九五〇年代末和一九六〇年代初凌駕了客輪，然而許多這些客輪在一九六〇年代和一九七〇年代被改造為遊輪，並且發展成為一種產業，到了二十世紀末期，它搭載的乘客比過去還要更多。遊輪在假日時搭載超過八百萬名乘客；現在全世界最大的遊輪港口是邁阿密。歷史上最大的客輪不再是兩次世界大戰的龐然巨物，像是諾曼第號（Normandie）或是伊莉莎白女王號（Queen Elizabeth），而是二十世紀即將結束時興建的新世代遊輪。為豪華遊艇市場建造史上最大帆船的公司，其前身是一九〇二年的普洛森公司（Preussen）。西元二〇〇〇年交貨的皇家快速帆船（Royal Clipper）是在格旦斯克（Gdansk）的前列寧造船廠以及荷蘭的梅威德造船廠（Durch Merwede）建造。貝爾發斯特（Belfast）的哈蘭與沃爾夫造船廠（Harland and Wolff shipyard）經常接到探詢，問是否能重新建造不幸的鐵達尼號來充當遊輪。電視台用飛艇來轉播重大事件和搭載觀光客鳥瞰大城市。

大使型汽車和子彈型汽車被賣回到富裕世界，這是它們數十年前現身之處。為最貧窮的市場所製作的舊型腳踏縫紉機，其復刻版在富裕世界出售。[33]百達翡麗（Patek Philippe）這類精品機械鐘錶仍在生產。中國的大同機車車輛廠（Datong Locomotive Works）在一九八八年改為生產柴油火車頭之前，曾出口蒸汽火車頭到美國供觀光鐵路使用。[34]在美國出現來福槍產業，專門製造仍可使用的十九世紀復刻版，以滿足槍枝迷。古董相機以及經典相機的復刻版賣給識貨的顧客，特別是徠卡（Leica）；黑膠唱片則有獨特的市場空間。

根據加州蒙大維（Mondavi）酒莊的提姆・蒙大維（Tim Mondavi）的說法，「前進到過去」是食品生產與消費最重要的創新之一。蒙大維將橡木發酵桶以及其他的舊科技引進到高科技釀酒廠與葡萄園。[35]「有機食品」的生產和過去有著特別的關係。有機運動的聲稱之一是，有機生產對於環境的傷害較小，因此更有益於動物與人體的健康。有機的關鍵做法是放棄使用化學肥料、殺蟲劑與殺真菌劑。然而，有機認證標準允許使用許多十九世紀晚期標準的農業材料，像是開採壓碎的磷質岩石來當作肥料。在某些情況下可以使用鳥糞石，以及十九世紀所用的含銅除真菌劑，像是波爾多與勃根地混和液，雖然其含量受到限制。

出現帆船遊艇以及其他懷舊表現的世界，已經完全不同於帆船主導海運而化學肥料尚未問世的世界。波紋鐵皮屋頂和腳踏車是現代工業的產物，它們屬於發生產能大轉型的二十世紀世界。然而，在這則不平凡的故事中，表面看似老舊的科技，其重要性有時候超出了我們所願意承認的地步。

CHAPTER

3

生產 PRODUCTION

二十世紀大部分時候，全球經濟產出的增加速度，比人口的快速成長還快得多。其中特別醒目的是，二次大戰結束後三十年間的快速成長與變遷。這段期間出現世界史上空前的產出增加，此後在富裕國家再也不曾出現如此的成長速度。就一個重要的歷史轉型期而言，它的名稱卻相當謙虛，這段時期被稱為「長榮景時期」(long boom)或「黃金時代」(golden age)，而這些名詞並不會讓人想到革命性的改變。科技史若有考慮到這個時期的話，也僅稱之為第三次或第四次工業革命。但在世界上許多地區，包括歐洲大部分地區，這段時期是首次的工業革命，就業決定性地從農業轉移到工業和服務業。製程效率在這個時期快速成長，以越來越低的價格生產問世已久的產品；接著，貧窮世界以前所未有的成長速度延續此一過程。

關於生產，常見的故事大略如下：就業與產出從農業轉移到工業，然後再轉移到服務業。前者被稱為工業革命，後者被稱為後工業轉型，或是知識社會轉型抑或資訊社會轉型，並且連結到許多人所謂的後現代主義；某些馬克思主義者稱此為「新時代」(new times)，而資本主義的華爾街達人則稱之為「新經濟」(new economy)。[1]一九九〇年代宣揚的版本之一號稱，現代經濟變成「無重量」與「去物質化」。這些說法其實是老調重彈，卻假裝得好像從未被提出過；這些說法宣稱，未來權力不在於土地或資本，而是在於知識。它們再次許諾一個由「智慧財產」與「人力資本」所主導的世界。

然而，將焦點放在就業人口比例的這套歷史階段論，很容易扭曲整體狀況。二十世紀的農業產出極大地擴張，而且還持續如此。富裕國家的農業在長榮景時期出現史上最激進的革命：生產力的增加是如此之快，以至於雖然農業就業人口減少，但產出卻增加。工業產出亦龐大擴充，即使富裕國家的工業就業人口在一九七〇年代就開始減少，但產出依然持續擴張。服務業也已經成長很久了。服務業就業擴張的部分原因是，那些只有靠雇用更多人力才能提供的服務有所拓展。一個很粗糙且違反直覺的初步推估是：就業人數降低不見得是失敗或落伍的指標，而是快速的技術變遷所導致。我們也得知道，這些人為範疇的分野並不那麼明確，也不像其表面所見那般能揭露出背後的趨勢。屠宰動物通常歸類為製造業而非農業；出版與印刷業是製造業；有些維修活動與交通運輸則歸類為服務業。

農業、工業與服務業的三分法錯失一個非常重要的面向：家戶的非市場生產活動。這是全體生產活動的一個基本部分，不論農業、工業或服務業皆然。我們很早就知道國內生產毛額（GDP），這個從一九五〇年代起就沿用的標準國家收入資料，並未包含非交易品的產品與服務。[2]大多數家務沒有工資，因此大多數的國家帳目也不會將之列入。富裕世界大多數的無薪工作是由女人承擔，雖然不是所有的無薪工作皆如此。男人更常從事的無薪工作領域是維護與修理。[3]透過對時間的使用分配進行研究，以及近年來包含家務工作的「衛星」國民經濟會計（satellite national accounts），我們可以得知此點。這數字在富裕國家，大約介於傳統計算下之國內生產毛額的百分之三十到超過百分之百之間。在世界上許多地區，家庭仍舊是關鍵經濟單位，不論是自用或是為市場生產皆然，農業尤其如此；農家這個經濟與文化單位在二十世紀受到重大忽略。家戶是個好的討論起點。

圖9｜一九一〇年左右在田納西州東部安德森郡（Anderson County, East Tennessee）的瑪莉・福斯特女士（Mrs Mary Faust）與手紡車。即便美國在當時擁有全世界最有效率的產業，且福特T型車已經開始大量生產，但手紡車仍在使用。

○家戶生產

在一九二二年版的大英百科全書中，「大量生產」（mass production）這則條目指出，「工廠系統」第一個效果是「解放了家；原本家只不過是紡紗機或工作檯的附屬品，之後才得以發展出現有的尊嚴地位。」齊格瑞．吉狄翁（Siegfried Giedion）率先研究富裕家戶的機械化，他在一九四八年寫道：「我們幾乎談不上有所謂的家戶『生產』。」[4]富裕家戶對機械的消費使用有許多可以討論之處，但就生產方面而言則不然。

觀諸當前科技史的研究現況，確實應該多加嚴肅考量家用娛樂科技。在富裕世界，家戶採用收音機、電視與錄影機等娛樂科技的速度，要快過採用洗衣機或吸塵器。汽車與電話的使用方式其實更像收音機與電視，而非洗衣機；汽車與電話剛開始主要是種娛樂科技。[5]汽車起先用於拜訪親友與旅遊，而非通勤。雖然電話起初的銷售定位是商業工具，但婦女很快就將電話用於社交與八卦等工程師眼中輕浮瑣碎的用途。[6]一九二〇年代汽車擴散到美國大多數由家庭經營的農場，其擴散速度要比卡車或牽引機更快。[7]到了一九二〇年，美國農場擁有的汽車高達兩百萬輛，相當驚人，相較之下牽引機只有二十五萬輛，而卡車只有十五萬輛；到一九三〇年農場的汽車數量達到了四百萬輛，直到一九五〇年代晚期一直維持在這個數字。[8]中西部的農場在一九二〇年大約半數都擁有汽車，擁有電話的比例更高，但只有不到百分之十的農場擁有牽引機、自來水或電燈；一九三〇年百分之八十的農場擁有汽車，百分之六十擁有電話，百分之三十擁有牽引機，百分之十五到二十擁有電燈和自來水。[9]一九三〇年代擁有收音機的比例大約百分之四十。[10]這種家戶模式一直持續，不管有多少人抱怨貧民窟的居民先買的是電視而非縫紉機，或是一九五〇年代的日本農人購買的是炫麗的瓷磚與和服，而非購買洗衣機。

然而，生產仍舊是家戶的重要功能。至少從兩次世界大戰之間開始，一般認為富裕國家較為有錢的家戶要有新的家用科技，以及用新的科學方法來組織家務，以致力於食物製作、整潔與秩序。家庭廚房表面上看來是私人的世界，現在卻有其專家，包括探究現代性衝擊感的社會研究先驅、研究預算與時間分配使用的學者、新式衛生生活的提倡者，以及「家庭經濟」、「家務科學」及「家庭工程」的倡導者。[11]這類研究有許多是由利益團體所推動，像是美國的鄉村電氣化推展局（Rural Electrification Agency）[1]、電器產品製造商以及英國電力發展協會（British Electrical Development Association）這類業者成立的團體。這些團體當然不會推廣女人在家中獨立製造生產家務用具。[2]

廣告商與受資助的研究者最古老的陳腔濫調之一，是家中的新科技減輕了富裕世界家庭主婦的重擔，為她們帶來休閒。然而，美國中產階級的家務工作從二十世紀早期就一直增加，要到一九六〇年代才開始減少，這距離家務新科技的廣泛使用已經有相當長的時間。機器取代了家庭傭人，使得中產階級家庭主婦的角色，從工人的監督者轉變為機器的操作者。家務工作的勞動生產力增加了，但是這帶來的並不是工作的減少，反而是家戶生產的增加。家庭生產力與產量增加了多少？和大型工業或與農業相較之下又如何？這並不清楚，因為這類家庭生產的產出並未受到衡量。從越來越乾淨的衣服到許多新型的家庭烹調食物，這個龐大的生產世界所提供的各式產出都出現快速的變化；儘管這非常重要，卻很少有人記錄。

不過我們可以談談家戶生產的工具。一般而言富裕家庭的機械工具，和產業所使用的工具相當不同，手工具也是如此。這些工具被稱為「消費者耐久財」(consumer durables)，而非「生產者耐久財」(producer durables)；它們不是「投資」而是「消費」。家

1〔譯註〕鄉村電氣化推展局是美國農業部下轄推動鄉村電氣化與電話普及的單位。

2〔譯註〕家電產品是透過分工的方式，由許多工人負責不同元件的生產和組裝，進行大量生產；但是家務生產卻是由家庭主婦一人使用各種家電產品來完成所有的家務勞動，而非透過分工的方式來進行。大量生產的邏輯並不適用於家務生產。感謝本書作者向譯者釐清這個句子的文意（二〇一五年八月二十八日電郵通訊）。

用工具是大型工業與科學研究帶來的產物，其中許多因大量生產而便宜不少。[12]有些公司在市場的主導地位是如此強大，以致其商標不只令人熟悉，甚至變成該種工具的名稱，我們只要想想勝家（Singer）或是胡佛（Hoover）就可以知道這一點。[3]

大型企業甚至改造表面看來很老式的工具。有一款壽命很長但並未廣泛傳播的烹飪爐具，提供了一個有趣的例子；這款爐具特別讓人聯想到十九世紀的家庭。集氣爐（AGA Oven）在一九二九年問世，這是個大型且深具創意的瑞典公司（英文是集氣公司，Gas Accumulator Company）的產品，這家公司在兩次世界大戰之間的產品包括汽車、收音機與電影設備。公司在一九〇九到一九三七年的期間擴張，總裁是尼爾斯·古斯塔夫·戴倫（Nils Gustav Dalén）。他因為乙炔的儲存與使用方法以及相關的自動燈塔等發明成果，而贏得一九一二年的諾貝爾物理獎，[13]這些發明也讓這家公司走向成功之路。戴倫本人發展的集氣爐能夠將相當高比例的燃料轉變為可用的熱能，使它成為在當時是歷來燃料效率最好的爐具。到了一九三四年這款爐子便銷售世界各地，稍後約在十個國家生產。集氣公司在一九五七年停止生產這種爐子，但英國卻持續生產，事實上英國現在仍在生產這種爐子。[14]在瓦斯爐與電爐當道的時代，此一長壽的科技沾染了一股懷舊風。

就像集氣爐一樣，瓦斯爐與電爐從十九世紀晚期引進到現在，並沒有出現很大的改變。家務生產的科技新穎處不多。浴缸、蓮蓬頭、縫紉機、烹飪爐、吸塵器、洗衣機、電熨斗、冷凍庫跟冷藏室與洗碗機在兩次世界大戰之間都已經出現了，其中大多數的歷史更長，經歷數十年而沒有太大改變。其使用的普及程度主要取決於經濟，也和是否有電力、瓦斯與自來水有關，而和發明出現的時間關係不大。國家變得更有錢，隨之取得更多這類產品。國家也因為生產更多這類產品而變得更富裕。歐洲較為富裕的區域，其汽車、洗衣機與電話等產品的消費，要到一九五〇與一九六〇年代，才達到美國一九二〇年代的水準。這些設備要到更晚才傳播到世界其他地區。

○縫紉機和手紡車

縫紉機是家戶科技複雜歷史的絕佳範例，理由包括這是種遍佈全球的科技。在第一次世界大戰之前，鐘錶、腳踏車、鋼琴與縫紉機等產業是富裕國家新的消費者耐久財的工業先鋒。[15]縫紉機基本上是勝家縫紉機公司（Singer Sewing Machine Company）這

3〔譯註〕英式英文的Hoover成為吸塵的動詞。

家全球企業以龐大規模生產的產品，這家公司不只是大量生產的先鋒，也是透過分期付款進行大量行銷的先驅。勝家公司全球八家工廠在一九〇五年雇用了三萬名工人來製造縫紉機，當時這是相當大的員工數量；然而，相較於該公司四千家以上門市部的六萬一千四百四十四名全球行銷人力，這又是小巫見大巫了。[16]勝家或許占（美國之外的）百分之九十全球市場，在第一次世界大戰之前賣出了約兩百五十萬台縫紉機，其中有一百三十萬台是由蘇格蘭的克萊德班克廠（Clydebank）所製造。[17]

縫紉機的生產在二十世紀持續增加。在一九六〇年代晚期，領先的生產者是日本，製造約四百三十萬台縫紉機，其中大部分用來出口。[18]在這之後生產開始下跌：到一九九〇年代中期跌到了全球四百萬台：兩百三十萬台來自於中國，接著依序是台灣、日本、美國和德國。[19]在一九六〇年代到一九八〇年代的中國，縫紉機是「四大件」之一；其他三件是手錶、收音機和腳踏車。[20]一九八〇年代中期在中國鄉下地區，每個農村家庭擁有「一台腳踏車，約一半的家庭擁有一台收音機，百分之四十三擁有一台縫紉機，百分之十二擁有一台電視機，而大約有一半的鄉下成年人擁有手錶。」[21]

大體相同的縫紉機被用於各種不同的脈絡。大多數進入家庭，被用來製造和縫補家人的衣服，以及在巨大的外包系統中為市場進行生產。縫紉機設置於小型的血汗工廠，也安裝於一九三〇年代就開始發展的巨大成衣工廠。[22]

縫紉機也是非常長壽之模型的絕佳例子，它不只持續使用，而且持續生產很長的時間。一九六〇年代的腳踏縫紉機和一九一四年之前製造的機器沒有多大變化，也是秘魯安地斯山脈地區華亞拉斯地區（Huaylas）的小城「迄今最重要的現代用具」。[23]二〇〇二年四月泰國北部的湄洪順（Mae Hong Son）在一家網咖旁邊，把腳踏的勝家縫紉機貼上標籤，慶祝它與白色家電（white goods）一同銷售一百五十週年。在世界的另一頭，義大利萊切（Lecce）一家價格昂貴的男性裁縫店也用勝家腳踏縫紉機來縫製男人的西裝。[24]國際發展機構所支持的微型信貸計畫常會討論到腳踏縫紉機。

縫紉機在甘地的思想中占有特殊的一席之地，它是另類生產方式的範例。甘地強烈反對以機械為基礎的工業：不要大量生產，而是要為大眾生產；這是他著名的主張。他雖敵視工業製造的機器，卻有些「聰明的例外」。他說：「以勝家縫紉機為例。」「它是少數被發明出來的有用物品……。」甘地的訪問者回應，這樣他就不能反對生產縫紉機的工廠；甘地回答說，他是相當程度的社會主義者，主張這類工廠應該國有化或是由國家控制。他宣稱縫紉機：「不過是他心目中的例外之一……我隨時都歡迎能把歪掉的紡錘拉直的機器，」如此一來，「當紡錘出差錯時，每台紡紗機都會有自己的機器把它弄直。」[25]在甘地的理想世界中，最重要的機器不是縫紉機，而是手紡車；在當時的印度，這是個已經死掉的科技。甘地宣稱：「對我而言手紡車（charkha）是大眾的希望。」「失去了手紡車，大眾就失去自由。手紡車補貼村民的農業收入，賦予他們尊嚴。它是寡婦的朋友和慰藉。它讓村民遠離懶散。手紡車還包含了前製與後製的產業——去除棉籽、梳理、裁切、染色與織。這些活動也讓村子的木匠和鐵匠忙碌。」[26]甘地將手紡車重新引進印度，它的圖像成為印度國大黨黨旗的一部分。

○工具與小生意

用大量人力進行生產，這是二十世紀窮人大多數生產活動的特徵。國際共產主義運動使用的象徵，不是馬克思所稱頌的亨利・莫斯雷（Henry Maudslay）車床，也不是馬克思熟悉的紡織工業的紡紗機，也不是T型車。相反地，是鐵鎚和鐮刀，前者是我們在鄉下最常看到的鑄造工具，後者則是農業機械化之前的關鍵工具。或許我們不應該對這樣的象徵選擇感到意外。

在整個二十世紀。小型企業都靠最簡單的工具來運作，即使是製造業，德國和

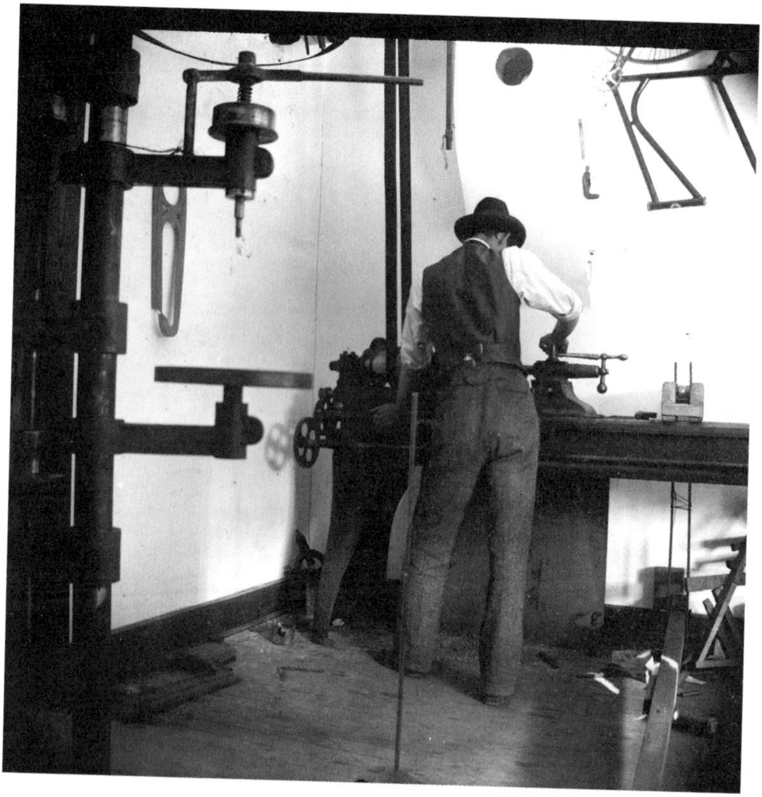

圖10 | 一九〇〇年左右，威爾柏·萊特（Wilbur Wright）在他位於俄亥俄州迪頓鎮（Dayton, Ohio）的腳踏車店工作。這樣的作坊可代表當時全世界數以百萬計的小型工程企業。他和他的兄弟奧維爾（Orville Wright）日後成為使用機械動力、可操縱，且比空氣還重的飛機進行飛行的先驅而聞名於世。

法國在一九〇〇年左右，大約有四分之一到三分之一的工人獨力工作。[27]一九三九年的巴黎，家庭經營的餐廳每天提供約一百萬份的餐點，這個數字到了一九五〇年降到二十五萬份，降低的原因是因為工廠和辦公室附設的食堂興起，雖然家庭經營的餐廳後來又開始成長。[28]西西里農家在一九三一年平均擁有兩個房間和一個馬廄，除了某些「簡陋的」農業用具之外，他們還擁有一頭騾子、幾隻雞和少許財物。[29]二次大戰抵抗德國占領的希臘人民解放軍，有位指揮官在一九四四年六月發表的聲明中描述到社區的生產工具。他談到：「屠夫和他的刀，雜貨商和他的砝碼，咖啡館老闆和他的椅子，菜販和他的秤。」[30]在一九八〇年代，孟加拉的馬達小艇是由巡迴的造船木匠所製造，他們傳統上是印度教徒（孟加拉是穆斯林國家），這些人是如此貧窮，沒辦法自行購買造船的材料，有時候甚至連他們所使用的簡單工具也買不起。[31]

今天在貧窮世界旅遊時，不管在鄉下或城市，很容易注意到小型的板金作坊，其中最複雜的工具很可能是用來焊接的乙炔焊槍或電焊槍。黃昏時刻在全世界各地的街道，都有保修廠間歇發出的焊接光芒，這些工廠很可能同時也製造一些簡單的設備。或者想想在曼谷人行道上幫人家修理電器的小生意，或是許多貧窮城市可以看到回收商將輪胎改製為鞋子或許多其他的貨品。

○美國和蘇聯的家庭農場

二十世紀初期，北美中西部的家庭農場是全世界最富裕的。這些農場極具生產力，這點並非就土地生產力而言（當時歐洲農夫在這方面遙遙領先），而是就勞動生產力而言。從一九二〇年代開始出現大量的福德遜牽引機（Fordson Tractor）：它們可以取代五匹馬，而且耕田的速度快三倍。晚近的大型農耕機可以比一組馬匹快三十倍。[32]牽引機的關鍵效用之一，是減少中西部家庭農場僱用的工人數量：連帶效果是農夫的太太也省下為大量僱工準備餐飲的工作，女主人為僱工準備餐點是當時的標準作法，這凸顯出家庭與農場之間的界線模糊。[33]在兩次世界大戰之間，中西部農場的婦女大量參與其他的非家務活動、照顧菜園和飼養家禽，其中不可忽視的少數婦女還負責擠牛奶，同時每年有一小段時間也在田地工作。[34]即使在二次世界大戰之後，仍有百分之六十以上的中西部農場進行菜園種植、牛奶生產和屠宰工作；雞蛋的生產仍舊相當高。漸漸地農村婦女從事農場以外的工作，在田地裡工作，而非從事這些小規模事業。[35]

蘇聯的情況則是如此地不同！想想看一九二〇年代中期布倫聶塔爾（Brunnental）的窩瓦河（Volga）流域德裔農耕區。這裡的農人貧窮得多了，過著極為自給自足的生活。他們用鐮刀來收割，有些農夫則使用收割機與割捆機；他們大多用馬匹推動的機器來打穀，很少使用馬達動力的打穀機。該區至少有一架福德遜牽引機，但必須自行配備大部分的農業用設備。一位車匠和他兩個十來歲的兒子，用車床和手工製造馬車。建造一輛馬車是耗時四週的粗重工作；如果使用現代動力機械的話，同樣的工作只要二十個小時就能完成。值得注意的是，上述故事的紀錄者列出該區每個家庭的職業，而非個人的職業：這些家庭的工作包括製造櫥櫃、鞋匠、裁縫、水管工人、製革工人、鐵匠和磨坊。[36]那裡沒有成衣，雖然富農的太太會有縫紉機；但農夫的太太和女兒在家裡縫製衣服，通常完全是手縫的。衣服是用粗羊毛製成的；大部分的家庭有手紡車。只有厚重的衣服才會請裁縫師縫製。

一九二九年的農業集體化，粗暴地撕裂此一世界。富裕的農夫被剝奪所有財產，遭到流放且往往因而死去。其他的農夫則成為半受僱人員；有的是幫新的中央國營機械牽引機站（Machine Tractor Stations）工作，為三個集體農場服務。接下來是數年的饑荒，直到一九三〇年代晚期才復原。到了一九四一年，所有這些窩瓦河流域的德裔農民都被流放到西伯利亞。[4]

到了一九三〇年，非常貧窮的蘇聯所擁有的牽引機數量占全歐洲四分之一，而到了一九三九年則占了三分之二。在沒有電力與消費商品的鄉下，牽引機的數量要比汽車更多。然而，推動集體化的力量並不是牽引機的使用，而是試圖改變鄉村階級結構的政治指令，以及企圖從農場榨取穀物來餵養城市（及其新工廠）與出口農產品，以便支付牽引機和其他資本財的費用。集體化的速度要比牽引機的供應來得更快。幾乎可確定集體化事實上減少了農場擁有的動力，因為農人為了避免他們的牲口被集體化而寧願加以屠宰，這包括拉車的動物在內。蘇聯農業用馬匹的數量從一九二九年初的三千三百萬匹，崩潰到一九三四年只剩下一千五百萬匹。[37]縫製衣服等鄉下手工藝同樣沒落，部分原因是有技能的工人遷徙至城市，資產受到剝奪或變得太過貧窮。[38]在許多村落，集體化帶來生活水準和機械設備的退化。

在第二次世界大戰之前，一個集體農場平均由七十五個家戶所組成。在此之後，蘇聯的集體農場和國家農場變得更大。擁有數千公頃耕地和數百個家戶的巨大農場，驚人地不具生產力，完全無法提高蘇聯的農業產出。一九六〇年代和一九七〇年代的生產確實增加了，但這是在耗費鉅資於投資和勞動力之後，才得到的結果。弔詭的是，集體化確保菜園能夠延續，而菜園在美國農業則消失掉。從一九三五年起，集體農場的家庭擁有一小塊土地來生產自己的食物，而且可以把剩餘出售。這些家

4〔譯註〕納粹德國在一九四一年入侵蘇聯。

庭農地平均面積大約一英畝，在肉品、雞蛋、蔬菜和水果的生產上非常重要，直到今天都是如此。

○長榮景時期的農業革命

「綠色革命」一詞所指的是貧窮國家於一九六〇年代引進新的作物品種、灌溉方法與肥料。由於農業總是令人聯想到貧窮和過去，也由於焦點總是放在新穎的事物，使得富裕世界更為重要的農業革命遭到忽視。

富裕世界的農業勞動生產率在長榮景時期，改變速度甚至比工業或服務業更快，也超過之前農業的改變速度。[39]在土地生產力相當高的英國，戰後的產量在一個相當高的基準上增加了一倍。透過灌溉以及施加人工肥料（特別是氮肥，大多是一次大戰前發明的哈伯法所生產），新的密集農耕方式使得作物長得又快又大。作物本身也改變了。一九三〇年代晚期與一九四〇年代從美國玉米產區引進新的混種玉米，雖然只是新品種作物的例子之一，但這是一種很重要的作物。[40]

亞洲的傳統稻米生產系統：一公頃大約生產一噸左右的稻米，二十世紀初期日本農夫則能夠在一公頃土地上生產二點五噸的稻米；日本農夫在十九世紀透過灌溉改良使其產量增加一倍；而台灣與韓國這兩個殖民地則在兩次大戰之間讓產量倍增。雖然日本鄉村經常被視為「封建」與落伍，直到一九五〇年代還在使用人糞當肥料；然而，新的住屋、自來水、洗衣機、電視與電冰箱都很快地引進。小型農場擁有充裕的農耕機械，高度機械化加上密集耕作的獨特組合帶來高稻米產出。[41]日本稻米生產力在亞洲持續保持領先。[42]到了一九六〇年代早期，日本一公頃的土地平均能生產五噸稻米，而亞洲的平均產量只有兩噸。即使是在綠色革命很久之後，日本仍然領先。在今日的日本，一公頃能生產七噸稻米，而孟加拉只有它的一半。

富裕國家的綠色革命對全球貿易模式造成巨大影響，抵觸了貧窮農業世界將食物出口到富裕工業社會的典型圖像。例如，美國仍舊是主要的小麥出口國，而且出口到貧窮世界的數量越來越大；在一九七〇年代和一九八〇年代則以巨大的規模出口小麥到蘇聯。美國仍舊是粗棉的主要生產者，過去的主要出口市場是英國，現在則出口到棉紡織工業集中的貧窮國家。中國從美國進口棉花，再將紡織品賣到美國。富裕國家以政府政策保護具有土地效率和勞動效率的農業，使它們免於貧窮世界廉價而無效率之產品的競爭。

富裕世界和貧窮世界的農業勞動生產力原本就有很大差距，二次大戰之後差距更加擴大。[43]貧窮國家的綠色革命減緩它們和富裕世界之間農業差距的擴大，但貧窮世界可能付出了內部更加不平等的代價。培育出能夠接受大量施肥與澆水的矮株小麥品種的關鍵，是一種矮株的日本小麥品種——諾林十號（Norin No. 10）；而IR8號水稻品種則來自日本在兩次世界大戰之間於台灣培育出來的矮株品種。[44]

長榮景時期富裕社會的畜牧業變得產業化，特別是雞和豬。雞是個極端的例子：在一九六〇年全世界大約有四十億隻雞，而到了二十世紀結束時，則大約有一百三十億隻雞；然而，每年為了食用而屠宰的雞隻，從六十億隻增加到四百五十億隻。雞的壽命減少很多。[45]這只是養雞產業化的其中一面。從一九三〇年代開始，美國的肉雞變得越來越大隻（體重增加近一倍）、更年輕（年齡大概只有一半）、而且只需要較少的飼料就可以長到所需要的體型（不到一半的飼料）。[46]這是透過改變雞的飼養及遺傳來達成的。一九三〇年代採取一系列重要的步驟，包括改在室內飼養雞隻；這也使得牠們的飼料必須補充維生素D，以及使用電燈和人工孵育。對雞飼料的密集研究在一九五〇年代帶來以玉米和大豆為主的標準飼料。一九五〇年代也出現適合這種人工飼養方式的混種雞。其中有許多是「明日之雞競賽」的贏家。

豬的生產也產業化。英國在二十世紀中期，已經沒有人在家中只養一頭豬；然而，一九六〇年代早期小規模飼養的豬隻占了一半，其中繁殖的母豬不到二十隻；到了一九九〇年代，百分之九十五的豬是養在擁有一百頭以上繁殖用母豬的大豬群。

這些豬大部分就像肉雞一樣養在室內，也像雞一樣是成長快速的新品種。[47]到了二十世紀結束時，已經發展出飼養上百萬頭豬的養豬場。然而在一九六〇年代之後，豬隻數量增加最多的其實不是產業飼養的豬，而是農家以各種食物餵養的少量豬隻。在一九六〇年代中國擁有全球四分之一的豬隻；今天中國的豬隻占了約全球十億頭豬的一半。這並不令人驚訝，因為豬肉是中國最主要的肉類，而中國人的肉品消費則有顯著的增加，其中有超過百分之八十仍是由非專門飼養者小規模地生產。

○工業與大量生產

我們已經講述了家庭生產、農業生產與小企業生產的故事。然而，二十世紀生產的標準形象是以大量生產為中心。核心觀念認為，標準零件的大規模生產主導了二十世紀的生產，在長榮景時期尤其如此。生產效率由於大量生產而戲劇性地提高，帶來前所未有的經濟成長率，並且為受雇於龐大工廠與公司的工人階級帶來物質福祉。

大量生產的效果驚人，卻難以掌握。[48]在二十世紀初期，購買一部車子的錢可以用來蓋一棟房子。然而時至今日，在富裕國家購買一部極為複雜的汽車之價格，頂多只能幫房子做點小擴建而已。況且磚頭、水泥、門窗，以及許多房子裝修材料的

圖11｜美國海軍在第二次世界大戰時用木材建造高速摩托動力的魚雷艇。他們是在工作棚下用預鑄的材料所建造。在新的產業中，表面上看來古老的產品與材料，其生產技術也在改變。

價格，都因為大量生產而降低了。舉個生物學上的例子：雞肉的價格要比牛肉的價格下降快得多。此一觀察告訴我們，不應該把現代生產方式等同於大量生產，即便在富裕國家也是如此，因為這些國家也仍在生產牛肉和房子。即便在製造業，大量生產也只占了整體生產的一小部分，在一九六九年美國百分之七十五的工業生產是批量生產，[5] 雖然在工程領域大量生產的元件，價格降低到十分之一乃至三十分之一。[49]然而生產效率的增加，有相當重要的一部分並非來自汽車工業或是電冰箱製造業那類的大量生產；總體而言，各種生產過程都變得更有效率。

例如使用哈伯法的氨工廠的規模變大了，因此氫氣等原料也以更廉價的方式生產，結果帶來更大量的便宜氮肥；再加上其他的原料，使得土地生產力出現戲劇性的增加。另一個有力的例子是，發電廠燃料、勞力與資本的使用效率增加，這裡的關鍵是更大的發電廠在更高的溫度下運作。還有一個例子是，船隻效能在二次世界大戰之後爆發性地提高，特別是油輪及類似的船隻。航運費用顯著降低的關鍵是船隻變大。例如就原油而言，運輸成本占原油價格的比重快速降低。在一九五〇年到一九七〇年之間，隨著煉鋼廠變得更大，全球的鋼鐵產量增加了三倍。至於其他的

5〔譯註〕批量生產（batch production）的產品，其元件分批在不同地點生產，每階段在不同工廠完成；而大量生產的產品則是在同一條生產線上完成。批量生產的說明可參見維基百科 http://en.wikipedia.org/wiki/Batch_production

部門則是生產效率快速增加，卻不需要增加規模，農業就是個好例子。

長榮景時期的汽車

汽車的大量生產是由一家美國公司的某型汽車所開創，那就是福特公司的T型車（Model T）。T型車在一九二〇年代的巔峰年產兩百萬輛，它在一九二七年停產，總共生產了一千五百萬輛。這段期間福特是全世界最大的汽車製造商，也輕而易舉地讓美國成為全世界汽車最普及的國家。別忘了，即使歐洲最富裕的地方，要到一九五〇年代晚期才達到美國一九二〇年代的汽車數量水準。

在第二次世界大戰之後，汽車生產的大榮景主要是歐美現象，歐洲的製造廠成長更快，不過它們起步的基準點較低。[6]每個國家都視大汽車廠為推動經濟繁榮的引擎。即便像義大利這樣的貧窮國家，從一九五〇年到一九六四年的十五年間，擁有汽車的人增加了十倍；從三十四萬輛增加到四百七十萬輛。汽車數量超越了摩托車，後者從七十萬輛增加到四百三十萬輛。[50]在一九五五年到一九七〇年之間，生產了兩百七十萬輛飛雅特500s汽車（Fiat 500s），在一九五七到一九七五年之間生產了三百六十萬輛飛雅特600s汽車（Fiat 600s）。[51]起初歐洲汽車廠工人自己還買不起車子，但到了一九六〇年代晚期便買得起了。[52]

東歐的經濟體在長榮景時期就像西歐一樣快速成長。雖然蘇聯及其盟國極為強調標準化的生產，以及讓大眾擁有寬裕的生活，但是其消費能力卻相當低。即使在一九六〇年代，蘇聯這個超級強國也只生產全世界百分之一的私家汽車，以及百分之十二的商用車輛；相較之下，英國製造了全世界百分之十的汽車和百分之九的卡車。[53]蘇聯是如此地投入大量生產，以至於將尚未檢證的貨品投入生產，而受害於「早熟的大量生產」（premature mass production）。[54]然而，富裕國家的大眾消費通常伴隨的是公司、風格與類型的增加，快速的改款及不斷追求新穎。[55]

大量生產的汽車工業塑造了對現代生產的理解，生產步調則由現代工業所決定。歐洲與北美的汽車量產在一九七〇年代停止快速成長之後，戰後的年代就被貼上「福特主義」（Fordism）這類標籤。快速擴張的日本汽車生產成為「後福特主義」（Post-Fordism）的模型。然而，正如大量生產或「福特主義」的重要性受到誇大，有關其滅亡的說法也同樣誇張。在二十世紀結束時，福特在歐洲的產能是年產兩百萬輛汽車；其中一家工廠每年可以生產四十萬輛的Focus，另一家工廠每年則能夠生產三十三萬的

6〔譯註〕意指歐洲汽車生產開始成長時，其汽車產量低於同一時期美國，因此要達成高速成長較為容易。

Mondeo。一九九六年福斯汽車在全世界生產了超過八十萬輛的Golf汽車，此型汽車超越了金龜車的生產紀錄，而金龜車則又超過了T型車的生產紀錄。二〇〇〇年全世界最大的汽車生產者仍舊是福特汽車和通用汽車，它們每年約生產八百萬輛汽車，這是兩次世界大戰之間產量的許多倍。即使在英國，今天所生產的車輛數量也遠多於從前，而就全世界言，產量不只增加，主導生產的也仍是北美、歐洲與日本。

○服務業

富裕國家受雇於服務業的人數提高，無疑是過去三十年間主要的經濟變遷之一。有些分析師卻錯亂地將服務業雇用人數的成長，等同於「資訊社會」的興起，意味著無重量或者甚至是「去物質化」(dematerialized)的經濟。這是以一種時髦但相當誤導的說法，來形容服務業如今占國內生產毛額和就業人口相當大比例的情況。[56]造成這種結果的部分原因是歸類錯誤，因為服務業包含很多範圍非常廣泛的活動，其中有許多絕對不是毫無重量的，甚至也不新穎。服務業包括公路、鐵路、航運與航空等交通運輸，以及電訊和郵政、零售業、銀行與金融，乃至於小型文創產業。此一部門相關事物之龐大，和所謂無重量的說法立即發生矛盾；想想看商店裡面的物品具有的空前重量，任何辦公室裡的大批紙張，更別提不斷增加的電腦、傳真機與影印機。只要看看富裕世界的住家，就會發現它們塞滿了物品，這就是為何倉儲業是個成長的產業，而搬家變得越來越勞師動眾。二〇〇三年英國一家保險公司的研究指出，在家庭裡面有價值超過三十二億英鎊從未被使用過的產品，其中排名在前的是烤三明治機、電動刀、製蘇打水機、足部三溫暖與製冰淇淋機。有三百八十萬組從來沒被用過的火鍋。[57]服務業以及住家所使用的大量物品當中，有許多是進口的而非國內生產，這是造成混淆的原因之一。但這是不相干的議題。美國和英國在製造業產品有著巨大的貿易逆差，這意味著他們使用的物品比他們生產的物品還多，但這並不意味製造業對這兩個國家不再重要。

認為製造不重要而真正重要的是品牌和設計，這是見樹不見林的思考方式所造成的觀念混淆。這種觀念來自於觀察到富裕國家某些龐大的企業從事零售和掌握品牌，而認為附加價值來自於這些活動，而非來自於生產。然而，透過設計來塑造品牌與增加價值，這樣的作法行之已久——行銷和製造攜手並進，通常就在同一家大公司中進行，例如勝家、福特或是奇異（General Electric）。將經濟活動的地點等同於經濟活動的重要性，這是不該犯的錯誤。品牌、行銷與設計集中在富裕國家，而生產集中在貧窮國家，這並不意味著生產不再重要。恰好是因為製造業透過大量生產和使用非常廉價的勞力，使得產品變得非常便宜，以至於在有錢人眼中似乎不甚重要。製造與大量生產的重點是，後者以極為便宜的方式在全世界生產貨品。利用大型的規模經濟（economies of scale）在全球以前所未有的方式大量生產出非常複雜的廉價產品。廉價的個人電腦、手機以及宜家家居，就是很好的例子。大量生產現在是如此地普遍，以致於人們對它視若無睹。

沃爾瑪在二十一世紀初是全世界最大的企業集團，就年度銷售量（二〇〇五年至二〇〇六年是三千億美元）及員工人數而言，沃爾瑪是全世界最大的企業。它雇用了接近兩百萬名工人，不只比一九〇〇年的大公司大得多，也比一九六〇年代最大的製造廠商雇用更多的人。然而它是家零售商，不是製造業。實際上它還間接雇用了數百萬人，主要在中國為美國消費者大量生產各式各樣的物品。ＩＫＥＡ主要是設計商與零售商，也控制了家具的大量製造，據估計間接雇用了一百萬名工人。事實上，ＩＫＥＡ提供了本書論點的絕佳例子。首先ＩＫＥＡ是我們眼中老舊事物的持續重要性，這個例子不單是家具，而且還是木製家具，顯而易見地是由森林所提供。就產業而言，ＩＫＥＡ展現的是大量生產的擴張而非撤退，乃至全球化的大量生產讓產出變得不可思議地便宜。就服務業而言，ＩＫＥＡ是同樣式產品大量零售與大量消費的例子。它的比利書架（Billy）在一九七八年推出後，已經生產了兩千八百萬套。IKEA透過扁平封裝（flat-packing）來降低運輸費用的例子，此外，IKEA也是設計與行銷活動集中在一個富裕國家（瑞典）的例子。做為一個國內產業，它是家族企業，它所提供的貨品甚至是由免付費的家庭工人運輸與組裝。[7]這樣的產品據說讓IKEA的創辦人兼老闆成為全世界最有錢的人，比微軟的比爾·蓋茲還有錢，後者在沃爾瑪的老闆華爾頓（Walton）去世時，曾短暫成為全球首富。

在二十世紀最後二十五年出現的新事物，是貧窮國家成為富裕國家製造業產品的供應者，而不是供應食物或原料。中國由於共產國家的歷史背景，加上曾經針對現代工業採取非常特別的作法，使得情況更為驚人。中國人在一九五〇年代曾經有系統地鼓吹古老的小規模科技。一九六〇年代晚期與一九七〇年代初期的文化大革命，曾經有計畫地攻擊管理者和工人之間的分工——此一區分是泰勒主義（Taylorism）與福特主義的核心，而且分工本身也受到文化大革命的攻擊。[58]中國在大躍進時鼓吹小規模的鄉村工業。雖然當時中國經濟有所成長，卻非常不穩定且相對緩慢。中國共產黨在一九七六年之後改變了方向，在一九八〇年代廢除了集體農場而轉為家戶

7〔譯註〕IKEA的產品需要由購買者自行組裝，往往也是由消費者自行運回家，消費者取代了工廠組裝工人以及運輸工人的角色。

農耕，使得中國農業的生產力大為提升。同一時期鄉村工業以驚人的速率成長，其成長速度是中國整體經濟的好幾倍。「鄉鎮企業」是此一成長的關鍵，過去二十年間中國鄉村無疑出現了世界史上最為快速而深遠的轉變，影響了數以億計的人。[59]

數以百萬計的人離開了鄉下，其中有許多是女性；他們住在宿舍，為了低廉的工資在新工業區的工廠中工作。中國的成長依賴海外投資，特別是來自日本、台灣以及海外華僑的投資，包括日本企業在內的跨國企業也很重要。就這些方面而言，中國工業化和日本很不一樣。市場史達林主義（Market Stalinism）以及海外投資是中國工業化的關鍵。中國成長的規模、速度乃至對全球經濟的影響，都十分驚人，但中國的成長不是新經濟的產物，它明顯帶有似曾相似感。

中國在二十一世紀初吸收了從原油到銅在內的大量原物料，使得全球的價格上漲。中國輕易成為全世界最大的鋼鐵生產者，其成長率可以和長榮景時期的鋼鐵成長率相比擬。由商品價格推動的古老經濟，取代了「新經濟」。所有這些新生產並不是用資訊高速公路來作為流通的管道，中國生產的大量產品是靠船來運輸，事實上全球貿易也是靠船來運輸。在西元兩千年全球商船登記的總噸位（這是船隻載運能力的指標）是五億五千三百萬噸，一九七〇年是兩億兩千七百萬噸，一九五〇年是八千五百萬噸，而一九一四年是四千五百萬噸。這樣的規模指出，船隻承載了史無前例的大量物資，而且船運是如此地便宜，以至於製造業產品的價格幾乎不受運費的影響。航運業雇用了約一百萬名水手，其中大部分的幹部來自富裕國家，而大部分的基層水手則來自貧窮國家，後者主要來自亞洲。

大部分的船運仍舊運送燃料、礦砂和穀物這類散裝物資，但是製造業產品也很重要，後者主要是用貨櫃這個一九五〇年代的偉大發明來運輸。自一九五〇年代起，全球貨櫃運輸不斷增加，已經主導了散裝物資之外的所有海運。在二十一世紀初，一艘最大型的貨櫃船的登記噸位數是九萬噸，可以載運八千個貨櫃，卻只需要十九名船員。這些船隻大多數是在東方製造。沃爾瑪是美國最大的貨櫃進口者，每年進口約五十萬個貨櫃，其中大多來自中國。

長榮景時期以及近年東方的榮景，尤其是中國的榮景，大體而言不是成功的科技革命之範例，毋寧在許多方面，這是與工業革命同一場的科技革命相隔先後的轉折。當然這和過去的工業革命並不完全相同，但其相似性相當驚人：農業生產力的大幅提高，工業的擴張（包括鋼鐵生產這種典型的老產業）以及海運國際貿易的擴張。就長榮景時期以及東方的榮景這兩個例子而言，這些成長的國家極度穩定的政治掩蓋了其革命性質。政治、國家和邊界都攸關緊要。

CHAPTER

4

保養
MAINTENANCE

二十世紀初，許多偉大的反烏托邦小說所預見的未來社會是：技術比現在進步，但卻停滯不前。那是沒有創新的科技社會。因此薩米爾欽（Zamyatin）的《我們》（*We*）、赫胥黎的《美麗新世界》（*Brave New World*）以及歐威爾的《一九八四》都既不革命也不進步，即便在科技上也是如此。這是有秩序無變遷的社會，只能持續如此運作下去，威脅它們的是好奇的不法之徒。特里．吉列姆（Terry Gilliam）一九八〇年代的反烏托邦電影《巴西》（*Brazil*），捕捉到這類文學的兩面。吉列姆的創意在於，觀眾看到的不再是未來式的科技，而明顯是將一九四〇年代的科技類推到現在。片中使用這些科技的社會，奉行的也是一九四〇年代的價值觀。片中許多情節都涉及到「保養」，不只是維護社會的秩序，也維護技術的秩序。[1]來自中央辦公室的修理人員看來像是國家邪惡的密探，而保養人體的整形外科手術也是反覆出現的主題。勞勃・狄尼洛（Robert De Niro）則飾演一位非法修理人員，他不只修理這個系統，而且不受系統節制。

二十世紀最歷久不衰的科技觀念是，人造物基本上已經取代了人類。複雜的人工世界讓現代生活得以可能，崩潰的惡夢讓人們對維持系統持續運作所需的紀律、秩序與穩定性深為關切。有位科技哲學家在一九七〇年代注意到：「幾乎沒有任何人工的理性系統在建置完成後就能自行運作。它們需要持續的關注、重建與修理。人造複雜性的代價是恆久的警醒。」[1]他也提出，科技時代該問的問題不是誰在統治我們，而是什麼在統治我們：「大型系統要能夠持續運作與改善，需要什麼？如何理性地達成它們的需求？這成了政府的要務。」[2]

第二次世界大戰之後，這種思維所喚起最為強烈的意象之一，是把現代的情境比擬為古代對水源控制的依賴。古埃及、美索不達米亞和中國都依賴複雜的灌溉系統，並對其保養與修理保持警覺。這種說法宣稱，這樣的狀況需要巨型且強大的國家：這些古代的「水利社會」必然不民主，其所帶來的亞細亞專制傳統，大不同於帶來封建主義及資本主義的傳統。這是造就蘇聯與共產中國的關鍵。[3]然而，同樣的類比也用在資本主義的西方。美國著名的科技研究學者路易士・曼佛（Lewis Mumford）

在一九六〇年代寫道：相對於「民主的技術」(democratic technics)，歷史上還有上古的「金字塔時代」(pyramid age)，其特色是「威權的技術」(authoritarian technics)。可是在二次大戰之後的那些年，特別是在美國，曼佛看到一種新威權技術的出現，這是一種「西方專制主義」(occidental despotism)。曼佛嚴厲批評這個由蠻橫力量與系統科技所控制的世界。[4]

對許多二十世紀的分析家而言，科技的性質本身要為這種新威權主義負責。這樣的論點認為，科技變得越來越大型、相互連結與中央控制，也益發為人類生活所不可或缺。例子之一是電力供應：這是一個相互連結、組織規模龐大而且人人都依賴的系統。結果故障所帶來的危險變得越來越大，因為故障可能導致全面停擺。因此不只需要更大的警覺和更多的保養，也必須對社會本身更嚴加規訓以避免停擺。因此種觀點認為，擁有核能發電廠的社會必然是高度的警察社會。

1〔譯註〕技術的秩序(technical order)指影片中的維修人員使得該社會中各種科技設備得以順利運作，不至於失序。

許多關於科技的論述其實是對科技哲學的評論，或是對其他討論科技的作品之評論。這樣的危險之處是把對科技的描述當成是現實，並以此來解釋現代社會的性質。關於現代科技和規訓與秩序的關係，保養的歷史提供了重要洞見；保養也會迫使我們重新思考經濟學的某些標準範疇，並重新考量勞動與生產的某些重要歷史面向，其所涉及的不只是工程師而已。

就像土地、建築和人一樣，通常東西在使用很長一段時間之後，都必須保養、修理與照顧。雖然保養和修理在人與物的關係裡面很重要，但我們卻寧可不這麼想。保養和修理既平凡又煩人，充滿了不確定性，是東西的惱人之處。這個課題被擺在邊緣，通常交給邊緣的團體來處理。「保養工程」（maintenance engineering）的地位是如此之低，以至於有人曾想把它重新命名為維修科技（terotechnology），但是不太成功。[5]「維修科技」一詞似乎是英國政府某委員會在一九六〇年代提出的名詞，它衍伸自希臘文「teros」，這個字的意思是觀看、觀察、警衛，因此是個非常適切的字眼。

科技史的思考與寫作忽略了「保養」這件事，這個例子凸顯出我們對於東西的日常理解和史冊所彰顯的形式理解之間，有著巨大的鴻溝；因為維修在通俗文化中相當馳名。「祖傳之斧」（my grandfather's axe）這類故事有許多種耳熟能詳的版本。[2]我們也常聽到飛機在壽命期限內的保養費用，經常超過其售價。儘管大家稱頌今日的電腦與軟體極為便宜和「無重量」，但眾所週知仍不得不為技術支援和保養付出一大筆錢。有人曾經評估，購買一台個人電腦所花的錢，只不過是電腦壽命期間整體開銷的百分之十而已，這些開銷包括裝設、修理、升級與訓練。全世界微軟認證的軟體工程師和管理人員超過一百五十萬名。美國政府有項評估指出，較為複雜的軍事設備，壽命期間的維修費用占其整體費用百分之六十。保養和修理經常導致改變；在某些案例，它們和改裝（remodeling）有密切關係。

保養與修理有多重要？

只有在缺乏保養時才會注意到保養的問題。例如，聯合國在一九六〇年代晚期開始關切貧窮世界的保養不良，指出這對資本匱乏的國家特別有害，因為缺乏保養使得牽引機或工業機械等昂貴資產的壽命減低，這也意味著它們的使用率不足。[6]此

2〔譯註〕這類故事常提到家中有把祖傳之斧，雖木柄已經換過好幾次，金屬斧頭也更新過。換句話說，透過維修，這柄祖傳之斧其實已經等於是新的了。不同版本的類似故事，主角有時不是斧頭而是刀子。感謝本書作者向譯者說明這個故事（二〇一五年八月二十八日電郵通訊）。

圖12｜即使是廢墟也需要保養。二〇〇五年在西西里阿格里真托（Agrigento, Sicily）的古希臘神殿。請注意這裡使用了波紋鐵皮。

一具有關鍵重要性之事經常是隱形的。發展計劃經常忽略「常規、重複甚至瑣碎的保養工作」，而導致無可避免的後果。[7]例子之一是一九六〇年代引進印度的手搖水利泵浦（hand water pumps），由於沒有提供保養很快就失修了。蘇聯農業史的研究指出，有許多牽引機及其他農業機械因為保養不良而導致損失慘重的例子，也指出這個問題隨著一九五八年廢除了機械牽引機站（Machine Tractor Stations）而更加惡化。發展專家最近注意到貧窮國家由於道路缺乏保養所導致的資源浪費，必須花費比保養這些道路更多的錢來重建這些道路。

保養活在一個幽暗的世界，在關於社會的正式敘述中很難見到它們。例如，經濟與生產的統計數字是看不到它的。標準的經濟意象中有投資與資本財（capital goods）的使用，但除了片面而偶然的例子之外，並沒有保養或修理。部分是由於技術性的原因，國家帳目並沒有獨立標出保養和修理的項目，因為它們通常是在部門內部進行，因此不會以獨立的成本出現；零件等等經常埋沒在其他貨物採購的項目之中。不過加拿大有保養的統計數字，因為多年來有關投資的問卷也會問到保養與修理的花費。在一九六一年到一九九三年之間，保養的花費大約占了國內生產毛額的百分之六，比花在發明與創新的費用高得多，但是比投資的花費低得多；後者在富裕國家大約占了百分之十到百分之三十的國內生產毛額。然而就加拿大的例子而言，相對於建築物的保養，設備的保養占了投資花費的百分之五十。[8]除此之外，我們很少看到其他的估計。一九三四年美國製造業與礦業一條孤立的數據顯示，保養和維修的花費與新的廠房與設備的投資差不多。[9]從一九二〇年代到一九五〇年代晚期，瑞士道路改善與保養的支出高於建造新道路的支出。[10]在一九五〇年代早期，澳洲鄉村以外地區的投資開銷有百分之六十是用於保養與修理。在新南威爾斯（New South Wales）鄉村部門的投資（包括住宅）當中，有百分之三十四是花在維修與保養。[11]英國一九六〇年代晚期的保養支出大約是三十億英鎊，略少於國內生產毛額的百分之十，而當時的投資則占了百分之二十。[12]美國一九八〇年代晚期建築物裝修的支出，大約是用於興建新建築物的一點五倍，占了國內生產毛額的百分之五。[13]這些只是保養的直接費用估計而已。還有進一步的費用，因為每一個電廠、火車頭、飛機與機械工具都得保養，這些是維持產出的必要開銷。減少保養的費用和時間，不只對直接成本有劇烈的影響，對資本成本與投資成本亦是如此。

○保養

東西的發明集中在少數地方；東西的製造分布較為廣泛；而通常東西的使用分

布則更加廣泛（在某些例子，製作要比使用更為廣泛，例如一艘船或一棟建築物是由許多不同地方製造的部分材料所組成的）。保養的分布幾乎和使用的分布同樣廣泛，於是保養和修理是分布最為廣泛的專業技術能力。保養和修理是屬於小生意與技術工人的領域。他們不同於大型技術體系（great system of technics），處於後者邊緣但又與其相互依賴。汽車是個好例子，只在世界少數的地方大規模生產，卻在無數的維修廠中保養與修理。不只如此，許多保養與維修的活動是發生於正式經濟之外，這點道出了廣泛傳布技藝的重要性。例如，修補衣服的家庭縫紉曾幾乎是所有女性都具有的技藝，而在世界上許多地方也仍是如此。

遺憾的是，我們沒辦法提出保養與維修的歷史大趨勢的綜覽。維修占產出的比例是升高還是下降呢？這點通常必須衡量最初的價格與維修的支出。那麼生產者與消費者選擇哪個方向？這點如何隨著時間而改變？在某些領域維修似乎減少了，例如航空與火車，船似乎也是如此。就家庭用具和資訊硬體而言，修理這件事在富裕國家已經不存在了（從烤麵包機到冰箱，幾乎沒有人在做修理了），零售商／維修商的網絡早就消失。這點並不令人驚訝，因為一台烤麵包機的零售價格要比一小時的維修工資來得低。或許更令人讚嘆的是，大多數的家庭用品在整個運轉壽命期間，都不需要添加潤滑油或做任何的調整。[14]

此外，維修本身變得高度集中與受到控制。就以汽車為例，車子複雜的電子儀器意味著只有獲得授權而擁有適當設備的維修廠，才能找出汽車的毛病出在哪裡。在全球的貧窮區域，東西最初的成本和保養修理的成本之間似乎有著不一樣的關係，而有類似二十世紀初期富裕國家狀況之處。相較於最初購買的成本，如果保養與修理的成本是便宜的，那麼東西就會有較長的壽命。此外，東西折舊之後就會從需要低度保養轉為需要高度保養，因此包括消費財與資本財在內的二手商品，是從它們已經不值得保留的富裕國家，轉移到維修活動密集的貧窮國家。將舊汽車、舊家用設備、發電廠與舊衣服從富裕世界出口到貧窮世界的貿易十分龐大；然而，貧窮國家日後可能將沒辦法保養富裕國家的產品——現代汽車就是個例子。

汽車的大量生產與保養的藝術

關於保養的重要，以及保養的重要性如何隨著時間和脈絡而改變，早期的汽車工業提供了代表性的例子。汽車出現初期電動車很受歡迎，但電池保養所需要的技術與經驗，大不同於保養汽油引擎所需要的純機械性技術。電動車需要特殊設備來幫電池充電與保養，汽油車則可以靠使用者以及現有的作坊來進行保養。早期汽油車的吸引力在於，它適合自己動手的DIY保養文化，能在沒有保養廠的地區使用。而電動車沒有這樣的條件，這是造成電動車沒落的原因，只有集中管理的車隊才會繼續大量使用電動車。[15]

福特從一九〇八年到一九二〇年代晚期生產的T型車，其產量超過同時代其他車型，也在幾個方面凸顯出保養的重要性。這型汽車的重要特徵在於它由幾個可以拆解替換的部分所組成。這使得T型車可以不依賴裝配工就能加以組合，而這對保養也有影響。亨利・福特（Henry Ford）本人就指出，T型車有著便於保養的設計，修理或零件替換都不需要特殊的技術：

由於這個想法很新所以當時我說得很少，但那時我認為這車的零件應該是非常簡單而便宜，能夠免除掉昂貴的人工修理工作的威脅。它的零件應該要便宜到買新零件比修理舊零件更便宜。可以在五金行買到這些零件，就像你可以買到釘子和螺絲一樣。[16]

美國作家E・B・懷特（E. B. White）在一九三〇年代出版了一篇T型車的輓歌，點出了T型車的工廠製造形象所未能呈現的某些事物。這篇文章充滿關於巫醫、迷信與馬匹的指涉，指向了T型車使用與保養的世界，這是個和工廠相當不一樣的世界。根據懷特的說法：「一部福特汽車出生時就像嬰兒一樣一絲不掛，透過更正身上少數的不足之處，並與纏身的疾病博鬥，而成長為繁榮的產業。」[17]福特非常關注保養與維修，研究修理的步驟並加以標準化，將之整合到一本繁浩的手冊於一九二五年出版。他們也制定汽車經銷商的公定價格，強迫經銷商購買標準修理設備，並且鼓勵維修廠分工。然而這套計劃並沒有成功——因為無法應付汽車維修生意各種變化與不確定性。就算是T型車，保養和修理的福特化（Fordisation）也沒有成功。[18]正如一九二〇年代一位負責船隻建造與保養的英國海軍軍官所說：「修理工作和大量生產無關。」[19]

只要有汽車的地方就會有汽車維修，但在某些地方某些脈絡下它變得特別重要而有趣。迦納這個西非國家一九七〇年代早期有大量的汽車維修人員，稱之為「裝配者」（fitters）。他們集中在稱為「倉庫」（magazines）的某些特定區域，在棚子或露天工作。其中最大的是蘇阿門倉庫（Suame Magazine），一九七一年有接近六千人在裡面工作，其中大部分人從事汽車修理，還有些人則販賣零件或是為倉庫提供食物等等。該倉庫的成長快速，工作人員在一九八〇年代中期增加到四萬人左右，而且成為製造各種東西的中心。這個巨大的複合廠房所使用的工具很原始——鐵鎚、不完整的扳手組、銼刀與螺絲起子。[20]可調整的扳手耐不了多久；鐵砧則是臨時湊合出來的。[21]倉庫常用的最精密設備是生產活動不可或缺的焊接設備。

汽車產業的特徵是精準工程（precision engineering）、可替換的零件與精細複雜的維修手冊，這樣的產品如何在上述那樣的地方保養與修理呢？答案是：在某種意義上的確不能——倉庫沒辦法維修這樣的汽車、卡車和巴士，所以他們保持這些車輛當初被製造時的情況，新車與支援設施之間無法配合。進口的新車因為出了意外、潤滑油缺貨以及（更重要的是）缺乏保養而損耗。接著出現相當令人驚訝的事情，我們引用一位內行學者的說法：「隨著時間的過去，地方系統修改了這些汽車，達成表面上的均衡狀態，而似乎能夠無限地維持下去……這種狀況是透過不斷修理來加以保養。」[22]巴士和卡車提供地方極度廉價的運輸，但幾乎天天都得修理，原因是這些交通工具幾乎永遠都處在一種恆定的狀態。沒有人會想要汰換這樣的車輛，他們的生活就是不斷地與修車廠互動。[23]投資和折舊的經濟學完全不適用——保養與修理構成了所有的成本。

迦納的汽車修理員發展出一套關於汽車與引擎的細膩知識，懂得如何使用地方材料讓汽車繼續運作。在這樣的過程中他們也改變了車輛。他們擁有的汽車知識，比任何富裕國家的使用者甚至是維修人員都更為精深。有兩位人類學家為迦納一輛寶獅504

汽車（Peugeot 504）寫了一本「傳記」，這部車在一九九〇年代被一位名叫卡瓦庫（Kwaku）的駕駛用來當作長途計程車。卡瓦庫買這輛車時就已經設想好保養與修理的問題，因為他還買了另一輛寶獅504的車體，稍後又買了第二個引擎當作零件的來源。卡瓦庫的車子在壽命期間反覆故障，經歷了大修、重裝線路，也換了新的化油器來減少油耗。替換的墊圈是用舊輪胎做成的，用銅纜線來取代保險絲，還用鐵釘來當車門鎖。這輛車跑了好多年。正如它的傳記作者所說：「汽車在迦納（以及在許多非洲國家）普遍地『熱帶化』（tropicalisation），這不只有賴對引擎運作方式的完整知識，還有賴於一種特殊的知識，使得人們能夠讓老舊車輛在有限物資下持續運作。」[24]表面看來，對維修手冊規則如此蠻不在乎會既危險又代價慘重；實際上，這是人們如何理解一個極為技術性的人造物的卓著範例。這是科技克里奧化的特殊形式。

○保養與大規模工業

富裕世界越來越自動化的汽車製造廠，需要大得驚人的保養工作來維持製造廠的運作。事實上，保養的需要嚴重地限制了自動化的發展。一個特別好的例子是一九五〇年代對於傳輸機器（transfer machines）的使用。在古典的大量生產中，各部分零件是透過手動或傳輸帶在機器之間傳輸。當時曾經想發展出能夠將半成品從一部機器轉移到另一部機器的機器，讓下一部機器進行下一步的工作，然後再傳輸到下一部機器；這些嘗試獲得了部分的成功。這不是組裝線，因為它不涉及到組裝，也不是機器把工作帶給工人，而是帶給其他的機器。這些機器被稱為傳輸機器，這是一九五〇年代汽車工業「自動化」的核心。這帶來對自動化的恐慌——當時人們想到無人工廠會取而代之，導致工作的消失。

一九二〇年代的汽車引擎工業曾經實驗過傳輸機器，在第二次世界大戰期間傳輸機器又重新出現在美國的飛機引擎工業。在戰爭期間製造萊特颶風（Wright-Cyclone）飛機引擎的機器，讓傳輸機器為之一振，它讓製造汽缸蓋所需的直接人工（direct labour）從五十九人分降低到八人分。[3] 戰後在美國汽車引擎工廠又興起傳輸機器的設置。其中特別醒目的是福特在克里夫蘭建立年產量一百五十萬具引擎的工廠。某些評論者認為，這座工廠本身就是個巨大的傳輸機器，因為它的傳輸機器本身，就是由自動化操作設備連結起來。

然而，人稱「底特律式自動化」（Detroit automation）的傳輸機器若要大規模運用，整

3〔譯註〕「人分」（man-minutes）是工作量的計量單位，指的是一名工人在一分鐘所執行的工作量。

個系統需要快速而有效的保養，而且每部機器上的工具都必須很容易替換。因為這個由傳輸機器所連接起來的整套複雜機器，只要有任何部分停止運作的話，整部機器就得停下來。「當機時間」仍舊是個重大問題，即使有計劃保養也是如此。這些傳輸機器不只需要大量的保養，而且對整座工廠及保養人員都要有一套嚴格的監控方式。福特的克里夫蘭引擎工廠設立了一支「警察部隊」（police force）來進行清潔和保養；這整個過程需要精密而廣泛的紀錄。要讓傳輸機器能夠運作，必須大量增加保養的人工，而導致傳輸機器所能節省的直接人工所剩無幾。有時候新增保養人工的代價，會高過省下來的直接人工。在相當大的程度上，傳輸機器並沒有消除掉人工，而是將人工從生產轉移到保養；從操作機器的單調工作，轉移到需要技能而變化多端的維修工作。由於維修造成這麼大的問題，以致於這套機器被拆解開來，以便恢復前傳輸機器時代的某些彈性。無論如何，對此種機器所懷抱的希望，因為引擎規格的馬力競賽而破滅了。由於要製造不斷增大的引擎，生產線的彈性必須比原先設想還高。[25]

在工業史中可以瞥見保養和修理的重要性。保養成本構成鐵路營運成本和資本成本的重要部分，是原先列車購置成本的四倍左右。[26]就如同汽車一般，鐵路由於新型火車頭的生產，導致維修和保養不太容易事先理性規劃，因為「鐵路工作的修理活動，要比新車輛的生產來得更為複雜。」[27]需要處理許多類型的火車頭，而且不知道每一種需要多少工作量。在兩次世界大戰之間，火車頭類型的標準化以及維修工作的理性規劃，已經大量減少了修理的時間。LMS鐵路公司在克魯（Crewe）的工廠建立的維修線，根據維修工作的多少而以不同的速度運作。然而，隨著火車頭的複雜程度增加，保養與維修所需要的時間也跟著增加。一九六〇年代維修新式柴油火車頭的時間，是維修其所取代之蒸汽火車頭的一倍，[28]不過新的柴油火車頭比較不需要修理和保養，它們之所以受到歡迎是因為可以減少維修費用。然而，鐵路的保養仍舊非常重要，雖然這不是一個手彩奪目的工作。英國鐵路在一九九〇年代私有化之後，既有的維修模式被打亂，導致沒有遵循必要的維修步驟而引起嚴重的意外。

○飛行

雖然飛機常讓人聯想到自由，然而，其運作的特色卻是對紀律、常規與保養的極度重視。因此（對乘客而言），機場是個高度組織化而受到規訓的環境，這和火車站很不一樣。飛機如果失靈的話會從天上掉下來，而汽車、船隻或火車頭故障並不會有如此險惡的後果，因此航空公司和空軍都把相當高比例的資源用在保養上。這個產業在其他各方面都由男性主導（不只是因為它和軍事的關係），但飛安形象的推廣對它很重要，這點有相當重要的影響。在兩次世界大戰之間，報紙喜歡報導女飛行員；從事各種長程飛行的女飛行員變成民族英雌，並且受到航空產業的支持，因為她們證明飛行是安全的。剛開始大多數國家是由「空中少爺」來服務飛行的乘客，然而，美國從一九三〇年代早期就開始雇用空中小姐；美國的作法在戰後成為主流模式。

保養是很昂貴的。例如從一九三〇年代到一九六〇年代，美國的航空公司地勤技工和飛航人員（包括空姐）的比例是一比二。[29]在一九六〇年代早期，保養占整條航線運作成本的百分之二十，飛行人員與燃料則占百分之二十七，設備折舊占百分之十，而其他的地面費用占百分之四十三。保養占了飛行成本的百分之三十五。[30]一九二〇年代晚期的福特三引擎機（Ford Trimotor），保養占了飛行成本的百分之二十五，這個總成本還包括設備折舊；在一九六〇年代它占了DC–8噴射機百分之二十的成本，在一九六一年保養占了使用活塞引擎的DC–6飛機百分之三十的成本。[31]

一九二〇年代，航空在經濟上的一大進展是引擎的保養需求降低。在一九二〇年到一九三六年之間，引擎保養的費用降低了約百分之八十，帶來引擎運作成本最重大的樽節。[32]引擎可以運作多久才需要大保養，是保養費用的好指標，這稱之為「大保修期限」（TBO, time between overhaul）。一九二〇年代航空公司的引擎大約每飛行五十小時就得大保修一次，一九二〇年代晚期的引擎這個數字則達到一百五十小時，而一九三〇年代的引擎則是五百小時。這些是新推出引擎的數字；一旦引擎被使用兩、三年之後，隨著人們熟悉它們，每次保修的時間間隔也跟著拉長，通常是兩倍或三倍。因此一九二九年引進日後受到廣泛使用的布里斯托・朱彼特引擎（Bristol Jupiter），剛開始的建議是每使用一百五十小時就必須大保修一次；然而到一九三二年，做法是使用五百小時才大保修一次。DC－3所使用的普萊特・惠特尼雙黃蜂引擎（Pratt & Whitney Twin Wasp）是在一九三六年推出；到了一九五〇年代晚期，則是每使用一千五百小時大保修一次。在二次大戰期間以及二次大戰之後引進的大型活塞引擎，一開始是六百到八百小時，到了一九五〇年代晚期則建議使用一千小時之後再大保修一次；普萊特・惠特尼雙黃蜂引擎則達到三千小時。航空公司最好的大型引擎，可以使用兩千到兩千五百小時才大保養一次。

早期的噴射機引擎，即使表面看來比後來巨型活塞引擎的構造來得簡單得多，一開始卻需要更多的保養。美國重要的軍事飛機引擎奇異J－47，在一九五〇年代早期推出時，每使用五十小時就要大保修一次，雖然到了一九五〇年代晚期改善到六百五十小時。一九五〇年代晚期與一九六〇年代初期，當民航開始常規使用早期的噴射機引擎時，其所訂定的大保修期限和活塞引擎的標準相同（兩千到兩千五百小時）；然而，信心隨著時間增長，使得大保修期限延長到八千小時。[33]透過密集的努力，噴射機引擎成為一種非常可靠的機器，今天的大保修期限可以高達五萬小時。[34]

引擎保養費用戲劇性地降低，有一些很有趣的理由。首先，這是因為引擎設計的改善，使得它們本身變得更可靠。例如，減少活動部位的數量以及使用更耐磨的材料。不過引擎保養費用會隨著特定形式引擎服役時間的長度，而出現戲劇性下降。通常一開始保養費用會稍微上升（因為出現沒有預期到的問題），接下來十年原本的保養費用

圖13｜共和F-84雷霆戰鬥轟炸機（Republic F-84 Thunderjet fighter-bomber）的零點五吋砲，於一九五二年在韓國由維修團隊進行測試。空軍所擁有的維修人員，通常比飛行員的人數多得多。

則減少約百分之三十。原因是對於引擎本身的信心增加，以及關於哪些地方會需要保養的知識也增加了。換言之，保養的方案、計劃及費用沒辦法預先規劃好。在這些複雜的系統中，必須進行紀錄、控制與監控的龐大基礎設施；然而，非正式的、默會的知識仍舊非常重要，人和組織「從使用中學習」或「從做中學」。

最先注意到從做中學的不是飛機保養，而是早在一九三〇年代的飛機製造。其所達成的效果是：一項產品製造的數量越多，其製造成本就越低。「學習坡度降低」（going down the learning curve）這個說法來自於此。這樣的結果並非來自一般所謂的規模經濟（economics of scale）、經常性開銷的分散或生產方式機械化，而是因為既有的生產系統以及既有的管理技術與工人技術水準使得成本降低。其效果是相當重要的：如果產出倍增，那麼每架飛機的成本會降低百分之二十左右。因此某個特定類型的飛機，第一百架的製造成本比第五十架的製造成本便宜百分之二十。此一效果大到讓產量大的飛機具有顯著的成本效益。例如一九六〇年代早期，在美國所生產的第一百架飛機，要比在英國所生產的第一百架飛機貴了百分之五到百分之十五。但是由於美國同一類型飛機的生產數量比英國來得更高，因此美國能夠降低學習坡度，以至於美國生產飛機的成本要比英國低百分之十到百分之二十。上述計算還沒有列入這個現象帶給美國進一步的好處，因為同型飛機生產期間維持得更長，意味著研發費用是由更多架飛機來分攤。[35]

之所以發生這樣的效果，是因為經理和工人通常是以非正式的方式來學習如何更簡單地製造與保養飛機。極度依賴機械的可靠運作帶來了可觀的費用，而因此要因應的複雜性則又似乎超過人類的形式理解能力（formal human understanding）。但是人能夠學會如何因應，而降低保養的成本。由於飛機的複雜性，因此一開始是無法知道製造或保養某個特定類型飛機的最佳方法；這是需要學習的。人們製造或保養的這些東西，其設計的複雜性遠超過他們能以形式方式來加以理解。但是他們從經驗中學到的建造或保養方法，遠比原先的規劃來得更有效率。

○戰艦與轟炸機

帆船需要密集的保養。船員不只要開船還要維護船隻。船員當中有船帆的製造者和木匠，他們不斷地進行修補的工作，即使是最好的船殼，也需要不斷地把滲漏進來的水從船艙裡打出去。蒸汽鐵殼船則比較不需要那麼密集地保養，至少在航行時是這樣，但即使在今天，船隻在海上仍得進行保養和修理。隨著船齡的增加，船隻就需要更多的船員來應付越來越多的保養負擔。戰艦與轟炸機也需要非常密集的保養。

可以把和平時期的部隊想成保養與訓練的組織，這會很有啟發。在第二次世界大戰之後，某些極為複雜的系統需要龐大驚人的保養——某些飛機被暱稱為「難搞的女人」。然而，密集保養不是新鮮事。二十世紀初龐大的英國皇家海軍擁有全球的船塢系統，以便能在馬爾他（Malta）、直布羅陀，以及稍後的新加坡對船隻進行保養和維修。即使在和平時期，這些船塢也雇用了數千名工人，艦隊在任何時間都有相當數量的船隻停留在船塢中。在一九二〇年代中期之前的做法是，戰艦每年有兩個月要在皇家船塢中進行整修。一九二〇年代晚期之後的做法改為有兩年半的時間是由船員在海上保養船隻；之後則進船塢，由船員在船塢的協助下進行兩個月的整修。「自行保養」與「自行整修」的規劃需要更多擁有技能的水手，而「數千名船塢人員則遭到解雇」。[36]在這個新的規劃下，十一月與十二月在馬爾他進行「自行整修」，這時「主要的引擎、輔助引擎、起錨機、操控引擎、鍋爐、砲台、發電機等」都要拆下來修理，如果可能的話，這些工作都是由該艘船本身的技術人員來完成；在此同時，船隻本身則進行「打光和油漆」。[37]長期而言，巡洋艦每七年、戰艦每十年都要進行一年左右的大修，鍋爐管線和電線都更新（同時也做其他認為必要的更換），而一艘巡洋艦的預估壽命是二十年，戰艦的預估壽命是二十七年。[38]

圖14｜巴西的無畏級戰艦密納斯吉拉斯號（Minas Gerais），在里約熱內盧的阿方索培那（Affonso Penna）浮動船塢，正準備進行保養與修理。就如同所有的軍艦，戰艦也需要非常規律的保養。巴西買的不只是戰艦，同時也得向英國購買浮動船塢。密納斯吉拉斯號在一九三〇年代重新改建，在一九五〇年代報廢。

船隻不見得是個穩定的實體，船隻在壽命期限內經常大改裝，有時不只一次。就壽命長、長期保養且經常被改裝的機器而言，現代戰艦提供了有趣的歷史。「無畏級戰艦號」（the Dreadnought）是最早的現代戰艦，它在一九〇五年於皇家造船廠下海。到了一九一四年，造船廠已經生產或正在建造數量相當驚人的戰艦：英國二十艘、德國十五艘、美國十艘、俄國四艘、法國四艘，義大利、奧匈帝國與西班牙各有三艘，日本與土耳其各兩艘（但後來沒有交貨），智利兩艘（其中只有一艘在戰後交貨），阿根廷與巴西各兩艘。戰爭期間與戰爭結束後仍舊持續建造戰艦，但是在一九二二年到一九三六年之間，對於新戰艦的建造有所管制（只有少數例外），這是多國海軍限武過程的一部分。結果是三大海權國家在第二次世界大戰所使用的大多數戰艦，是在一九一一年到一九二一年之間建造的，因此到了一九四五年，全世界幾乎一半以上戰艦的船齡超過了三十年。

南美國家有著戰艦使用壽命非常長的傳統。阿根廷兩艘在一次世界大戰前由美國建造的無畏級戰艦，在一九五〇年代還在使用；英國為巴西海軍建造的兩艘戰艦「密納斯吉拉斯號」（Minas Gerais）與「聖保羅號」（São Paulo），以及為智利建造的無畏級戰艦「拉托雷海軍上將號」（Almirante Latorre）也是如此。或許最驚人的例子是土耳其戰艦「亞烏茲號」（Yavuz），德國在一九一四年將這艘船贈送給奧圖曼帝國，之後一直在土耳其海軍服役，直到一九七一年才拆除。

然而，這些壽命很長的戰艦幾乎沒有任何一艘維持原狀，它們不只接受保養和維修，還有整修與改裝。日本海軍將他們在兩次世界大戰之間的所有戰艦都加以改裝，以特別戲劇化的方式改變其外型和引擎馬力。就英國而言，最好的例子之一是五艘伊莉莎白女王級戰艦，它們是在一九一三年十月（伊莉莎白女王號本身）到一九一五年三月之間下水的。五艘當中只有巴漢號（Barham）被德國潛水艇擊沉，其他都在兩次的世界大戰中生存下來，在一九四〇年代晚期被拆掉。伊莉莎白女王級戰艦在一九一八年的外觀到了一九三九年已經變成完全不一樣的船隻了。在一九二四年到一九三四年之間，它們進行相當可觀的重新組裝，包括把所有的線槽整合成一個，在兩側加裝反魚雷的舯膨出部（bulges），同時也改裝其小型武器。接下來除了巴漢號與馬來亞號（Malaya）之外，其他伊莉莎白女王級戰艦在一九三〇年代都被「重建」，意味著它們被裝上新的引擎，砲台與火炮也同時做了重大改變，而且大部分的上層結構都進行重建。相較於巴漢號，第二次世界大戰改裝過的伊莉莎白女王級戰艦擁有決定性的戰鬥優勢。改裝的花費大概是建造新戰艦的一半左右；然而，花費的時間比原先預期還長：相較於建造新船，改裝所需要的時間比較難以預料。

大多數的戰艦在第二次世界大戰結束後就被拆除，但是美國封存了四艘一九三〇年代晚期設計的愛荷華級戰艦，封存意味著它們是在持續保養的狀態下保存著。它們在一九六〇年代與一九八〇年代重新服役，然後在一九九〇年代初又重新服役一次。美國的新澤西號戰艦（New Jersey）在越戰期間短暫服役，對越南發射了三千發十六吋砲的砲彈。雷根總統在一九八〇年代命令四艘戰艦重新服役，改裝成為發射巡弋飛彈的平台。威斯康辛號（Wisconsin）在一九九一年的第一次波灣戰爭發射了三百噸的十六吋砲彈。自從十九世紀初之後，就沒有這麼老的船隻參與戰鬥。

一九八二年的福克蘭戰爭，被波赫士（Jorgo Luis Borges）不朽地形容為「兩個禿子搶一隻梳子」，顯然使用了某些已經老得禿頭的設備。阿根廷在一九五一年取得兩艘布魯克林級巡洋艦（the Brooklyn class cruisers），這是美國海軍在一九三九年開始使用的船隻。其中一艘原本是美國的鳳凰號（Phoenix），名字被改為「十月十七日號」（17 of October），這是阿根廷總統裴隆將軍（General Perón）崛起的關鍵日子。這艘船後來還參與了一九五五年推翻裴隆的政變，並且被改名為「巴格蘭諾號」（Belgrano）。一九八二年在它離開福克蘭群島時，被一艘英國潛水艇用二十一吋的MK–8魚雷所擊沉；這型魚雷在英國皇家海軍服役的時光，比巴格蘭諾號還要更古老。巴格蘭諾號和擊沉它的魚雷不是這場戰爭中唯一的老兵。英國用一九五〇年代建造的火神號戰鬥機（the Vulcan bomber），轟炸福克蘭的機場；幫火神號在空中加油的勝利型飛機（the Victor），是從另一型一九五〇年代的轟炸機改裝而來的。[39]阿根廷唯一的航空母艦「五月二十五日號」(Veinticinco de Mayo),原本是英國海軍的可敬號航空母艦(HMS Venerable),這是英國在一九四五年建造的巨大級航空母艦(the Colossus class),在一九四八年賣給荷蘭,然後荷蘭在一九六九年把它賣給阿根廷。雖然之前曾有企圖將它現代化,但它仍在一九八六年除役,二〇〇〇年左右在印度被拆掉。同等級的另一艘船是英國海軍的復仇號(HMS Vengeance),它被轉賣到巴西海軍之後被稱為密納斯吉拉斯號,直到二〇〇一年仍在服役。二〇〇四年它在印度的古吉拉邦(Gujarat)的阿蘭海灘(Alang beach)被拆掉(參見附圖27)。另一艘英國二次大戰時的航空母艦赫克力斯號(Hercules)也屬非常相似的等級,它被轉賣到印度而成為印度的維克蘭號(Vikrant),直到一九九七年才除役。[40]

核子時代的飛機也有同樣的故事。B-52號轟炸機是第一台也是產量最多之攜帶核子彈的轟炸機。它的紀錄相當驚人,它在一九五二年進行第一次飛行,最後一架是在一九六二年生產。現在B-52不只仍在使用,並且預期要持續服役到二〇四〇年,雖然它已經歷許多改變。現已有爺爺與孫子都曾擔任過B-52飛行員的故事了。另一個例子是KC-135空中加油機,它的生產期間是在一九五六年到一九六六年之間,這種加油機總共生產了七百三十二架,其中有六百架在一九九〇年代中期仍在服役，在二十世紀末它被裝上新的引擎並且進行許多其他改裝，目前它們仍是美國空軍主力加油機。奇怪的是，製造者波音公司把美國空軍訂製的KC－135空中加油機，改款成更為著名的707噴射客機，這型客機早就已經不再使用了。

也有比戰艦與轟炸機更為尋常的事物，透過經常的保養與修理而使用很長的時間。最後一批商業用的大型帆船是在一九二〇年代建造的，其中有艘一九二六年在德國建造的帕多瓦號（Padua），它在二次世界大戰被用作蘇聯的訓練船而生存下來，後來又為愛沙尼亞所使用。最後一支大型的帆船船隊是在一九三〇年代由古斯塔夫．艾力克森（Gustaf Erikson）所經營，掛芬蘭國旗，大多從事澳洲的穀物貿易運送。最後一艘從事商業運作的四角帆船是雅買茄號（Omega），它在一九二〇年代負責將鳥糞石從祕魯的海島運到大陸；它建造於一八八七年，而在一九四八年沉沒。更晚近的船隻也很長壽。法蘭西號在一九六〇年代下海，而在一九七〇年代停用，但後來又被改建使用，命名為挪威號，成為一艘非常成功的渡假遊艇。事實上挪威號是利用專門的大型船隻從事遊輪旅遊的先驅。經過幾次進一步的改裝之後，挪威號持續服務到二〇〇三年。一九六〇年代晚期建造的QE2號，經過幾次大改裝之後仍在航行；它原本的蒸汽引擎在一九八〇年代中改為柴油引擎，一九九〇年代中則經過一次大改裝。世界上某些地方的舊火車頭使用很久。印度馬哈拉施特拉邦（Maharashtra）偏遠地區的沙坤塔拉快車（Shakuntala Express），使用的是一九二一年在曼徹斯特製造的蒸汽火車頭，它的服務時間從一九二三年到一九九四年。[41]在烏拉圭仍舊可以看到美國人在一九二〇年代蓋的幾條公路；古巴保有許多一九五〇年代的美國車款，並以驚人的努力保養這些汽車的電池。倫敦的紅色雙層巴士在一九五四年啟用，生產到一九六八年，而在二〇〇五年停用；然而，它仍充當觀光巴士載著遊客參觀倫敦景點（當然這些車子有重新整修並且裝上新的引擎）。在馬爾他的公路上還可以看到許多一九五〇年代與一九六〇年代的英國巴士。倫敦地鐵有許多列車已經使用了數十年，倫敦郊區則使用一九六〇年代製造的鐵道機車（rolling stock）。值得注意的例子之一是，有種款式的地鐵列車在一九三〇年代晚期引進，使用到一九七〇年代才被取代。即使如此，其中有五十八輛列車在一九七〇年代早期仍接受「超級翻新」，且在倫敦地鐵使用到一九八〇年代中期，而且有些還被送到懷特島（Isle of Wight）使用到一九九〇年代。切爾西（Chelsea）的洛茲路（Lots Road）上有座發電廠為地鐵提供電力將近一百年之久，這座電廠在一九〇四年開始使用，分別在一九〇八年到一九一〇年、一九三〇年代早期與一九六三年換裝新的渦輪交流發電機。最後一組發電機在二〇〇一年之後仍持續使用。[42]

協和號飛機提供另外一個例子。在服務二十五年之後，協和號機隊在二〇〇〇年七月一場嚴重的意外事故之後停飛。在安全上做了重大改善之後，協和號機隊又重新飛行，當時預期它會繼續服務許多年。然而，二〇〇一年的九一一事件後空中交通減少，加上零件費用的漲價，使得協和號無法持續營運。二〇〇三年十月最後一班次的英法協和號飛進希斯洛機場（Heathrow airport），帶來一股科技懷舊風。對於一架如此未來式的飛機，這樣的結局是相當古怪的。英國報紙有位記者寫道：「悲傷的是，我們即將看到協和號的早夭，這種飛機的結構體還不曉得有多長的壽命呢。」[43]當然，他的意思是說只要好好保養，協和號的結構體還可以飛很久。

在許多案例，保養、裝修與翻新會讓東西隨著時間而改良，其中很有趣的例子之一是蒸汽火車頭效率的改善，這是阿根廷鐵路工程師李維諾．丹特．波塔（Livio Dante Porta）一生的傑作。[44]他有辦法改善現有蒸汽火車頭的效率，有其他人也採用這個想法（例如在南非）。雖然由於石油危機而對蒸汽引擎的新設計做了些投資，然而，轉向柴油與電動火車頭的潮流終究是如此強大，以致於蒸汽火車頭仍然無法與之競爭。

○從保養到製造與創新

正如戰艦與轟炸機的例子，保養有時意味著重大的改裝。小型的保養工坊有時同樣也被用來改裝東西，有時候是東西一買來就改裝。例如在一九二〇年代一部福特T型車的買主：「從未把他購買之物當成是完成的產品。當你買了一部福特汽車，你的想法是：這只是開端——這是個活跳跳、精神旺盛的骨架，上面可以掛上幾近無限多種的裝飾與功能硬體。」[45]很多東西可以透過郵購——這項美國另一個偉大發明——來購買，但是懷特在回憶文章中提到，第一樣加裝在他新車上的東西是一個架子，架子可以掛上一個舊的陸軍行李箱。一輛福特車可以掛上各種東西，從鏡子到避震器不等。美國擁有最極致的改裝汽車。某些白種男性的熱情就在於追尋這種「火辣鍛造」的汽車，對「墨西哥裔美國人（Chicanos）」而言，擁有幫浦的低底盤汽車可以把車身抬高或放低，並加上精細複雜的內部裝潢，是「訂做車」的文化產物，這樣的歷史可以追尋到一九四〇年代，或許甚至可以追溯到一九三〇年代。[46]從墨西哥到阿富汗與菲律賓，許多貧窮國家都會從事這種汽車、卡車和巴士的改裝與裝飾過程，當然沒有比這更讓福特公司感到恐怖的。

在二十世紀的科技史中，有許多例子是公司起先從事某項科技的保養，接下來製造某種零件或甚至整套東西，進而開始創新。不過同樣也有從事保養的公司並未走向這樣的發展。鐵路火車頭的例子特別有趣，因為保養火車頭和製造火車頭的設備基本上是一樣的。因此英國鐵路的工廠不只從事保養，也製造引擎。蒸汽火車頭需要密集的保養和修理，它們運作的地方都必須有重大的工業設施。例如，整個維修工坊的網絡必須在印度建立起來。然而整體而言，印度鐵路的工坊並沒有發展出製造業，這是為了要把訂單保留給英國的公司。事實上直到第二次世界大戰之前，印度的工程界基本上主要從事保養。

另一個很不一樣的例子是日本的腳踏車工業。腳踏車的生產源自於幫主要是英國製的進口腳踏車進行維修的店。起先他們幫進口腳踏車製作替換的零件，接下來這些零件被組裝成完整而更廉價的腳踏車。腳踏車是由小型零件製造者與小規模組裝者所構成的系統所生產，不過也有些更大型的整合運作。一九二〇年代日本的腳踏車工業開始出口，到了一九三〇年代，日本出口的腳踏車占日本總產量的一半，主要的出口地點是中國與東南亞，而出口的產品主要是英國製腳踏車的替換零件（占百分之九十）。[47]東南亞充斥著半英半日的腳踏車，以及日本仿製的英國腳踏車。仿製的才華和擁有大量的小型公司是這個驚人成功的原因，成功的餘波延續到不久之前，那時日本公司還主導著高品質腳踏車零件的生產。

第二次世界大戰之後日本獲得極大成功的另一個產業，也是來自於維修工廠。就收音機產業而言，戰後初年絕大多數的收音機是由不必繳稅的小型企業所製造。這些商家基本上從事維修，那時候幫收音機進行維修與零件替換是相當普遍的。一九五〇年代的電視經常是由這些維修商店組裝生產。這種維修與製造的密切關係，是生產者與使用者建立起密切連結的關鍵。這不是日本所獨有的。[48]在二次大戰之後，新的電子產業就在這樣的狀況下誕生了。[49]

在某些例子，進口的短缺導致負責修理的組織擴張到製造，甚至設計。在二次大戰期間，這種情況發生在許多國家。這段期間帝國強權把他們的工業產能用在製造武器，以致於許多國家無法買到別人製造的產品。例如，印度的鐵路工坊開始製造武器，偉大的祆教徒企業塔塔鋼鐵工廠（Tata Iron and Steel）則大幅擴展經營。[50]在南非、澳洲與阿根廷及其他地方，戰爭導致國內生產大幅擴張，且通常由修理與保養的設施進行擴張。戰後也有顯著的例子。當迦納在一九七〇年代出現嚴重的進口短缺時，「倉庫」發展成為製造各種東西的中心。其中兩項產品是木製的車體「托托車（trotro）」或「媽媽車（mammie wagon）」這樣的客車，它的設計是以貝福德（Bedford）卡車車體為基礎，而「可可卡車」（cocoa-truck）則使用更大的底盤。[51]維修公司轉變為從事製造和創新的一個好例子，是巴西聖保羅能源供應公司（Companhia Energética de São Paulo），這是拉丁美洲最大的電力公司之一。在一九八〇年代和一九九〇年代，由於經濟危機使得零件和維修設備以及替換設備的進口受到限制，使得它的電子維修部門面臨龐大的問題。該公司的回應方式是設計出另類的維修方式，並且設計出新的輸電系統控制零件。[52]

○工程師和社會的保養

雖然我們可以很輕易地區分人與物，但物沒有保養是無法存在的。這使得人與物之間必然有一種特別親密的關係，此一關係不僅限於使用而已。保養與修理的技巧不同於操作的技巧，前者通常要來得更為困難（不過也有明顯相反的例子，例如鋼琴演奏家和鋼琴調音師）。很少人能夠保養與修理東西。然而，保養者仍舊相當普及，我們輕易就知道他們是最普遍的一種技術專家。正因為如此，美國和英國的專業工程師很痛恨人們使用「工程師」一詞來稱呼電視修理工這類低階人物。專業工程師也不喜歡把工程師和潤滑油布、扳手等修理人員的工具聯想在一起。他們不無道理地堅持，專業工程和維修是不一樣的。近年來工程師強調他們扮演創新、設計與創造出新東西的角色。這種觀點認為，工程師關心的是未來；他們是樂觀而進步的，他們為世界帶來新事物。

把專業工程師與低階的維修人員混為一談是種誤導，把專業工程師等同於創造者與改革者也同樣是種誤導。只有一小部分的工程師專注於設計與研發，即便是最學院派的工程師也是如此。一九八〇年對瑞典專業工程師的調查顯示，他們百分之七十二的工作是保養與監督現有的東西。[53]大多數的醫師與牙醫從事保養與修理人體，同樣地，工程師的工作是從事操作，以及對故障進行診斷與修理，使得東西得以繼續運作。需要維持運作的東西越來越多，所以專業工程師的人數也越來越多，這一點也不奇怪。我們需要越來越多了解船隻、建築物、機器、道路、運河、汽車等的人。他們人數的成長速度比人口成長來得更快，也比醫師、牙醫師、律師的人數成長快得多。今天美國有超過兩百萬名工程師，其人數是醫師或律師的一倍以上。

工程強烈的男性氣質和工程師的所作所為密切相關，而不是和他們的知識有關。不管是在家中或產業或田野，關於事物的專業技能都被視為是男性的活動，因此保養與修理幾乎全然是一種男性的活動。在富裕國家，保養和修理是男人比女人花更多時間從事的一種家務活動。這種趨勢在二十世紀有個重大的例外，那就是蘇聯。那裡似乎大多數的工程師是女人（大多數的醫師也是女人）。資本主義世界很難不注意到這點，這可從比利・懷德（Billy Wilder）編劇、恩斯特・劉別謙（Ernst Lubitsch）導演的喜劇電影《俄宮豔使》（*Ninotchka*, 1939）看出。嘉寶（Greta Garbo）在片中飾演一位奉命前往巴黎的沉悶工程師妮諾奇卡（Ninotchka），艾菲爾鐵塔唯一能讓她感興趣的是它的技術面。階級敵人（一位法國男貴族）成功改變了這位女工程師的信仰，使她轉而信奉愛情、奢華與女性特質。她在資本主義社會當然就不再追求工程事業了。

工程的主要內容不是創造與發明，這點可以由國家工程師（state engineers）的例子來證明。這些人的工作是管理國家科技。法國中央集權的少數菁英工程師，是模範例子，而西班牙、希臘和墨西哥及其他地方也複製了這種模式。他們包括國家工程團（corp des mines）或國家運輸團（corps des ponte et chausses），以及法國國家行政高層其他低階的技術和非技術團體。他們先在技術學校（Ecole Polytechnique）受教育，然後才在個別專業學校受訓，像是礦冶學校（Ecole des Mines）及運輸學校（Ecole des Ponts et Chaussées）。這些人是國家貴族中的公爵與男爵。這些「科技官僚」在政治上和行政上非常重要，在法國第五共和（1958-）時期尤其如此；關鍵例子是季斯卡總統，他是科技學校暨菁英管理學校「國家行政學院」（ENA, Ecole nationale d'administration）的畢業生，這些人是負責保養國家的工程師。季斯卡是個保守派。美國一九二九年到一九三三年的總統赫伯特·胡佛這位「偉大的工程師」也是個保守派，他的連任競選在經濟不景氣的新世界中失敗了。蘇聯的政治局在一九七〇年代和一九八〇年代可以找到很多工程師，其中包括布里茲涅夫與葉爾欽。中共政治局二〇〇五年的所有成員都是工程師。

CHAPTER

5

國族
NATIONS

表揚本國發明家是現代國族主義的重要特徵。這種發明沙文主義（invention-chauvinism）就像國族主義一樣是種全球現象。博物館裡負責本國傳統的館員高估本國發明家的重要、過度強調和國族的關聯、誇大首創的重要性。在一九六〇年代有位法國人對美國人說：「我們法國沒有用巴斯德消毒法來消毒牛奶，但是我們擁有巴斯德。」[1]胡安．德．拉．希爾瓦（Juan de la Cierva，1895-1936）受推崇為西班牙最偉大的發明家之一，雖然他發明並研發了自動槳（〔autogiro〕一種機翼會旋轉的飛行機器，有點像直升機），但他卻是在英國創業。另一個例子是拉迪斯拉洛．荷賽．畢羅（Ladislao José Biro，1899-1985），據稱「毫無疑問是阿根廷最偉大的發明家」。[2]然而拉迪斯拉洛．荷賽．畢羅是在匈牙利發明了又稱為畢羅筆（Biro）的原子筆，他在一九三八年移民離開這個日益反猶的國家。[1]蘇聯在最為國族主義的時期，以能夠為許多重要科技找到其俄國發明家著稱，並宣稱亞歷山大・史蒂凡諾維奇・波普（Alexander Stepanovitch，1859-1906）發明了無線電。

英國人、法國人和美國人半斤八兩地嘲弄其他國家誇張的科技國族主義。但是這些國家卻有著同樣誇張的國族主義在作用——很少有英國人知道雷達、噴射引擎、甚至電視並非英國獨創的發明。富裕世界偉大的科技博物館和科學博物館，像是倫敦的科學博物館、慕尼黑的德意志博物館（Deutsches Museum）、以及華盛頓的史密森尼博物館（Smithsonian Museum），並不是彼此的複製品或互補，而是彼此在某種意義上的競爭者。由於這種對國族發明能力的強調，因此特別傾向用發明和創新來討論國族和科技的關係。

科技國族主義還有其他的形式，例如宣稱某某國家最能適應科技時代。創造出適合科技時代的新國族身分，這種事情在世界各地都在發生。幾乎任何的國族都有知識分子認為其國族最適合「航空時代」。在兩次世界大戰之間，法國的作家宣稱：有活力又有美感的法國人特別適合當飛行員。[3]希特勒認為空戰特別是種德國式的作戰方式。[4]牛津大學的英文教授華特・雷利爵士（Sir Walter Raleigh）是第一次世界大戰空戰的官方歷史學者，他宣稱在一九二〇年代的英國：「擁有一批性情特別適合在空中工作的年輕人，其教育使得他們能夠大膽冒險——這是英格蘭公學校[2]的男孩。」[5]蘇聯創紀錄的飛行員被稱為「史達林之鷹」，他們被刻意連結到「新人類」[3]以及史達林本身。[6]俄裔的飛機製造者與宣傳家亞歷山大．德．瑟維斯基（Alexander de Seversky）宣稱：「美國是天生的空中武器大師……比起任何其他民族，美國人是機械時代的小孩；空軍是美國式的武器。」[7]不過反面的問題也同樣重要：認為其他的民族有著自己所欠缺的驚人科技能力。例如，英國先是覺得德國在科技上做得比較好，接著是美國和蘇聯，而最近則是日本；而總是有個國家是做得最好的。林白（Charles Lindberg）在一九二七年飛越大西洋，因此歐洲和美國都讚揚他是新世界活力的證明。[8]世界各地的共產黨員都在「史達林之鷹」身上看到蘇維埃社會的優越性。[9]法西斯主義者，甚至某些反法西斯主義者都認為納粹德國和義大利是最適合於航空的國家。不久前人們還廣泛認為日本是最專擅於電子時代的國家。個別來說這種說法看似合理，結果就誤導許多人以太過國族主義的方式來思考科技；但是整體來看，這些說法互相

1〔譯註〕畢羅是出生與成長於匈牙利的猶太人。

2〔譯註〕Public Schools，英國的公學校，如著名的伊頓公學(Eton College)、哈羅公學(Harrow School)，其實是私立住宿學校，學生年齡層從小學到高中。英國的公立學校稱為國立學校(state school)。

3〔譯註〕New Man，共產黨宣稱社會主義將會創造出不同以往的新人類。

矛盾。

科技國族主義認為研究科技的分析單位是國族：國族是發明的單位，編有研發預算，擁有創新文化，傳播與使用科技。科技國族主義者相信，國族的成功有賴於他們在這些方面的成就。這種科技國族主義不只隱含於國族科技史，同時也存在於許多政策研究，例如「國家創新體系」(National Systems of innovation)。將特定的科技連結到特定的國族：認為棉紡織品和蒸氣動力是英國科技，化學是德國科技，大量生產是美國科技，消費者電子產品則是日本科技。[10]儘管這些國家在所有這些科技領域其實都很強。

另一方面，我們把焦點特別放在傳播科技的科技全球主義，而且不斷地重複所謂世界正在變成「地球村」的這種想法。這種陳腐的觀點認為：隨著新科技的全球化，國族就快要消失了。此觀點宣稱蒸汽輪船、飛機、無線電以及最近的電視和網際網路，正在創造一個新的全球經濟與文化，而國族只不過是科技全球主義藉以運作的臨時工具罷了。

國族的重要性是科技國族主義所無法掌握的，科技全球主義則對國際與全球面向何以重要茫然無知。政治、跨國公司、帝國與種族也是形塑科技使用的關鍵因素，這些因素用複雜且不斷變化的方式跨越國族與國際的界線。國族與國家是二十世紀科技史的關鍵，但其重要性並非常人所理解的那般。

○科技國族主義

相較於表面看來似乎較不意識形態、而較能為人所接受的自由主義與國際主義觀念，國族主義這個意識形態在二十世紀被視為是種偏差的觀念。國族主義常被視為是意識型態的倒退，就像軍國主義一樣，也被認為和軍國主義有關；它是所謂遠古血緣連帶的騷動，是來自過往的危險風暴。人們不會用正面觀感來看待國族主義和科技的連結，而這不令人意外。西方分析家使用科技國族主義一詞時，主要是用來談日本，現在則是用來談中國，用來描述一個潛在甚或實際存在的危險事物。

認為科技國族主義只適用於這類國家是大錯特錯。幾乎每個國家的知識分子，對科學和技術的看法都非常國族主義，二十世紀中葉尤其如此。國族主義不只存在，而且在不同國家都很相似。儘管每個國家都極力主張自己是獨特的，但每個國家在相同時期大多同樣有國族主義。艾尼斯特．葛爾納（Ernest Gellner）對國族主義提出一套解釋。對葛爾納而言，面對工業化與全球化的現代世界，國族主義是種適應方式，那是對全球現象的全球反應。葛爾納的看法如下：在現代工業化社會中，教育、官

圖15｜國族科技。甘地在手紡車（Charkha）旁閱讀簡報；手紡車是印度國大黨的偉大象徵。甘地推動「由大眾來生產」（production by the masses）的運動，手紡車因而在二十世紀重新引入印度。

僚、資訊與傳播至關緊要，若因語言或文化障礙而與之隔閡，將是無法承受的代價；因此這些功能必須以人民所使用的語言來執行。國族主義是一項新的事物，是現代性所不可或缺的。就這個意義而言，國族主義並不是一種逃避全球化之現代世界的方式，而是既能參與這個世界又能夠保持個人尊嚴的方式，事實上國族主義創造了個人得以參與這樣的世界之能力。[11]

國家創新與國家經濟成長

國家經濟與科技的表現取決於國家發明與創新的速度，這樣的假設隱含一種極端而廣泛的科技國族主義。這種論點出現在一九五〇年代晚期的美國，為了鼓吹由國家來支持研究而提出了標準的市場失靈論（market failure argument）。其論點如下：由於外人和出資者同樣可以享受研究的成果，因此社會中的個人不會願意提供充裕的研究經費。這是著名的「搭便車」問題。市場失靈了，因此政府應該介入提供研究經費，研究的成果則會讓所有人受益。當然早在這套論點提出前，包括美國在內的許多國家就已經在資助研究了，而且因為許多其他的理由也會繼續資助研究。然而，只有當每個國家都處在孤立於其他國家的封閉系統，這樣的論點才能成立。因為搭便車的問題同樣會出現在政府之間——為何印度政府要出錢資助巴基斯坦人或美國人也能利用的研究呢？當然我們應該注意到，美國在一九五〇年代主導了全世界的研發，因此可以被視為是一個封閉的系統。

這種內生論的科技國族主義，亦可見諸另一個支持國家資助研究（與發展）的論點。此一論點主張，如果想要趕上富裕國家，國家就要有更多的發明與創新；如果不能做到這點，該國就會淪落到最貧窮國家的水準。分析者如果質疑國家研發，甚至會遭到指控為毫不在乎國家將淪落到保加利亞或巴拉圭那般田地。這樣的論證經常宣稱，發明和創新在其他國家具有極大的重要性，然後開始提到英國、印度或泰國的研發經費要比美國與日本少很多。因此西班牙人抱怨，西班牙的發明占所有發明的比例，遠低於西班牙人占全球人口的比例，甚至比西班牙生產占全球生產的比重還低。然而在這樣說的時候，西班牙比較的對象是世界上最富裕的國家，而不是整個世界。[12]

這種以創新為中心的科技國族主義認知是科技國族史的核心。歷史學者和其他人都認定，德國和美國在二十世紀初期的快速成長來自於快速的國家創新。他們也論稱英國的「沒落」（也就是經濟成長遲緩）必然和低度創新有關，事實上此一「沒落」本身就被當成是無能創新的證據。以最近一本談創新與經濟表現的書為例，它的章節編排方式很典型地以國家為基礎，對於研發支出規模僅次於美國的日本，其近來經濟表現與其龐大的研發支出不成正比則表示驚訝。[13]一九九〇年代大為盛行這種粗糙的內生成長理論（endogenous growth theory），宣稱研發投資帶來全球與國家的經濟成長。

此種研發中心論的觀點很有影響力，尤其是國族主義的版本，以致於所有的反證都遭到忽略。在一九六〇年代就已經知道，國家的經濟成長率和國家在發明、研究、創新與發展的投資並無正相關。有很多創新的國家並沒有成長得很快。就以義大利和英國為例子，這兩個國家在一九〇〇年的時候很不一樣，但到了二〇〇〇年則沒有那麼大的差別。義大利的人均產出（output per head）在一九八〇年代超過了英國，義大利人稱這個震撼為「超越」（*il sorpasso*）。一般認為這兩個國家的民族性極端不同，但現在其國民平均所得卻達到相同的水準，這點在兩國都引起了注目。義大利的研發支出要比英國少很多，結果卻變得比英國還要富裕，這在科技國族主義的世界裡是不可思議的。義大利的科學家、工程師與研究政策專家，長期以來都在抱怨義大利不是個偉大的創新中心，諾貝爾獎得主很少（其中一位是因為研究塑膠聚丙烯的聚合作用而得獎），而以富裕國家的標準來看，其研發經費相當低。英國的科技政治是如此的奇特，甚至宣稱義大利的研發經費其實比英國還多，以便掩飾這個難以解釋的現象。但卻沒有人願意承認，義大利只花這麼少的研發經費就變得和英國一樣富裕，是令人讚嘆的成功。

必須強調這不是個獨特的例子。就一九八〇年代與一九九〇年代的經濟成長率而言，西班牙是歐洲經濟體當中最成功的國家之一。然而西班牙花在研發的經費還不到GDP的百分之一，工業與科技的歷史紀錄還不如義大利：西班牙是一個「沒有創新還能進步的科技系統」(*Sistema tecnol ógico que progresa sin innovar*)。[14]世界史上最快速驚人的經濟成長出現在一些亞洲國家，像是馬來西亞、台灣、韓國，以及最近因其規模而最為重要的中國。當中國發生大轉變並將其製造業產品行銷到全世界時，相較之下遠為創新的日本經濟卻陷入停滯。此外，近幾十年來富裕國家的研發經費增加了，經濟成長率卻低於長榮景時期。還可以再舉出此種弔詭現象進一步的例子：蘇聯和日本這兩個國家在二十世紀都成長非常快，其研發支出也都很高，而且不斷成長。蘇聯的例子特別令人震驚，其一九六〇年代晚期的研發經費占國內生產毛額百分之二點九，和美國相當；其研發經費在一九七〇年代早期比美國還高。就總體數量而言，蘇聯從事研發的科學家和工程師人數，在一九六〇年代末超過了美國；這使得蘇聯擁有全世界最龐大的研發人力。[15]然而一般認為，蘇聯對現代產業一點新貢獻都沒有，雖然這種看法可能有點不公平。日本在第二次世界大戰之後的表現比蘇聯好，可是一般也認為其創新紀錄和巨大的研發支出不成比例，雖然這種看法可能也有點不公平。

我們要怎麼解釋這樣的現象？有通則嗎？首先，大致的法則是富裕國家研發經費占其產出的比例，要比貧窮國家來得高。這點有其例外：例如義大利變得富裕，但其研發支出卻很低；蘇聯非常貧窮，研發支出卻要比富裕國家來得高。其次，這樣的關係會隨著時間而改變：富裕國家在一九八〇年代與一九九〇年代財富增加的速度變慢了，而研發支出占國家收入的比例則保持停滯，有些國家甚至下降。第二個直覺的法則是，富裕國家不是快速成長的國家，當然這個法則也有重要的例外。經濟成長緩慢的國家已經相當富裕；二十世紀經濟快速成長的國家是貧窮的國家，通常花在創新上的經費很低。把這兩個法則一起考量，我們的結論是，富裕、經濟成長緩慢的國家要比經濟快速成長的窮國支出更多的研發經費。

為何科技國族主義關於創新與經濟成長的假設無法成立呢？創新與使用之間的連結絕非直接了當，因此創新與經濟表現的關係也是如此。然而，科技國族主義預設一個國家所使用的東西，是來自於自己的發明與創新；或至少具有創新能力的國家，在其創新的那項科技會率先取得領先地位。然而，科技發明的地點並不必然會是早期使用的主要地點。以汽車為例，內燃動力引擎是在德國發明；但是汽車產業出現的前二十年，德國並不是主要的汽車生產者。在一九一四年之前美國是汽車的主要生產者，而接著數十年間德國汽車使用的普及率低於其他的富裕國家。動力飛機是美國萊特兄弟在一九〇三年發明，但是到了一九一四年英國、法國與德國都擁有更大的機隊。接下來我們會談到，攝影和電視也是這樣的例子。

更重要的是，國家對科技的使用很少依賴國內的創新。大多數科技是跨國共享的；一個國家從國外取得的新科技遠多於自己所發明的科技。義大利並沒有重新發明其所使用的科技，英國也是如此。就像世界上每個國家一樣，這兩個國家都共享全球的科技來源。只要看看你周遭的東西，問問它們源自何處，就可清楚看出這一點；全球任何地方所使用的科技，只有很小的比例是在地發明的。要說整個蘇聯歷史中所使用的七十五種主要科技，只有五種是蘇聯自己發明、十種是蘇聯和其他國家共同發明，這種抱怨並不公平。[16]必須說明比較的指標，並且認識到大多數國家所使用的科技當中，本國發明的科技所占比例很可能大致相當，即便最富裕且最有創造力的國家也是如此。

科技分享的概念很重要，然而，它在二十世紀的歷史重要性卻遭到忽略，這是因為我們是用科技轉移（technology transfer）這樣的概念來思考科技跨國的移動——科技從領先國轉移到其他國家。科技轉移這個術語首先是用來描述現代科技如何出口到貧窮國家，但這種轉移的重要性遠低於富裕國家之間的科技移動。在二十世紀法國和英國雙向的科技移動，要比英國跟印度之間的科技移動來得重要多了。這並不是要否認科技跨疆界移轉的重要性。事實上，二十世紀全球經濟最重要的特徵之一，是某些國家技術水準的趨同。就各種經濟指標而言，世界上的富裕國家要比在一九〇〇年時來得更為接近。這些國家借取彼此的科技，或許都從同一個水準最高的特定科技領導者借取科技。義大利、西班牙、日本和蘇聯以及現在的中國，都曾大規模仿製外國科技，這是其經濟快速成長的關鍵之一。

富裕國家趨同的故事當中，有一個非常特別的案例。美國的生產力在十九世紀不只趕上了歐洲，甚至超越了歐洲。美國在整個二十世紀保持領先，甚至其二十世紀中期的生產力是歐洲工業巨人的兩倍。美國的領先地位並不是來自「純粹科學，或甚至工業研究」的主導地位；一九〇〇年美國在這兩個領域都不是領導者。有些歷史學家宣稱美國的獨特性在於其生產科技（production technology）特別地突飛猛進——這類事物帶來了大量生產。可是支持美國在此一發明領域重要性的證據，並不足以支持用國族主義觀點分析美國科技的說法那般地有力。事實上，十九世紀晚期到二十世紀初期，有著驚人數量的科技竅門（know-how）由歐洲跨越大西洋流入美國。[17]然而到了二十世紀中期，不論就任何標準而言，美國明顯是工業研究與創新的領導者，主導了全球的生產與全球的創新。就此而言美國全然是非典型的，也是我們所預期的那種科技來自於國家內部創新的例子。或許只有在二次大戰後的美國這個特殊例子，能見識到在地創新的產物具有相當的重要性。許多研究顯示，美國的創新促進了美國經濟的成長——但相信這點可以適用到其他的國家卻是錯誤的，而相信美國經濟成長率特別高也是個錯誤。

那麼我們可以下的結論或許是：全球性的創新或許是全球經濟成長的決定因素，但這點並不適用於特定的民族國家。既然國內的創新並不是國家技術的主要來源，那麼國內的創新和國家經濟成長率之間沒有正相關也就不足為奇了。富裕國家彼此之間以及富裕國家和貧窮國家之間的全球科技分享是常態。那麼我們是否該拋棄科技國族主義而採取全球性的科技思考呢？

○科技全球主義

科技國族主義是思考二十世紀的科技與民族國家的核心預設，然而科技全球主義卻宣稱全球才是關鍵的分析單位，它經常期待科技會消滅掉民族國家這個其眼中的過時組織。大部分的科技全球主義都是以創新為中心，許多的全球史、資訊社會大師的推想、還有許多關於科學與技術的預言說法，都是以這種科技全球主義為核心。過去一個多世紀以來，一直都在宣稱這個世界因為最新科技，而經歷了全球化的過程。

蒸汽船、火車與電報在十九世紀晚期抵達並穿透世界上的許多角落，因此有理由可以說世界比過去有了更多的連結。然而，在更新一點的科技出現時所提出的全球化主張，卻忽略了過去這些科技，因此一九二〇年代亨利・福特在《我的工業哲學》（*My Philosophy of Industry*）一書宣稱：

> 人們用傳教、宣傳與文字所做不到的事情，機器做到了。飛機和無線電超越所有的疆界。它們毫無罣礙地穿越地圖上的虛線。它們以其他系統做不到的方式將世界連結在一起。電影的普世語言、飛機的速度、以及無線電的國際廣播節目，很快就會讓世界能夠完全彼此理解。因此我們可以預想一個世界合眾國（United States of the World）。它最終必將來臨！[18]

對亨利・福特而言：「飛機與無線電將對全世界發生的作用，就如同汽車對美國所起的作用一般。」[19]二十年後加拿大的第一次世界大戰空戰英雄與空軍元帥比利・畢曉普（Billy Bishop）宣稱：「馬和馬車發展出純粹的地方文化。火車和汽車則發展出國族主義。」問題當然是什麼時候是火車和汽車的時代，而這種以創新為中心的說法卻忽略了上述問題。畢曉普認為隨著飛機的出現，必須「建立起世界文化，一套關於公民責任的世界觀……飛行時代必須帶給我們全新的公民概念、國家概念與國際關係概念。」人類必須在「和平之翼或死亡之翼」之間做選擇。[20]

H・G・威爾斯是這種思考方式的大宣傳家之一。在《未來的事物：終極革命》（*Shape of Things to Come: The Ultimate Revolution*，1933）一書中，飛行員為受到戰爭摧殘的世界帶來和平與文明。[21]威爾斯想像一九六五年在伊拉克的巴斯拉（Basra），會有一場由科學家和工程師召開的會議。會議是由交通聯盟所發起，集結剩餘的飛機與船隻，並且以飛行員的基本英文（Basic English）為官方語言。[22]該聯盟統一控制所有的空中航道，其空軍則用來確保和平。使用的貨幣是「飛元」。[23]空中與海洋管制以及空中航道與海運的警察，都隸屬於合格會員所組織的「現代國家協會」。在一九七八年面對重新出現的民族國家政府的反抗，它們決定施放和平氣（Pacificin）來加以鎮壓。威爾斯不是唯一提出這種想法的人。一九三〇年代初期有各式各樣設立「國際空中警察」的建議，這種想法一直延續到一九四〇年代，內容通常是建議英國人和美國人來擔任國際警察。近年來這類科技全球主義的主角則包括了原子彈、電視，尤其是網際網路。然而正如我們所見識到的，其實國際關係的關鍵通常是較為古老的科技。今天的全球化有一部分是來自於極為廉價的海運和空運，以及透過無線電和電纜進行的傳播。

知識較為豐富且有歷史意識的評論者無法容忍這類說法。喬治・歐威爾（George Orwell）在一九四四年就注意到這些說法的重複之處

最近讀了一批相當膚淺的樂觀「進步」書籍。我很驚訝地發現人們自動地重複某些在一九一四年就已經相當流行的說法。其中兩個最受歡迎的說法是「距離的廢除」以及「疆界的消失」。我記不清有多少次看到像是「飛機和無線電克服了距離」以及「世界所有的地方現在都互相依賴了」。

然而，歐威爾批評的不只是這裡的歷史失憶症。他宣稱科技與世界史的關係其實大不相同。他說：「事實上現代發明的效果是助長了國族主義、讓旅行變得困難許多、減少國與國之間的溝通方法，以及讓世界各地變得越來越不依賴其他地方的食物與製造業商品，而非更相互依賴。」[24]他想到的是一九一八年之後發生的事情，特別是在一九三〇年代早期。他的論點不只可以成立而且強而有力。

偉大的全球貿易時代在一九一四年結束。在兩次世界大戰之間貿易停滯衰退，

特別是在一九三〇年代，全世界的民族國家都變得越來越自給自足。比起二十世紀初跟二十世紀末，二十世紀中期是一個很不全球化的時代。當時出現了深刻的國族化。當時也出現了強大的力量要讓政治帝國變成貿易集團，其程度是前所未見的。以創新為中心的政治史認為，十九世紀與二十世紀初是國族主義的偉大時代；帝國主義的時代則是一八七〇年代到第一次世界大戰。然而，在一九三〇、一九四〇與一九五〇年代，帝國內部的貿易占全球貿易的比例要高於新帝國主義的開創時期。國族主義在二十世紀中期的重要性至少不低於從前，而且正如歐威爾所注意到的，一九三〇與一九四〇年代的國家經濟政策是自給自足，而科學與技術則是自給自足的主要工具。他特別指出飛機與無線電對於這種新而危險的國族主義的強化作用。換言之，天真的科技全球主義眼中相互連結的世界，其核心科技實際上是新的國族暴政工具。

我們可以比歐威爾更諷刺地倒轉以創新為中心的科技全球主義宣傳。因為許多被認為在本質上會促成國際化的科技，其實它們的起源和使用是非常國族的。無線電的起源是軍事，和國家的力量有緊密的關聯。在第一次世界大戰之前，無線電的發展和海軍密切相關；事實上，全球首屈一指的無線電製造商馬可尼公司（Marconi Company），其最大的客戶是英國皇家海軍。在第一次世界大戰期間和之後，無線電和軍事仍舊關係密切，例如，美國無線電公司（Radio Corporation of America, RCA）就和美國政府緊密結合。[25]

更驚人的是即使在承平時期，飛機主要也是一種戰爭武器。飛機根本不是要來超越國族的，它是彼此競爭的民族國家和帝國的系統性產物。飛機工業在平時與戰時都完全依賴軍方這個主顧。在承平時期，全世界主要的飛機產業有四分之三的產品都是賣給軍方。在兩次世界大戰之間，空軍擁有上百架飛機，而航空公司只有幾十架而已。在這之後軍方仍主導了航空產業的銷售。然而直到今日，科技史仍把航空當作是一種交通工具來看待：航空史通常就是民用航空史，認為民航的需求是推動航空技術發展的動力。飛機製造工業的歷史也高估了民航飛機生產的重要性，敘述這個產業承平時期的歷史就只談到民航機的生產。[26]

然而，無線電和飛機不是唯一這類例子。原子彈也是國家互競的世界之下的產物。網際網路也是如此，它誕生於美國軍方的需求與資金。二十世紀許多偉大的科技是自給自足（autarky）和軍國主義的科技。從煤炭中提煉油、許多的合成纖維和合成橡膠都是這類科技的例子，這些產品在全球自由市場中是無法生存的。它們是特定國家體系的產物，其運作迫使國家彼此之間出現特定的關係。國家特定的角色以及它和其他國家的競爭性質，使得國家在促進特定科技時發揮特定的作用。即使是科技國族主義者，也沒能辨識出國家體系對二十世紀科技的重要性。國家科技計畫有極大的重要性，然而，在科技國族主義的書寫中找不到它們的歷史。

○自給自足與物品

政治的疆界不同於科技的疆界，但國家經常透過控制東西的跨界移動以及發展特定的國族科技，來使兩者合而為一。國家透過關稅、配額、以及國族主義的採購政策來控制物品的移動。國家透過和世界其他地方隔絕，以及直接資助國家創新計劃來發展國族科技。這種實際的科技國族主義有著奇妙的矛盾效果，它不只未能讓不同國家的科技不同，反而鼓舞了科技跨越政治國界的運動。它也促使國家變得貧窮，而非讓國家強大。

在某些國家的歷史中，自給自足變成公開的政治經濟計劃，政治行動者使用自給自足這個名詞，歷史學者拿來使用也很順手。最重要也最明顯的例子是法西斯主義統治下的義大利、納粹德國；在佛朗哥統治時期的西班牙，自給自足政策一直持續到一九五九年。政府保護產業、採取進口替代政策，促進軍事相關的戰略性產業；國家通常對國內產業有很大的控制力，其控制有時是透過特殊的機構，像是墨索里尼的工業重建局（IRI, Industrial Reconstruction Institute），西班牙在一九四一年建立了類似的國家產業局（Instituto Nacional de Industria）。[27] 蘇聯集團和中共集團也同樣追求自給自足。事實上，那些同時孤立於資本主義世界與社會主義集團之外的國家，採取了最為極端的自給自足做法。北韓在一九六〇年代同時孤立於中國和蘇聯，而追求「主體」（*Juche*）的政策。阿爾巴尼亞在一九六〇年之前依賴蘇聯集團，之後則依賴中國，但是在一九七〇年代早期則變得越來越自給自足，特別是在中國從一九七八年開始停止所有的援助之後。

越來越多國家在二十世紀中期變得自給自足，世界各國都追求工業化，以本國公司生產的國內產品來取代進口產品。追求自給自足的國家當中，有些在過去是自由貿易最熱心的擁護者，像是英國。希臘是東地中海的商業中心，沒有足以稱道的製造業，一九三〇年代在美塔薩克斯（Metaxas）的統治下也開始追求自給自足。[4] 關鍵因素通常是發生在其他地方的戰爭，迫使國家採取自給自足的發展，以取代再也無法取得的進口產品。這種不得已被宣揚成一種美德，例如在裴隆將軍（General Perón）統治下的阿根廷，國家產業發展成為該政權的核心政策。印度、南非與澳洲同樣也

4〔譯註〕美塔薩克斯將軍（Ioannis Metaxas, 1871-1941）在一九三六年至一九四一年間擔任希臘首相。

在這段期間發展出新的產業。

左派與右派都有人支持自給自足。一九六〇年代拉丁美洲的依賴理論家（dependency theorist）的批評是，出口原物料的國家在自由貿易下，甚至連最基本的製造業產品都得仰賴進口；他們抨擊自己的國家沒有發明出任何東西，因此永遠屈從於中心國。要發展與獨立就必須脫離世界市場與發展國家產業。至少也有部分歐洲左派同樣主張促進國家產業發展的策略，因而拒絕自由貿易乃至歐洲共同市場。

○氫化

法國化學家亨利．薩巴提耶（Henri Sabatier）在二十世紀初證明，使用金屬觸媒可以讓許多有機與無機的化合物產生氫化（在化學結構增加氫）。氫化有三種特別重要的用途：製造人工奶油、阿摩尼亞和汽油。這三種製程都能生產出舊產品的替代品：阿摩尼亞用來製造硝酸鹽，取代智利的鳥糞石；煤炭提煉出來的汽油取代開採的石油；脂肪和油脂氫化後製造出來的人工奶油，取代了牛油和其他形式的奶油。這三者都和二十世紀的國族問題有密切的關係。

德國化工廠巴斯夫（BASF）在第一次世界大戰前首創用氮氫化來製造阿摩尼

亞，這對德國的國力極為重要，不只因為這帶來了本土生產的氮肥，同時硝酸鹽也是火藥的主要成分。一九一三年巴斯夫開始在奧柏（Oppau）生產合成的阿摩尼亞，一九一七年在魯納（Leuna）又蓋了一座新的工廠，所使用的原料是焦炭、蒸氣和空氣。奧柏廠在戰時發展出的製程，能夠從阿摩尼亞提煉出硝化物並進行量產。任何強權似乎都不能沒有「合成的阿摩尼亞」，各國政府都試著發展哈伯法以及其他的製程（除了哈伯—波希法之外還有一些其他的辦法來製造合成肥料）。例如在英國，合成阿摩尼亞成為一九二六年創辦的新企業卜內門化學工業（Imperial Chemical Industries, ICI）的核心。英國政府原本資助比林漢（Billingham）的合成阿摩尼亞生產計畫，由卜內門化學工業接收。合成氮肥的擴散非常地全球化（大多是由哈伯—波希法製作的，但不是全部），而此一產業確實具有極大的重要性，特別是在第二次世界大戰之後。一九四五年之後硝酸鹽灑到全世界各地的農地，以至於到了二十世紀末，人類食物所含的氮有三分之一來自於人造硝酸鹽。

就其國族意涵而言，或許氫化最重要的運用是煤炭的氫化。二十世紀上半煤炭是富裕國家最主要的能源。但很快地，石油變成了汽車、卡車與飛機（汽油）以及船隻（柴油和燃油）的動力來源。西歐主要國家沒有自己的油源，主要生產者是美國、俄國、羅馬尼亞和墨西哥。德國化學家弗里德里希．柏吉斯（Friedrich Bergius）發展出從煤炭廉價分離出氫氣的製程；接著他將重油氫化，一九一三年他又將煤炭氫化。柏吉斯在一九一五年開始在萊瑙（Rheinau）建立一座工廠，生產由煤炭提煉出的油。

從事這項巨大計畫的原因，是因為德國在戰爭中就快要缺乏寶貴的汽油了。德國和奧地利要到一九一六年擊敗羅馬尼亞，才能取得羅馬尼亞巨大的石油生產。萊瑙工廠興建耗時、經費高昂，要到一九二四年才完工。其經費來自於許多私營公司，包括皇家荷蘭殼牌石油（Royal Dutch Shell）以及巴斯夫。法本公司（「IG Farben」這是包含巴斯夫在內的主要德國化工廠併購形成的集團）使用不同的觸媒，發展出柏吉斯製程的改良，並且在一九二七年開始在魯納建立起一座工廠（該廠擁有使用氫化方式生產合成阿摩尼亞的產能）。一九二〇年代時雄心勃勃的新計畫結合了德國主要的化工廠。到了一九三一年它們每年可生產三十萬噸的汽油（使用石油業術語的話是兩百五十萬桶汽油）。

對納粹在一九三六年提出的四年計劃而言，燃料的自給自足是最優先的，建立起合成燃油的生產則是達成此一目標的關鍵元素。任命戈林（Hermann Goering）為「燃料主委」（fuel commissar），其所選擇的製程是法本公司的氫化法；公司建立並經營許多的工廠，包括在奧許維茲（Auschwitz）興建以使用煤炭為主的化學廠區。就像大多數的生產方式一樣，油料合成也有替代的製造方法，例如費托氏法（the Fischer-Tropsch process）

就沒有使用煤炭，而是將一氧化碳加以氫化。其他的替代做法還包括用木材產生的瓦斯提供汽車動力。[28]到了一九四四年產量已經提高到每年三百萬噸，或者是兩千五百萬五千桶。戰爭期間這些合成油料工廠對德國的燃料經濟極為重要，特別是飛機燃油的生產。

德國在戰敗後被禁止從事氫化製程，一九四九年更被下令拆除其工廠。蘇聯將其中四座工廠搬到了西伯利亞。此一決定在一九四九年稍晚被推翻，這些工廠則被用來裂解石油。東德因為孤立於西方石油市場之外，因此直到一九六〇年代都還使用煤炭氫化來生產汽油。[29]東德的化工業主要還是以煤炭為基礎，直到一九五〇年代蘇聯開始增加石油的供應為止。一九七九年蘇聯開始限制石油輸出，使得東德在一九八〇年代又回頭使用煤炭合成石油，這又是舊科技重新出現且帶來嚴重生態危害的例子，因為德國的褐煤會產生大量的酸雨。[30]

煤炭的氫化技術傳播到許多國家，但它從未真正全球化。在一個強調自給自足的時代，「自給自足式的科技」也國際化了。德國法本公司在一九二〇年代初期掌握了關鍵的專利，但是到了一九三〇年代初期，國際專利權是由法本公司、美國的標準石油、皇家荷蘭殼牌這家英國與荷蘭的石油公司，以及英國的化工廠卜內門化學工業所主導。英國和美國都興建這類工廠。卜內門化學工業在英國接收了許多政府研究室的成果，在那座於一九三五年到一九五八年間在比林漢興建的工廠生產汽油。就像在德國一樣，此種方法生產的汽油必須要以各種方式加以補貼。偏向軸心國的西班牙政府在一九四四年和德國達成協議，在西班牙雷阿爾省（Ciudad Real）的普埃爾托利亞諾（Puertollano）設立起合成燃料的計畫。一九五〇年西班牙又和巴斯夫以及其他的德國工廠簽訂新的協議，引進技術並蓋起工廠。[31]從一九五六年開始生產，直到一九六六年。西班牙在一九四〇年代晚期與一九五〇年代初期有個非常昂貴、且高達國內生產毛額百分之零點五的研發計畫；就當時這麼一個窮國來講，這是相當可觀的比例。[32]

盛產煤炭的南非是另外一個例子，在一九五五年薩索爾（Sasol）公司開始使用費托氏製程來生產汽油。隨著阿拉伯國家一九七三年的石油禁運，南非興建了薩索爾二號廠；一九七九年的伊朗革命使得南非失去伊朗的油源，導致薩索爾三號廠的興建。[33]薩索爾的廠區就像德國工廠一樣遭到炸彈攻擊，不過這不是聯合國所為，而是非洲民族議會（African National Congress）的武裝組織「民族之矛」（Umkhonto we Sizwe）在一九八〇年六月所為。這個攻擊是反抗種族隔離政權的游擊戰的重要轉捩點，在種族主義的國民黨執政下的南非，每天生產十五萬桶汽油，其產量是納粹德國合成燃料產量的一倍。[34]隨著油價在一九七三年到一九七九年之間的高漲，而且似乎居高不下，由煤炭提煉汽油的研究在一九七〇年代又大規模展開。石油公司和政府再度投入此一領域，並且找出之前納粹在這方面的研發工作紀錄加以參考。

在研發的歷史中，煤炭氫化應該占有非常重要的一席之地。不論是一九二〇年代和一九三〇年代全世界最大的化工廠法本公司，或是一九二〇年代晚期和一九三〇年代初期英國的卜內門化學工業，這都是它們最大的單一計畫；在戰後的西班牙與南非也是如此。然而煤炭氫化生產出的汽油，在全球市場從來不具有競爭力；除了納粹德國和南非這樣的特例之外，它不是重要的汽油來源。煤炭氫化在這兩個國家具有歷史重要性，它使得德國空軍還能夠飛行，也讓種族隔離制度得以運作。

國族不是一切

科技就像國族主義一樣會跨越國族疆界；發生這種情況的脈絡和時機是國族史所難以預料的。例如，一九三五年壟罩在國族主義與極權主義之下、追求自給自足的法西斯義大利，有些地方在技術上與美國的關係，比和義大利其他地方的關係還要密切。現在我們稱之為巴斯利卡塔（Basilicata）的阿利亞諾村（Aliano），就是這樣的例子；該村有一千兩百位居民、一輛汽車、一個廁所，還有太多傳播瘧疾的蚊子。[35]然而該村的機械設備都是美國製的；它使用的度量衡是英語世界的英鎊和英吋，而非歐陸的公斤與公分。女人使用古老的紡紗機織布，但卻用來自匹茲堡（Pittsburgh）的剪刀來裁剪；農夫的斧頭也來自於美國。[36]怎麼會如此呢？阿利亞諾村約有兩千個人移民到美國，他們從那裡將「一批批的剪刀、刀子、刮鬍刀、農業用具、鐮刀、鐵鎚、鉗子……所有日常生活的用具」寄回家鄉。在格拉薩諾（Grassano）這個大而富裕的城鎮，木匠擁有美國的機械。[37]人際關係並不侷限於民族國家的疆界，而這影響了物品的流通。

二次大戰之後的軍事科技是另一個更值得注意的例子。儘管有著冷戰，加上個別國家都努力要發展本國的科技，但是美國、英國和蘇聯在一九五〇年代分享著數量相當可觀的技術，這還沒有把從德國擄獲的技術計算在內。多國合作的原子彈計畫變得更加跨越國界，這不是因為科學與技術的國際主義，而是因為政治上的國際主義者從事間諜工作的結果。他們幫助蘇聯在一九四九年製造出和美國原子彈幾乎一模一樣的鈽彈（plutonium bomb）。[38]英國在一九五二年試爆的原子彈同樣複製了洛色拉莫士的鈽彈。這三個強權所使用的第一批原子彈轟炸機也是相同的：在一九五〇年代早期都使用波音的B－29型轟炸機。英國在一九五〇年到一九五四年之間向美國租借這些飛機。蘇聯的Tu－4型轟炸機則是仿製在二戰期間迫降其領土的B－29型轟

圖16 ｜一九四〇年代晚期，英國為剛剛國有化的阿根廷商船航線建造的客輪、貨輪與冷凍肉品輪船等三艘船的其中一艘。它們分別被命名為愛娃．裴隆（Eva Perón）、裴隆總統號（President Perón）與十月十七日號（17 de Octubre）。圖中是這艘船在克萊德造船廠（Clyde）試航的模樣（本書作者在一九七〇年搭乘這艘船返回英國）。在裴隆政權倒台後，它們被重新命名為利柏塔號（Libertad）、阿根廷號與烏拉圭號。利柏塔號在一九七〇年代早期航行布宜諾斯艾利斯到歐洲的航線，後來則充當南極遊輪。

炸機。此外，蘇聯的噴射機也使用英國的尼恩與德溫特噴射機（Nene and Derwent jet）引擎（也是仿製的），特別是在朝鮮半島上飛翔的米格十五型戰鬥機（英國在一九四六年批准該項技術轉移）。[39]事實上尼恩引擎到處都是。

二次大戰之後，有許多的國家決定不只要取得噴射戰鬥機，而且還要自行設計與生產。許多專家來自遭到禁止擁有航太工業的德國。該國的航太工程師，包括那些最著名的佼佼者，不只前往美國和蘇聯，還去了西班牙、阿根廷、印度與阿拉伯聯合共和國等國家[5]。這些國家在不同時期因為不同的理由而成為二次大戰後美蘇兩大集團之外的「不結盟」國家（non-aligned）。阿根廷、印度、以及構成阿拉伯聯合共和國最主要部分的埃及，在某種程度上都曾經是大英帝國的領域，而德國的航空工程專家在這三個國家受到重用的程度遠超過英國工程師。

阿根廷在國族主義與民粹主義的裴隆政權統治下，製造的普奇號（Pulqui）戰鬥機在一九四七年首度飛行。「普奇」在馬布其（Mapuche）原住民語言裡意味著「箭」，這樣的名稱明顯昭示著背後的國族主義動力。領導製造這型飛機的是艾彌爾・德瓦廷（Emile Dewoitine），他是法國最偉大的航空工程師之一，因為在納粹占領期間通敵，在法國遭受通緝而逃亡海外。[40]法國解放之後他就前往西班牙，在一九四六年又由西班牙前往阿根廷，在那裡停留到一九六〇年代晚期。[41]另一位更著名的飛機設計師克德・唐克（Kurt Tank，1898-1983）在一九四七年取代他的位置，唐克是福克－沃爾夫型飛機（Focke-Wulf）的關鍵設計者。唐克差點就前往了蘇聯。他認識一位蘇聯的飛機工程專家葛利格理・托卡耶夫（Grigory Tokaev）上校，後者宣稱他勸唐克不要到莫斯科去見史達林。托卡耶夫後來叛逃到英國，因為他不喜歡史達林強制的俄國國族主義。[42]從一九四七年開始，唐克設計並製造了普奇二號噴射機，使用尼恩式引擎的該型飛機在一九五〇年首飛。就像蘇聯的米格十五型飛機一樣，它是唐克的Ta－183型飛機的後代。普奇二號從未量產，唐克及其團隊的大部分成員後來則前往印度。他們為印度斯坦（Hindustan）航太公司設計了超音速的馬魯特戰鬥機（Marut fighter），該型飛機從一九六〇年代服役到一九八〇年代，期間生產了一百四十架。這型飛機用的也是英國引擎。印度後來和阿拉伯聯合共和國（UAR）合作設計自己國家的戰鬥機航空引擎（該共和國是由埃及、敘利亞與葉門組成，但最終未能合併成功的泛阿拉伯國家），而德國專家在這項計畫中再度扮演重要角色。

阿拉伯聯合共和國的飛機生產計畫是從西班牙開始的。[43]西班牙在一九四〇年代與一九五〇年代追求航空的自立發展，但同樣依賴德國的專家。[44]克勞德・多尼爾

5〔譯註〕阿拉伯聯合共和國（United Arab Republic）是埃及和敘利亞在一九五八年到一九六一年間組成的聯邦。

（Claude Dornier，1884-1969）為馬德里的CASA公司工作，他為軍方設計的輕型多用途飛機後來在德國生產。威利・梅瑟史密特（Willy Messerschmitt，1898-1978）在一九五一年前往西班牙。他先研發了一架也可用於戰鬥用途的教練噴射機；該型機生產的數量不少。埃及在一九五〇年代開始生產它們，有些在一九八〇年代還在使用；它們被稱之為開羅型飛機（Al-Khahira）。[45] 梅瑟史密特和厄尼斯特・亨特爾（Ernst Heinkel）合作建造了H－300型超音速戰鬥機，但該型機從未量產；一九六〇年代埃及人進一步加以發展，卻沒有成功。這型飛機用的也是英國引擎。這些不結盟的科技事後證實都沒有太大的重要性。西班牙從一九五〇年代早期開始取得美國的飛機；埃及與印度則由蘇聯以及其他的供應者取得其飛機。

○外國科技與一國社會主義

蘇聯是以外國科技為基礎來自給自足發展的驚人案例。一國社會主義（Socialism in one country）是史達林主義的中心教條，依賴的卻是外國的專業知識。蘇聯，乃至於整個蘇聯集團（有段時間還包括中國），依賴資本主義國家（尤其是美國）率先發展出來的製程乃至產品。有許多公司把它們的設備、技藝、人員和產品移轉到蘇聯，其中之一是福特。蘇聯進口福德森牽引機（Fordson tractors），以及福特的A型車（Model A）與AA型卡車（Model AA trucks），並自行生產。福特重新整治在基洛夫（Kirov）生產牽引機的工廠，且在高爾基（Gorky）蓋了生產卡車與汽車的巨大工廠。高爾基的工廠是蘇聯與福特在一九二九年簽訂合約的產物，它是蘇聯境內最大的汽車廠，在一九三〇年代末占蘇聯所有汽車產能的百分之七十，每年生產約四十五萬輛車輛。直到今天，高爾基工廠仍是蘇聯最大的卡車與巴士製造廠，以及第二大的汽車製造廠。[46]另外還有兩座生產汽車與卡車的工廠。莫斯科的AMO廠是利用美國設備重新建造的，它後來被改名為ZIS，接著又被改名為ZIL，其所製造的汽車和卡車是根據美國的設計。這座工廠是中國在一九五三年成立之第一汽車製造廠（First Automotive Works）的母廠，第一汽車廠在一九五六年到一九八六年間生產了一百二十八萬輛解放牌卡車，它是ZIL 150型四噸卡車的仿製品，是另一個長壽機型的例子。[47]

除了在一九二八年到一九三三年之間生產福德森牽引機外，蘇聯還向美國購買了兩座全新的牽引機工廠，一座在史達林格勒，另一座在卡爾可夫（Kharkov），分別生產國際哈維斯特十五／三〇型（International Harvester 15/30）的牽引機。在美國的農場，這型牽引機取代了福德森牽引機。第三座位於車里雅賓斯克（Cheliabinsk）的全新工廠史達林奈特（Stalinets），生產開拓重工六〇型履帶牽引機（Caterpillar 60）。把福德森廠算在內的話，蘇聯在一九三〇年代中期總共有四座工廠，每年生產三萬到五萬輛牽引機。[48]蘇聯的農業機械化靠的是美國設計的牽引機。

史達林主義其他的偉大象徵同樣依賴美國的專業知識。像是德奈普水壩（Dnieper complex）等許多巨大的水壩和水力發電計畫，依賴的是美國的專家、技術工人、工廠與產品的設計、以及大量的美國設備。在馬克尼土哥斯克（Magnitogorsk）著名的鋼鐵廠是仿製美國鋼鐵公司的工廠，是由在集體化過程中喪失農田的富農所建造的。一九三一年在鋼鐵廠建造過程的高峰時，當地共有兩百五十名美國人，以及其他的外國人來指導馬克尼土哥斯克的營建工程，其他地方也有這樣的現象。[49]蘇聯所仿效的美國鋼鐵廠是一九〇六年在印第安納州靠近芝加哥的綠地所興建的蓋瑞廠（Gary），其命名是為了紀念當時美國鋼鐵公司董事長艾伯特・蓋瑞（Elbert Gary）。因此在蘇聯即便是以重要人物的名字來命名的工廠和城市，其根源卻也是在美國。

二次大戰期間有一波技術的轉移，但不是生產設備的轉移。戰後則有第二波技術轉移，從航海用的柴油引擎和漁船到化工業，其涵蓋範圍很廣。在一九六〇年代蘇聯再度求助於西方的汽車設計和工廠。和飛雅特（FIAT）的一項交易提供了蘇聯一個巨大的新工廠（廠中大多為美國製的設備），在一九七〇年代左右該廠每年可生產約六十萬輛飛雅特124與125型車的俄國版。此一車款在出口市場被稱為拉達（Lada），今天仍在生產。這座工廠現在仍是俄國最大的汽車製造廠，一年生產約七十萬輛汽車——這樣的生產力是國際大廠的一半。這座工廠設立於窩瓦河河畔的新市鎮陶里亞蒂（Togliattigrad），而它本身是一個巨大建設計劃的一部分，此計畫還包括窩瓦河的列寧水壩。這個城鎮的名稱來自義大利共產黨的黨魁帕爾米羅·陶里亞蒂（Palmiro Togliatti），陶里亞蒂繼任了遭受囚禁的葛蘭西（Antonio Gramsci）。葛蘭西和陶里亞蒂都在飛雅特的故鄉杜林（Turin）求學與從事政治；葛蘭西在監獄中寫的一篇文章，成為二十世紀末左派「福特主義」（Fordism）這個術語的來源。

蘇聯是個貧窮的國家，吸收外國科技以及工業化的速度相當可觀，而史達林也為此付出大量的人命代價。其目標不只是要仿效，更是要創造出一個新而更加優秀的社會，該社會要比危機重重而缺乏協調的資本主義更具有創新能力，也更能善用新科技。蘇聯宣稱，沒有顯著私人所有權、長期以來未曾遭遇資本主義企業競爭的計劃經濟，終將證明其優越性。從一九五七年起，在史普尼克衛星（Sputnik）發射之後，許多非共產主義者、甚至西方的反共人士，都轉而相信蘇聯確實解決了新科技創新與使用的問題。赫魯雪夫在一九六〇年代初期的著名宣言中指稱，蘇聯將會超越資本主義；這不是他個人的誇大，而是表達對歷史可能進程的長期堅定信念。然而，儘管蘇聯和其衛星國進行了巨大的研發投資，但並沒有引導世界進入新的科技時代。

一般而言蘇聯是落後的，而其落後程度在一九七〇年代與一九八〇年代還在擴大。蘇聯歷史學者洛伊・梅德維德夫（Roy Medvedev）很有說服力地宣稱，列寧會很驚訝蘇聯的科技居然到了一九八〇年代還沒能趕上資本主義世界。

古典的蘇聯觀點認為所有科技都是一樣的，關鍵是科技運作的脈絡，並宣稱這是成敗之所繫。雖然蘇聯工人和資本主義工人同樣的分工，而且是按件計酬，但蘇聯工人（間接地）擁有了生產工具。不過有些人認為蘇聯科技的進程不同於資本主義的科技。值得注意的是，論者宣稱它有種特殊的巨大主義（gigantism）傾向，其最新表現是中國的三峽大壩。這種說法相當可疑，因為在美國也可以看到同樣巨大的計畫；事實上蘇聯是受到美國這些計畫所啟發。然而，毫無意義的巨大主義可能不少，像是從列寧格勒延伸兩百里抵達白海的白海運河這個著名例子。這條運河在一九三〇年代早期建造，目前仍舊開放，但幾乎沒有使用。興建這條運河動用了十萬名工人，大部分是服刑的犯人，而且顯然大多在運河建造的過程中死了。

在一九四五年之後，蘇聯集團中技術最先進的地方不是蘇聯，而是東德。東德提出了「群體科技」（Group technology），並大力宣揚這種特別的社會主義科技。它的作法是把特定類型的機械工作分組，進行批量生產來增加其效率。其想法是對零組件進行分析，並且設立機械團體（又稱為細胞），來生產一系列相關的零組件。群體科技不是一種東西，而是一種把特定生產形式組織起來的手段，這種技術後來可以和資本主義完全相容。然而，期待這種做法會帶來的技術領先則從未實現。[50]東德還以塔本特（Trabant）這種特殊的汽車著稱，這是另一種極為長壽的機器。它使用合成車體（synthetic body）和五百cc二衝程引擎。從一九五七年到一九八九年間在同一家工廠生產，總共生產了三百萬輛，其產量高峰是一九七〇年代的每年十萬輛。[51]然而，即便在蘇聯集團內部也沒人仿製這款車；它顯然是在回應各種物資的缺乏，而不是汽車科技的大膽冒險。東德也出現計畫經濟體系導致技術快速傳播的罕見案例：東德的健保系統率先使用一套瑞士用來處理骨折的技術，此一技術後來廣被使用。[52]

國族vs.公司

二十世紀最大的跨國機構不是社會主義者與共產主義者的第二國際、第三國際或第四國際，也不是國聯（League of Nations）或是聯合國這類的組織，而是在一個以上的國家運作的公司（所謂的「跨國公司」），其中包含某些全世界最大的公司。有些這類公司的營收還超過某些小型國家，而且它們的成立與跨國運作，還早於大多數現代民族國家的形成。福特、芝加哥肉品批發商以及奇異、西屋與西門子等主要的電器公司，以及維克斯（Vickers）這類大型軍火製造商和勝家縫紉機公司，甚至在第一次世界大戰之前就已經在世界各地運作了。

我們必須區分公司的技術能力和其母國的技術能力，那麼就必須檢視公司及其歷史，攝影產業就是最好的例子之一。十九世紀末攝影製程的知識集中於歐洲；然而到了一九一四年，伊士曼・柯達（Eastman Kodak）這家美國公司主宰了全世界大多數國家的攝影。柯達必須和不同種類的公司競爭。英國一些專門的攝影公司在一九二〇年代合併成為依爾福德有限公司（Ilford Limited），這是足夠強大的另類選擇。在德國等地方，化工巨人法本公司使用愛克發（Agfa）這個商標名稱的底片公司，是另一個關鍵競爭者。不同公司有不同的技術支援，並發展出不同的彩色攝影製程。法本公司是世界領先的染料公司，生產出來的底片叫做愛克發彩色膠捲（Agfacolor），內含了沖洗底片所需的絕大多數複雜反應劑，因此業餘愛好者與藥店都能夠沖洗它的底片。柯達在第一次世界大戰期間發展出染料和細微化學物質的專業知識，能夠生產出柯達克羅姆正片（Kodachrome）；這種底片依賴非常複雜的沖洗過程，因此只能在柯達的網絡以其設施沖洗。在一九三〇年代生產的柯達克羅姆正片和愛克發彩色底片使用的是「萃取」（subtractive）的製程。依爾福德推展的杜菲製程（Dufay process）則是「添加式」（additive）的，基本上是創造出三種不同的相片，每一種都占了影像的三分之一，這樣的製程不需要任何染料化學的專門知識。雖然英國在一九三〇年代已經擁有了這方面的專門知識，但依爾福德這家公司卻沒有。

電視的早期史又是另外一個有趣的例子，不像合成染料的關鍵聯繫是在德國，電視的主要關鍵是在俄國。電視有兩位關鍵技術領導者，分別是ＥＭＩ的伊薩克・荀白克（Isaac Schoenberg）以及美國無線電公司（ＲＣＡ）的維拉迪米爾・祖沃里金（Vladimir Zworykin）；這兩位都是俄國人，而且都在第一次世界大戰之前曾經在聖彼得堡的帝國工學院（Imperial Institute of Technology）師事俄國的先驅波黎斯・羅辛（Boris Rosing）。[53]祖沃里金在一九一九年來到美國；荀白克在一九一四年來到英國。然而，此活動的關鍵組織是祖沃里金的雇主美國無線電公司。有兩家關鍵的歐洲公司提供了現代電視設備，分別是英國的ＥＭＩ（荀白克的雇主）以及德國的德律風根（Telefunken），美國無線電公司對這兩家公司都有投資，也和它們有技術聯繫。英國所發展出來的馬可尼ＥＭＩ系統（Marconi-EMI system）直接衍生自美國無線電公司的相關成果。更讓人感到有趣的是，在第二次世界大戰之前，美國無線電公司把大量的技術移轉到蘇聯，而其中就包括電視技術，以至於美國無線電公司的技術用在蘇聯電視廣播的時間比在美國還早。[54]英國、德國、美國和蘇聯，在一九三〇年代末都以美國無線電公司的技術為基礎，以實驗的形式發展電視。值得注意的是除了美國以外，在這些國家，電視就像廣播一樣，受到國家的直接控制。

○國族、帝國、種族

在思考二十世紀科技史中全球與國族的關係時，很明顯地，物品、專門知識與專家隨時都在跨越政治的疆界。這些疆界的重要性會隨著時間而改變，而且會徹底的改變。疆界本身也會改變，國族並非永恆。此外，多民族的國家極為重要。蘇聯是個多民族國家，它的人口有一半不是俄羅斯人；在一九四三年之前它的國歌是「國際歌」。跨國的政治投入也很重要，義大利共產黨的工程師在一九二〇年代前往蘇聯。第二次世界大戰之後許多德國與義大利的技術人員在西班牙工作，也有許多西班牙專家在別的地方工作。西班牙的航空工程師在法國土魯斯（Toulouse）的飛機工業服務，他們不願意或是無法在國族主義與強調自力更生的西班牙工作。[55]就這點而言，蘇聯和中國在一九四九年與一九六〇年之間的關係是最重要的；而最怪異的是中國和蘇聯決裂之後，和阿爾巴尼亞在一九六〇年代與一九七〇年代的政治關係。阿爾巴尼亞依賴中國的科技，但共同使用的語言是俄文，因為中國科技的主要來源是蘇聯，而俄文又是蘇聯主要的語言。

二十世紀的大帝國也是重要的跨國族與跨族群的政治實體與科技實體。帝國不是來自過去的不合時宜產物，反而和特定的新科技有密切關聯，像是長程無線電、航空與熱帶醫學。這些帝國持續到一九五〇年代，帝國不只留下科技上的影響，也影響了後帝國時代的關係。我們很少在印度看到法國車，或是在突尼西亞看到英國車。

國族與帝國的疆界通常遠不如國家內部與帝國內部的種族界線來得重要。對許多歐洲知識分子而言，科學與技術的優越感是極為重要的。[56]許多關於發明能力的討論，都特別和種族與文化的分析有關，而超越了國族。美國白人認為黑人沒有發明能力，以至於對發明進行開創性研究的社會學者表示，在計算每個國家的發明能力時，「把美國和英國領地的有色人種列入考量是不智的，因為這些人和發明一點關係也沒有。」[57]一九二〇年代另一個分析者論稱，美國人的平均發明力低落，因為「黑人稀釋了我們美國人口的發明力。」[58]假使婦女在世界上不是如此平均分配的話，那麼同樣的論點也會用在她們身上。

美國軍方實施種族隔離，而黑人部隊通常地位都很低落。例如在兩次世界大戰之間美國軍方沒有黑人飛行員。不過從一九四一年起，黑人飛行員隔離接受訓練，然後加入隔離的飛行大隊；要到二次大戰之後美國的部隊才解除種族隔離。貝爾電話公司也採取隔離措施，在第二次世界大戰之前不僱用任何黑人接線生，戰後受到勞動市場所迫才開始僱用黑人。[59]在兩次世界大戰之間有很多黑人汽車技工和計程車司機，但許多白人認為黑人是差勁的駕駛，缺乏機械能力。[60]在二十世紀後期沒有任何地方比加州的矽谷更象徵了新科技，那裡的工作人員或許有百分之八十是少數民族；而大多數是美國的新移民（許多人講西班牙語），且大多數是女性，[61]許多技術人員來自於南亞和東亞。

當然有時候有人會頌讚他們的社群缺乏發明。著名的加勒比海馬丁尼克（Martinican）黑人詩人艾梅．賽澤爾（Aimé Césaire）頌讚：

這些從未發明火藥或指南車的人
那些從來沒有能夠馴服蒸汽或電力的人
那些既不探索海洋也不探索天空的人
那些從來不發明任何東西的人
那些從來不探索任何事物的人
那些從來不宰制任何東西的人[62]

但是包括那些依賴理論者在內，還是有許多人悲嘆「科技女神不講西班牙話」，意指西班牙語系的人在研究與發明的世界中並不突出。[63]西班牙散文作家，同時也是歷史悠久的薩拉滿加大學（University of Salamanca）的校長米蓋爾・德・悠奈姆諾（Miguel de Unamuno），在一九一一年之前說：「發明是別人的事」（*Que inventen ellos*）。在那些希望西班牙能夠發明昌盛的人眼中，這句話惡名昭彰。今天薩拉滿加大學的校長再也不會這麼說了。一位「西方知識分子」在一九六〇年代左右撰寫的文獻中宣稱，俄國人與「東斯拉夫民族」要比盎格魯薩克遜民族「缺乏發明和想像的能力」。然而，蘇聯集團在許多方面都很具有發明能力，而且「蘇維埃人」（Homo sovieticus）不是斯拉夫人。[64]

這些評論反映了菁英發明活動裡非常明顯的參與差異。諾貝爾醫學獎與科學獎只有十六名非白人的得主，而且沒有一位是非洲人的後裔；儘管在美國這個諾貝爾獎得主人數最多的國家中，非裔美國人占人口相當比例。[65]諾貝爾的科學或醫學獎的得主很少是操西班牙語的，但有許多來自不同國家的西班牙語作家和詩人贏得諾貝爾文學獎。拉丁美洲、非洲與部分亞洲地區很少產生專利，而北半球大多數地方，包括日本和韓國，則產生大量的專利。烏拉圭和巴西每百萬人平均取得兩項專利，而芬蘭則是每百萬人平均有一百八十七項專利。美國有個非裔美國發明家的名單，但能夠列出這樣的名單意味非裔美國發明人其實為數不多。

種族與文化的差別並不僅限於發明。科技的使用在大帝國中有著明顯的種族分配。在殖民地與次殖民地，帝國創造出富裕的歐洲人飛地（enclaves），擁有汽車、電話、電力、自來水、電影等等。在上海租界區、突尼斯、卡薩布蘭加、伊斯馬利亞（Ismailia，在蘇伊士運河邊）、新德里、新加坡及其他的地區，都有這樣的地方。在較小的規模上，貧窮世界點綴著來自富裕世界之白人工程師與工人的飛地。美國聯合水果公司於南美洲和中美洲擁有的香蕉莊園中，美國雇員住在特殊的住宅區；在一九二〇年代晚期與一九三〇年代初期，美國與其他國家的工程師在蘇聯有特殊的住宅和設施。

在帝國的領域，種族是重要的社會組織原則。任何白人帶來科技的地

圖17｜印度在一九四七年八月十五日從大英帝國獨立後委託發行的郵票，顯示印度和現代性的命運有約。但印度後來設計建造的是噴射戰鬥機，而非郵票上所繪的民用運輸機。

方，白人的技術人員就占主導地位。負責將船駛過蘇伊士運河的駕駛員是英國人與法國人，而不是埃及人。印度擁有巨大的鐵路網，大多數的資深工程師是英國白人。在兩次世界大戰之間的時期，出生於印度的白人在鐵路網中的位置愈形重要，而混血的「盎格魯印度人」(Anglo-Indians)或「歐亞人」(Eurasians)在較低階的工作也變得更形重要，後者的人數超過了十萬人。然而，在一九三〇年代雖然有著大量的盎格魯印度火車駕駛員，但英國出生的火車駕駛也還很多。在荷屬東印度（後來的印尼），包括鐵軌在內的鐵路設備都是從歐洲進口的，直到殖民時代結束，只有某些車廂和枕木（由柚木製造）是當地生產的。直到一九一七、一九一八年「沒有一位火車站站員、站長或技工不是歐洲人」。[66]汽車則對當地人較為開放。[67]在一九三五年，擁有汽車的當地人只比歐洲人稍微少一點，而比擁有汽車的「外國東方人」稍微多一點；然而，擁有駕駛執照的當地駕駛是擁有執照的歐洲人數量的兩倍，這些人應該都是擔任私家汽車駕駛或計程車司機。[68]

服務印度與其他地方的龐大英國商船船隊，有著特定的種族階序。英國船隊非常依賴由印度次大陸招募而來的水手，他們被稱為「拉斯卡」(lascars)。一九二八年有超過五萬兩千名拉斯卡在英國船隻服務，占所有人員的百分之二十六，占機房人員的百分之三十。僱用他們有特殊的規範，例如當航行在寒冷的海域時。[69]根據地理、宗教和族群而加以區分：信仰天主教的果阿人服務船艙，擔任侍者和僕人；旁遮普的穆斯林則主導了機房；甲板上的工作人員則包含了來自許多地方的穆斯林和印度教徒。[70]不消說，這些船隻的幹部都是英國白人水手。

英國軍隊中由印度人組成的部隊，他們所配給的設備，不如純白人部隊，也更為老舊；此外，這些印度人部隊的軍官主要是白人。[71]印度海軍與空軍（在一九三三年創建）在第二次世界大戰之前規模都很小。印度提供給印度人的非技術性高等教育，要比技術性教育來得更普遍；英國的技術教育要比印度的技術教育來得更具技術內容。[72]當日本人從英國人手中奪走馬來亞之後，他們強化了馬來人和印度人的技術教育以及當地的工業化。[73]

難怪帝國主義的結束對於國族科技的發展如此重要，而從帝國掙脫出來的國族，則強烈地感受到不只要培養國族科技人員，還得發展國族科技。

亞洲與科技國族主義

日本是當二十世紀白人主宰科技時的一大例外，其在二十世紀初期是個強大的帝國，殖民地包括台灣、韓國，也多年殖民中國的一大部分；在兩次世界大戰之間，它是個重要的科技強權。在兩次世界大戰之間被稱為東方的普魯士，複製了英國強大的海軍與棉紡織工業。即使在二次大戰敗北之後，日本仍控制自己的經濟；日本公司不只進口科技，同時也開始生產自己的科技。到了一九七〇年代，日本研發的表現躍居世界第二。在此同時它的汽車產業和消費電子產業對北美和歐洲的公司構成嚴重威脅。就這點而言日本遠比蘇聯成功，後者是另一個在科技進口與研發耗費巨資的強權。

中國則是個和日本相當不同的案例，事實上和韓國或台灣也不一樣。雖然國族主義一直是中國共產黨政治非常重要的一部分，自從一九七〇年代晚期對世界開放以來，這並未導致在地科技基礎建設的強大發展。中國大部分的出口產品，特別是電子產業，主要是由外國資金成立且為外國人所擁有的企業，而非國營企業或地方私營企業。中國出口的產品有許多是低科技的：紡織品、玩具以及各種便宜的商品。如果沃爾瑪是個國家的話，它會是中國排名第八的貿易夥伴。然而中國的外資企業有個獨特之處：大部分是東方企業，那些來自日本以及所謂的華僑，而非西方企業。在馬來西亞、印尼與菲律賓，那些占少數的華裔，在這些後帝國國家的工業化與技術發展中扮演重要角色。政治結構以及族群和語言的連帶以複雜方式互動。

然而在全球化的新中國，國族主義和國家控制仍舊生龍活虎。例如，一般認為網際網路會推動國際化，在中國則受到全面的控制。搜索引擎沒辦法辨識出「民主」這類政府不喜歡的字眼。有些網址在中國是無法連結的。中國也追求某些非常老派的科技國族主義事業。在距離尤里．加加林（Yuri Gagarin）成為第一名太空人的四十多年後，中國在二〇〇三年將載人的神舟五號太空艙送入太空軌道。

CHAPTER

6

戰爭
WAR

第一次世界大戰由於毒氣戰的創新，因此是化學家的戰爭；第二次世界大戰由於雷達和核子武器，因而是物理學家的戰爭。而今伴隨著資訊處理的創新，我們正經歷一場軍事革命。關於科技與戰爭的關係，許多說法告訴我們這個簡單地以創新為基礎的故事。然而，只要隨便看一眼使用中的軍事科技，就會很清楚這個圖像有多麼地誤導。即便在二十世紀末，戰爭仍如同數十年前一樣，靠的主要是步槍、火炮、坦克和飛機。令人驚訝的是，這些戰爭科技的能見度非常低；如果我們前往世界各地重要的國家科學博物館或產業博物館，是看不到戰爭科技的。我們雖然可以發現飛機、雷達和原子彈，不過它們卻被認為是民間科學與技術在軍事上的運用。

這裡有一個潛在但強而有力的區分，一方

是軍事領域，另一方則被認為是屬於民間的科學與科技。此一劃分讓人以為，二十世紀重大的武器創新基本上是民間科技在戰爭的運用，透過戰爭的平民化與整體化，改變了二十世紀的戰爭。[1] 換句話說，關鍵主題是十九世紀晚期以來戰爭的工業化和平民化。[2] 戰爭讓整個社會投入武器的大量生產，工業化的戰爭使得工廠內的平民就像戰場上的士兵一樣，既是戰鬥人員也是攻擊目標。

我們經常將軍隊，亦即戰爭本身，視為過去遺留下來的產物。戰爭不是現代、民主、工業與自由貿易的國家之作為。士兵，特別是軍官，乃是古老農業時代與好戰社會的遺跡，就像騎士精神一樣，將隨著現代性的邁進而消失。現代戰爭是新舊之間的悲劇性衝突。

傳統的故事

關於戰爭與科技在二十世紀的關係，傳統的故事很不可思議地呼應了科技全球主義關於科技在全球史中位置的說法。這是個以創新為中心的故事，而且會談到某些非常熟悉的科技。故事大致如下：十九世紀晚期新的私營軍火公司將鋼鐵冶煉與新化學等民間科技應用於武器製造，生產出新的槍砲、船艦、火藥與燃料。這帶來了新型態的戰爭，不只需要動員大量士兵，而且還需要民間工業的整體動員。[3]二十世紀新科技接下來的發展，更進一步革命性地改變了戰爭，並且使之平民化。飛機是關鍵的科技之一，它不只是民間工業的產品，同時也使得平民成為攻擊的目標。接著出現的原子彈是民間（或許甚至是愛好和平的）學院科學的產物。軍事專家近來宣稱，現在正出現所謂由資訊科技所推動的「軍事革命」，而此一說法很有影響力。

平民的、科技的戰爭方式大不同於從前，而且更為優越。[4]倫敦科學博物館的航空專家宣稱，在一九四〇年代，「飛機不只使得全面戰爭成為可能」，而且還「逆轉了所有的作戰概念」，特別是造成許多平民的傷亡。[5]H・G・威爾斯在一九四六年寫到第一次世界大戰時說：「先是齊柏林飛船接著是轟炸機，使得戰爭穿越了前線，而將越來越多的平民區域納入其中。文明的戰爭方式堅持區分軍人和平民，現在這個區分消失掉了。」[6]原子彈這個平民學院科學的榮耀，甚至更進一步帶來了由平民身分的奇愛博士[1]所主導的新型戰爭。

傳統故事認為，軍方以外的平民因素推動了軍事與戰爭的改變。如果要把軍方

1〔譯註〕《奇愛博士》（*Dr. Strangelove, or: How I Learned to Stop Worrying and Love the Bomb*）是美國導演史丹利・庫柏利克（Stanley Kubrick）於一九六四年發行的喜劇諷刺片作品。片中的奇愛博士原本是德國納粹科學家，後來擔任美國總統的核武顧問。

劃歸某種意識形態的話，那就會稱他們為「軍國主義者」（militarists）；這個名詞意味著落伍，甚至連作戰方式都落伍。如艾尼斯特．葛爾納（Ernest Gellner）所說，「市民社會」（civil societies）已經戰勝了「軍國浪漫」的國族。[7]在歷史上，弱雞、娘娘腔和書呆子已經勝過了使用暴力的專家和暴力的歌頌者。如此將軍方和平民對立起來，是根深蒂固的。正如喬治．歐威爾精彩地指出，威爾斯作品中關鍵的對立是：「一方是科學、秩序、進步、國際主義、飛機、鋼鐵、水泥、衛生；另一方則是戰爭、國族主義、宗教、王室、農夫、古希臘文教授、詩人、馬匹。」[8]軍方的浪漫主義一次又一次

圖18｜全面、全球、平民的戰爭。日本於一九三七年八月二十八日轟炸上海南站之後，一個嚇壞的嬰兒在車站哭叫。

地拿來對比啟蒙的科學、技術與工業；儘管軍國主義和現代性實際上在二十世紀多次攜手並進，但兩者仍被認為是互不相容的。[9]就像軍事情報（military intelligence）、軍事科學（military science）以及更令人驚訝的是連軍事科技（military technology），都幾近於矛盾修辭，或許只有戰爭的技藝（the art of war）這層意義例外。[2]此種說法主張，如果文化能夠趕得上科學與技術的話，戰爭就不會發生了。「文化落差」是戰爭的原因。

一般大多認為軍方特別容易出現「文化落差」。這點並不令人驚訝，因為軍方本身就是過去殘遺下來的東西。在科學與技術的故事中，軍方總是抗拒新科技，有時他們有好的理由，但大多數時候沒有。根據巴塞爾．李德．哈特（Basil Liddell Hart）這位軍事專家在一九三二年的說法，「武器的進步速度已經快過了心靈的進步——特別是那些掌握武器者的心靈。每場現代戰爭都揭露出心靈適應緩慢所帶來的落差」。[10]另一位軍人於一九四六年出版的一本開創性著作《武器和歷史》（*Armament and History*）中警告：「民間的進步是如此的快速，因此可說沒有任何軍隊在承平時期能夠趕得上時代」。[11]劉易斯．芒福德生動形容：「值得人類慶幸的是，軍隊通常是三流心靈的避難

2 矛盾修辭法（oxymornon）指的是並置兩個相互矛盾的詞彙，來達到修辭效果；例如非法正義、黑暗之光等。這裡指的是傳統說法認為，戰爭本身就是陳舊落伍的事物，和進步的科學、技術、智能（intelligence，中文通用的譯詞「情報」不易傳達出這種對比），是相互矛盾的。

所……因此現代科技出現了這樣的弔詭：戰爭刺激了創新，但軍隊卻抗拒創新！」[12]歷史說法強化了這些故事。據說在第一次世界大戰之前，海軍將領認為潛水艇不符合紳士風度，而將軍們則非理性地支持使用軍刀和馬匹來對抗機關槍；甚至在戰爭期間，將軍都還無法了解新型態戰爭的邏輯，而持續用舊的方式作戰，導致數以百萬計的生命毫無必要的犧牲。對兩次大戰之間的軍隊的歷史描寫，經常出現輕視飛機威力的海軍將士——儘管比利．米契爾（Billy Mitchell）在一九二〇年代已經強而有力地展示了炸彈對戰艦的巨大破壞力；而陸軍軍官則是拒絕接受機械運輸與坦克戰爭的邏輯。這類抱怨在第二次世界大戰之後變得比較小聲。然而，還是有人批評軍方不願意用直升機與精準武器來取代坦克；飛行員也還不願意放棄戰鬥機或轟炸機，即使這已經是飛彈可取而代之的時代；海軍則仍舊固執地堅持使用水面船艦。

抗拒新科技的軍方需要具有創造力的私人平民部門帶來新的科技。那些對軍事科技抱著這種想法的人認為，軍方保守派碰到進步的民間科技會帶來不幸結果。承平時期的軍事科技有著醜怪扭曲的性質。軍方敗壞了民間科技。飛機的軍事起源及其意義，從過去到現在都一直受到系統性的忽視；一九三〇年代許多關於航空的文章，都視軍用飛機為飛機的扭曲與敗壞。這種說法認為，如果飛機能夠自由的發展，不受軍事需求、國族主義政府和有錢人所干擾，飛機會按照比較合宜而正常的路線來發展，甚至會帶來世界的和平。這種想法並未消失。有個理論認為，二十世紀保守的軍方一直想要現有戰艦、坦克、飛機等武器的更強大版本，而不願意改用新武器，結果形成所謂「巴洛克式的軍火庫」[3]，既有的軍事戰爭科技過度精緻化，而導致其效益逐漸降低，甚至帶來負面效益。根據此一模型，只有戰時的危機狀況才會使得軍事保守主義遭到推翻，並且採用來自民間的全新科技與全新作戰方式。然而到了接下來的承平時期，這些新的形式本身又會變回巴洛克式的。[13]

○舊武器與戰爭中的殺戮

上述說法有多可靠呢？之前我們以第二次世界大戰時馬匹在德軍中的重要性，以及戰略轟炸、原子彈和V2火箭計畫的成本效益分析為例，挑戰了這些故事的某些要素。我們指出戰艦和某些轟炸機漫長的服役壽命，同時也批評了民間科技全球主義者關於航空的說法；然而，該說的事情還有很多。

要探討科技與戰爭，一個粗糙但必要的方法是提出這個問題：何種科技在二十

3〔譯註〕Baroque arsenal，此處以繁複、細緻、誇張的巴洛克藝術風格來比擬複雜的武器系統。

世紀的戰爭中殺人最多？當然，在大多數戰爭中殺戮並不是關鍵目標，勝利才是；但是在二十世紀的許多關鍵戰爭，儘管主張使用新科技的人認為新科技的力量可以使戰爭短暫、具有決定性而且人道；然而事與願違，殺戮是贏得勝利的手段。殺戮平民同樣也成為贏得勝利的手段。

儘管焦點都放在新的武器，但卻是那些舊的武器成為最大的殺手。一九一四年到一九一九年的第一次世界大戰，西歐對西線戰場的印象就是新的機關槍和毒氣是死神最主要的僕人。但專家知道事實並非如此。歐洲死於第一次世界大戰的一千萬人當中，大多數是士兵，在戰鬥中有五百萬人死於砲擊，三百萬人死於小型武器。西線戰場出現了火炮操作的重要發展，戰爭的通俗圖像卻很少呈現這點。第一次世界大戰的最後幾年出現了一場革命，尤其是在一九一七年到一九一八年的西線戰場；根據最新的說法，它帶來了「現代戰爭風格」。這包括中央指揮協調，根據情報（尤其是飛行觀察員和空中照相所取得的情報）所取得的地圖，間接（根據地圖）用數量龐大的重型火炮朝目標發射。這不是特定科技創新的結果，而是發展出一套運用擁有更多彈藥之重型火炮的新系統，進行有系統的測試、發展長程射擊的更大精確度，並且常規化地使用情報和通訊。這是許多科技的組合以及新的組織模式。[14]二十世紀晚期「軍事革命」的要素，事實上比一般說法早半個多世紀就已經發生。

儘管在兩場世界大戰之間有許多關於新形態戰爭的說法，但第二次世界大戰事實上要比第一次世界大戰更為倚重火炮。在第二次世界大戰，光是蘇聯就損失了一千萬名士兵；其中有一半是被大型火炮所殺，兩百萬名是由小型武器殺害，其餘三百萬人在德國戰俘營死於飢餓和疾病。從二十世紀開始到一九五〇年代中期的所有戰爭，總計約有一千八百萬人是被火炮所殺，其中五百萬人死於第一次世界大戰，一千萬人死於第二次世界大戰，還有三百萬人死於其他的戰爭。[15]這使得火炮成為士兵最大的殺手。

在戰爭中，小型武器是僅次於火炮的死亡來源，到了二十世紀中，它可怕地奪走了一千四百萬條生命。特別是二十世紀軍隊中無所不在的步槍。它是個好例子，說明了相對簡單而廣泛使用之武器的重要性，它也是種維持很長一段時間不變的武器，即使最強大的軍隊所使用的步槍也是如此。英國基本上從二十世紀初到一九五〇年代晚期，都使用同樣的李恩菲爾德步槍（Lee-Enfield Rifle）。這型步槍在全世界總共生產了五百萬支，使用者包括在一九四五年擁有兩百五十萬名士兵的龐大印度陸軍。在英國的前殖民地印度，英國製的李恩菲爾德三〇三型步槍仍舊到處可見。美國陸軍從一九三六年到一九五七年間使用M－1步槍。M－1大型步槍大約共生產了四百萬支，以及接近三百萬支M－1卡賓槍。此一步槍的改款M－14，在一九六〇年代仍在使用。取而代之的M－16是新型的步槍，重量較輕也使用更小的子彈（五．五六釐米），而不是使用李恩菲爾德步槍的七．七釐米子彈，也不是M－1的七．六釐米子彈，或北約標準的七．六二釐米子彈。M－16步槍及其改款（包括M－4卡賓槍）同樣大量生產，產量超過七百萬支，它目前仍在使用。

比起蘇聯的卡拉希尼科夫攻擊步槍（〔Kalashnikov assault rifles〕通常有點誤導地稱為AK－47步槍），這些數據是小巫見大巫。卡拉希尼科夫步槍是在一九四七年引進的（因此被稱為AK－47），它使用七．六二釐米子彈。一九四七年的款式，在一九五〇年代被輕得多的AKM（三．二公斤）取代。一九七四年蘇聯部隊開始採用AK－74，這是個稍微改款的步槍，使用五．四五釐米的子彈。不同世代的卡拉希尼科夫步槍在世界各地使用，不只蘇聯集團使用它，中國也用；它是解放運動的關鍵武器，前葡萄牙殖民地莫三比克把卡拉希尼科夫步槍放在它的國旗上。但是美國及其他右派政權也提供卡拉希尼科夫步槍給他們所支持的游擊隊，例如阿富汗的聖戰士。卡拉希尼科夫步槍的生產史相當驚人，據估計從一九四七年以來，總共生產了約七千萬支到一億支，而全球從一九四五年到一九九五年所生產的自動步槍總量也不過是九千萬支到一億兩千兩百萬支之間。卡拉希尼科夫步槍著名的耐用跟便宜，常和西方「精品而麻煩」的武器拿來做對比。

二次世界大戰後的攻擊步槍，能連續發射強而有力的子彈，而不只是單發，因而使小型部隊的火力大為增加，讓戰爭地區的平民付出巨大的代價。有了這種武器，很容易就能屠殺整個村落的居民，就像美國部隊在越南一而再、再而三所做的那般。原本人們之間的衝突造成的死亡人數較少，但現在則可能殺掉更多人。自動攻擊步槍散播到非洲特別令人關切，這不令人意外。論者一再指出，新的輕型武器使得這個趨勢得以可能；因為年輕的男孩原本無法發射沉重的舊式步槍。然而，緬甸陸軍有世界為數最多的兒童軍人，他們被訓練使用沉重的舊型德國G3步槍，這種步槍高達四呎，要比某些受徵召的年輕軍人更高。[16]參加私立學校軍事幹部部隊的英國學童，長期以來使用沉重的李恩菲爾德三〇三型步槍來訓練與射擊。真正帶來改變的是步槍的便宜和火力。

步槍是使得戰爭平民化的武器，這點遠勝過飛機或毒氣室。吉爾・艾略特（Gil Elliot）在他那本精彩的《二十世紀死者之書》（*The Twentieth Century Book of the Dead*）中指出，在一九七〇年前後大約有六百萬名平民遭到屠殺，四百萬人遭到正式處決。我上面的論點也引用了他這本書中的一些數字。相較於小型武器，另一個主要殺手是外力帶來的飢餓和疾病，這點小型武器也發揮了重大作用，因為它是用來控制人群的關鍵武器。東歐猶太人的大屠殺不只是毒氣所帶來的，也是小型武器、飢餓與疾病所造成。有刺鐵絲網就像簡單而致命的材料，發揮了囚禁人們的關鍵作用。[18]德國軍隊在東歐使用最原始的武器和技術，殺害將近三千萬人。飛機或許在所有的戰場殺了約一百萬人。近年來在非洲以小型武器進行的戰爭，也帶來巨大的代價。第二次剛果戰爭（the second Congo War, 1998-）奪走了約四百萬條人命，其中大多是死於疾病和飢餓的平民。有人認為這使它成為一九四五年以來最致命的戰爭，不過這些人低估了在越南的殺戮。

殺傷力的弔詭

衡量軍事科技的威力當然是極為困難。就戰艦和核子武器的例子來說，某種程度上只能衡量爆炸威力，而不是實際或潛在的軍事效用。我們可以透過考量地面武器的例子來思考這個問題。二十世紀的武器能夠將更多的子彈射得更遠，可以發射更多更重的砲彈。二十世紀戰爭的傷亡人數超過從前的戰爭，這似乎和武器威力的增加是一致的。然而，儘管這些武器的威力增加了，特定交戰時間的傷亡率卻相當戲劇性的下降。十九世紀敗方軍隊的每日傷亡率（死亡、受傷與失蹤），亦即每天失去作戰能力的人員數目，大約是百分之二十，而勝方軍隊則大約是百分之十五。這個數字包括美國南北戰爭在內，但那時已出現相當程度地降低：在一六〇〇年左右，敗軍傷亡率是百分之三十，勝軍百分之二十。然而，二十世紀的每日傷亡率急速下降，第一次世界大戰期間，敗軍傷亡率是百分之十，勝軍是百分之五，在第二次世界大戰時也是如此；以阿戰爭時的數字則是敗軍傷亡率百分之五，勝軍傷亡率百分之二。造成這個驚人弔詭的原因，並不是因為戰鬥時火力強度的減少，而是部隊如何回應更強大的火力。他們的疏散方式減少了傷害。在第二次世界大戰當中，如果以拿破崙時代的軍隊密度前進的話，那麼砲兵部隊可以輕易地消滅一整個軍團；然而，二十世紀步兵軍團的疏散方式，使得他們成為難以擊中的目標。[19]還有比這個更好的例子來了解使用的脈絡嗎？

儘管用每日殺傷率來計算的話，武器的效力是降低的，可是戰爭的整體傷亡數字卻增加了，這是因為戰爭的時間拉長了。從古代到十九世紀，戰爭的實際交戰時間通常只有幾個小時；可是在二十世紀則拉長到好幾天、好幾週、好幾個月甚至好幾年。儘管部隊作戰時每日所需的物資數量增加，但軍需品卻能夠持續供應相當久的時間。

圖19｜轟炸機是致命的工具，但是強化水泥卻有助於防禦與撐過轟炸。這張在二次大戰後所拍的照片顯示，希特勒在柏林藏身的防空掩蔽所（左）及其通風口（右）。希特勒在轟炸中生存下來，而在紅軍即將抵達前自殺。紅軍不是靠轟炸機來摧毀納粹政權，而必須透過巷戰來打下柏林。

○威力和效果——沒有使用和無法使用的武器

飛機不是唯一具有巨大摧毀力，卻沒有達到原先預期毀滅性與決定性效果的戰爭科技。龐大的無畏級戰艦是二十世紀初期最強力的武器之一。二次大戰期間，一架轟炸機一趟飛行所能投射的爆炸物重量，使用這型戰艦則能夠從極遠的距離投射多次。兩次大戰之間的戰艦，可以將重達一噸的砲彈射到三十公里之外；砲彈發射後要一分多鐘後才會擊中目標。[20]透過電腦計算，它們可以擊中數英里外的移動目標。

這些驚人的機器是海軍力量的象徵，可是它們很少發揮預期的作用。英國和德國的艦隊在第一次世界大戰很少交戰，唯一的例外，是在北海的日德蘭半島交戰了一天。奧匈帝國的無畏級戰艦很少離開它們在亞得里亞海的港灣。在這場血腥的戰爭中，戰艦和巡洋艦的損失相當低，其根本原因是缺少戰鬥。在日德蘭半島，英國損失了三艘無畏級戰艦，德國損失了兩艘；整場第一次世界大戰只有六艘無畏級戰艦與巡洋艦在戰鬥中沉沒（加上二十艘更早期的戰艦）。大型戰艦的艦隊，在第二次世界大戰要比第一次世界大戰從事更多的戰鬥行動；就許多例子而言，第二次世界大戰的戰艦跟第一次世界大戰的戰艦基本上是一樣的，但第二次世界大戰損失的戰艦更多。日本損失十一艘、英國五艘、德國三艘、美國兩艘、義大利一艘（德國擊沉的），蘇聯也是一艘。戰艦的主要殺手是飛機和潛艇，一九四〇年英國海軍的空中武力，大大降低了義大利戰艦的威脅；日本空軍在珍珠港擊沉兩艘戰艦（並且擊傷了更多艘），不久後又擊沉兩艘英國戰艦；在此之後，日本戰艦遭受到來自空中的無情攻擊。只有一艘英國戰艦、兩艘德國戰艦和四艘日本戰艦遭到敵艦擊沉，但其總數還是高於第一次世界大戰。

戰艦在第一次世界大戰和第二次世界大戰的歷史，點出了武器雖未實際使用，但威脅將要使用的重要（第二次世界大戰實際使用的情況比較多）。停留在斯卡帕灣（Scapa Flow）的英國戰艦什麼也沒做，就對德國實施了懲罰封鎖，導致數十萬條平民生命的喪失。在第二次世界大戰，德國戰艦鐵必制號（Tirpitz）光是停在挪威的峽灣就帶來驚人的效果，它從那裡威脅開往蘇聯的商船船隊。未曾使用的科技在戰爭中的重要，這樣的例子充斥著二十世紀軍事史。第二次世界大戰所有交戰國對生化武器的研發及防禦，都投入巨大心力，這些武器大多數和第一次世界大戰的類型相同，可是一直都沒有動用。[21]芥子氣是其中一種重要的毒氣，要到一九八〇年代的兩伊戰爭，才再度動用它，除了芥子氣，第二次世界大戰時研發的神經毒氣也在兩伊戰爭時才使用到。在第二次世界大戰之後，尤其是一九五〇年代之後，許多國家擁有比過去承平時期更為龐大的軍力，北約和華沙公約國家彼此對峙，在歐洲尤其如此，而他們的軍事裝備有許多從未在戰場上使用。其中最顯著的例子是核子武器，原本稀少的數量從一九五〇年代早期開始就不斷增加。這些武器不只沒有使用，而且很快就變得無法使用。一九五〇年代引進的氫彈，威力是如此強大，以致只要任何一方動用一小部分氫彈，就足以毀滅整個人類文明。因此這不是使用的邏輯，而是嚇阻的邏輯。

戰爭的科技決定論與經濟決定論

從總體戰是平民戰爭與工業戰爭的觀點，衍生出的一個重要論點是，分析到最後，民間經濟較強的國家終究會打敗民間經濟較弱的國家。這個論點得到相當多的支持，至少二十世紀的兩次世界大戰是如此。在這兩場戰爭中，德國及其盟邦所能取得的資源，明顯少於最終獲得勝利的對手。然而，事實上國家的軍事能力與國家的民間經濟和技術力量，彼此之間的連結並不那麼直接。面對經濟上與技術上較強大的對手，仍舊有可能取得快速的勝利。德國在一九四〇年就做到了這點：德國並沒有強過丹麥、挪威、荷蘭、比利時、法國與英國的總和，但在歐陸打敗了這些國家。[22]德國最後輸掉這場戰爭，但主要是輸給蘇聯這個一開始在經濟上和科技上都比它弱的國家。蘇聯雖然極為貧窮，而且許多科技領域都很落伍，卻能夠生產大量的武器。蘇聯窮到非常缺乏紙張，其一位航太工程師說：「就這點而言，戰爭那幾年是豐饒的年代，因為英國人和美國人寄給我們的機器，附帶了數以噸計的說明書，卻只有一面列印，因此我們可在紙的反面設計我們的卡秋式火箭炮（Katishas）和飛機」。[23]

甚至即使雙方在其他方面都勢均力敵，擁有較佳軍事設備的那一方，也不見得能夠在戰役或整場戰爭中獲勝。法國在一九四〇年五月的下場，就是一個例子；英國強大的海軍以及轟炸機幫不了法國人多少忙，但如果英國能有更多的地面部隊，且配備更多的步槍與火炮的話，結果可能完全不一樣。即使如此，就法國戰場上的軍事裝備而言，情勢不見得有利於德國：德國是透過奇襲、速度與大膽而獲勝。日本征服馬來亞是另一個例子。這個以新加坡為中心、重要且發展良好的英國殖民地，在一九四一年晚期由數量龐大、裝備良好的英國部隊與殖民地部隊所鎮守；然而，人數較少且科技較差的日本部隊，卻從北方的海上登陸。日軍無法運來馬匹，因此他們帶了幾台卡車，並且規劃向當地人徵用腳踏車。透過利用當地的技術，他們讓每個兵團都配備六千輛腳踏車（加上五百輛卡車），沿著馬來亞興建完善的道路，進行一場非凡的「腳踏車閃電戰」，迫使這個國家很快就投降了。[24]大膽的軍事指揮加上徵用腳踏車，讓日本人贏得一場驚人的勝利。儘管日本和德國在早期獲得精彩的成功，但最後他們的部隊在戰場上卻是被壓倒性的強大對手擊敗，他們的城市與平民則受到無情的攻擊。將這兩個國家徹底擊敗的對手，確實著重戰爭中的經濟因素與科技因素。[25]

在第二次世界大戰之後，科技作戰是各強權建軍努力的核心。從核子武器到新的反人員武器、從新的通訊科技到軍事心理學與作業研究（operational research），軍方將大量預算投注於研究、發展與取得新的武器和作戰方法。令人吃驚的是，從一九五〇年代開始，對付貧窮國家的空戰與地面戰爭，其科技與工業強度遠高於對付較富裕對手的第二次世界大戰。美國平均每名兵員在空中、陸地與海上所使用的軍火噸位數，韓戰是第二次世界大戰的八倍、越戰是第二次世界大戰的二十六倍。[26]因此，雙方死傷差距極為巨大並不令人意外。以美國為主的部隊在韓戰使用的彈藥數量，是美國在第二次世界大戰總用量的百分之四十三，其用量可能是北韓與中國的十倍到二十倍。盟軍死亡人數九萬四千人；另一方的軍事傷亡人數則達三倍之多，南北韓平民傷亡的總數達到兩百萬人。[27]從一九六〇年代到一九七〇年代早期，美國在印度支那以間接的火炮和空中轟炸來攻擊一群看不見的敵人，所使用的彈藥數量是第二次世界大戰的兩倍。美軍的死亡人數略低於六萬人，南越部隊的損失要高得多了，約略二十七萬人；北越部隊和越共則有一百一十萬人陣亡，越南平民的死亡人數可說慘無人道：光是南越就死了二十萬到四十萬名平民，北越估計南、北越共有四百萬名平民死亡。[28]

殺戮力量的懸殊並沒有決定勝負，北韓與中國在蘇聯的幫助下，在韓戰與美國打成平手，更驚人且重要的是，越共所徵召的越南農民和北越正規軍，打敗了超級強權。胡志明小徑的腳踏車擊敗了B－52轟炸機。這麼弱的國家能夠對抗美國及其現代武器，在世界各地帶來了深遠的政治效應。政治意志似乎可以擊敗軍事力量和經濟力量。對某些軍人而言，這顯示必須回到過去的軍事思維，而非依靠他們眼中那種工程師量化戰爭的方式。這樣的立場反映在〈現代啟示錄〉（*Apocalypse Now*）這部電影中。[29]

美國的逆轉敗對左派的科技思維有重大的影響。社會主義與共產主義運動過去深深堅信某種經濟決定論或科技決定論，這是二十世紀前三分之二時期馬克思主義的標準官方詮釋。科技力量帶來軍事力量。因此對史達林而言，經濟發展與科技發展有其軍事上的必要性。然而即便是這個傳統，也出現了道德意志和政治意志能夠打敗科技優勢武力的看法，尤其是把重點放在農民身上的中國毛派認為，反動派與核子武器同樣都是「紙老虎」。西方馬克思主義者在一九六〇年代也堅決拋棄「經濟主義」，乃至科技決定論，而強調政治行動、文化與意識形態。農民和學生將會形成新的革命先鋒，而非富裕國家的產業工人階級。

世界上許多地方都發生了游擊反叛，勝利的可能在非洲和南美洲激發一整波軍事活動。一個驚人的例子是印度名為納薩爾派（Naxalites）的毛派游擊隊，目前仍持續對政府進行反叛；他們從一九六〇年代起在印度東部的部落地區取得驚人成功，他們有時靠的只是弓箭以及「鄉下造的槍枝」，包括燧發槍（flint-lock）。[30] 然而到了一九七〇年代晚期，強權以及非社會主義運動也同樣使用游擊隊來對付較為強大的軍力。美國也了解到游擊隊的力量。美國資助游擊隊攻擊尼加拉瓜的合法政府，更重要的是一九八〇年代在阿富汗支持反抗蘇聯的伊斯蘭主義農民戰爭。弱者發展出新的軍事技巧，其中最引人注目的是自殺炸彈，斯里蘭卡的塔米爾虎軍、以色列占領區的巴勒斯坦人都使用這種戰法；美國在二〇〇三年主導入侵伊拉克之後，伊拉克反抗軍更大規模地使用自殺炸彈。

伊拉克與過去

伊拉克過去二十年的戰爭史，為戰爭中新舊之間的複雜互動，以及天真的未來主義之危險，提供了許多實例。舊式戰爭在此開打，將軍事革命付諸實施的未來戰爭據說也於此展開。

故事開始於一九七九年。一位殘暴、現代化且受到美國鍾愛的君主，遭到宗教領袖領導的保守力量推翻，而牴觸所有的現代性模型。一九八〇年伊拉克攻擊剛建立的伊朗伊斯蘭共和國，在接下來八年的衝突中，雙方總計喪失約一百萬條生命。這是一場大規模攻擊的戰爭，動用了火炮以及充當火炮使用的坦克車。戰爭中用了一些更惡毒的舊式武器。伊拉克大規模使用芥子毒氣，其規模之大是第一次世界大戰以來僅見（之前義大利人曾在阿比西尼亞使用芥子毒氣，日本人也曾在中國使用過）。這場戰爭首度在戰場上使用太奔毒氣（Tabun），這種一九三〇年發明的神經毒氣，在一九八四年到一九八八年間用來殺害伊朗人。

這場戰爭也是第二次世界大戰以來，第一次大規模使用彈道飛彈。該型飛彈是第二次世界大戰V2的衍生產物。一九五五年蘇聯開始佈署一種以V2為基礎的飛彈，後來被稱為飛毛腿A型飛彈（Scud A）。一九六二年其衍生的飛毛腿B型開始服役，

圖20 ｜這是維克斯兵工廠（Vickers）在第一次世界大戰前所製造的十五吋艦砲。此時這座艦砲還不知道，它真正的戰爭會是下一場，而不是當前這一場。維克斯兵工廠為英國戰艦生產了超過一百八十一座這樣的艦砲。二次大戰時，這些艦砲大多仍在服役，而且動用它們的次數比第一次世界大戰還多。

它成了飛彈界的AK—47。蘇聯在一九七〇年代提供此型飛彈給伊拉克，伊朗則從敘利亞、利比亞與北韓取得。雙方都用這種武器轟炸對方的城市。伊拉克必須對飛毛腿B型飛彈進行相當程度的改裝，才能擊中德黑蘭，並在一九八八年以此轟炸了德黑蘭數週。這段期間的衝突被稱為「城市戰爭」(war of the cities)。總共發射了數百枚飛毛腿B型飛彈。一九八九年蘇聯從阿富汗撤退的前夕，也提供阿富汗政府許多飛毛腿飛彈，用來攻擊伊斯蘭聖戰士的據點。

一九九一年，美國在越戰後首度策動重大戰爭，發動一場巨大的攻擊，將伊拉克逐出科威特。一月中旬展開一場驚人的空中攻擊，使用了約六千噸的「精靈炸彈」(smart bombs)，以及大約八萬噸的「笨蛋炸彈」(dumb bombs)。結果摧毀了伊拉克的基礎建設，包括電力供應、燃料供應以及通訊。儘管戰爭中美國強調使用「精靈炸彈」斬首敵方的指揮控制中心，但事實上這是一場二次大戰式的經濟戰爭，只不過其強度和精確度特別高。美軍百分之三十一的炸彈是由古老的B—52轟炸機所投擲，我們之前提到的二次大戰美國戰艦威斯康辛號，也出現在戰場，並且用十六吋火炮對地面發動攻擊。就像過去一般，戰略轟炸的效果得到大肆宣傳，但這種說法仍遭到強烈挑戰。

儘管轟炸帶來壓倒性的破壞，但這對伊拉克軍隊作戰能力的影響，卻不如所說那般重大。伊拉克軍隊是在地面上遭到美國優勢地面部隊所掃蕩，美國無需使用戰略轟炸也可輕易贏得這場戰爭。這場地面戰爭驚人的實力懸殊，可見諸美國極小的傷亡和伊拉克程度不詳的損失。正如某些美國分析家所說，這是在力強者勝的環境中，由第一世界的軍隊對抗第三世界的武力。[31]但我們必須記住，雙方地面部隊都使用第二次世界大戰以來就很熟悉的武器：許多的坦克、野戰炮、火箭炮以及大批攜帶步槍的步兵。

除了使用精靈炸彈之外，第一次波斯灣戰爭（一九九一）最引起大眾注意的新科技，是美國佈署的愛國者反飛彈系統。反飛彈系統是星戰計畫的關鍵部分，本身就充滿爭議性。在戰爭期間與戰爭之後，美國官員宣稱愛國者飛彈獲得驚人的成功，它摧毀了百分之九十六對準沙烏地阿拉伯和以色列發射的飛毛腿飛彈。在遭到批評後，官方說法將此一數字下修到百分之六十一，並且宣稱發射過來的四十四枚飛毛腿飛彈中，有二十七枚遭到摧毀。根據美國軍方的統計方法，百分之六十一的成功率，和「愛國者飛彈連一枚飛毛腿飛彈都沒有摧毀」的已知結論，其實是沒有矛盾的。[32]根據美國軍方的計算標準，只要達成以下兩個條件之一，愛國者飛彈就算攔截成功：一、愛國者飛彈能夠擊中電腦瞄準系統要它射中的地方（這點大多數時候都辦到了）；二、飛毛腿飛彈在地面上沒有造成重大傷害或傷亡。因此，如果飛毛腿飛彈沒有射中目標，像是掉進海裡、掉進沙漠或者彈頭是未爆彈，那就算是受到愛國者飛彈的攔截。美國軍方預設飛毛腿飛彈是種百分之百有效的武器，但事實上它是種很差勁的武器。

二〇〇三年的第二次波斯灣戰爭中再次使用了戰略轟炸，這次美國陸軍又馬上取得勝利，很快就征服伊拉克全境。然而控制該國卻困難多了，反抗作戰使得美國這個格列佛巨人被綁在伊拉克中部。帝國主義軍隊和當地人之間的傷亡差距，在這次戰爭中變得前所未有的巨大，但帝國卻仍舊無法穩操勝券。

○刑求

美國以反叛亂（counter-insurgency）作戰方法來回應此一局勢，同時有系統的使用刑求偵訊。透過伊拉克阿布格拉比監獄（Abu Ghraib）的照片，舉世皆知其所作所為。對刑求的解釋一如往昔：那是未獲授權之低階士兵的作為，是軍紀散漫的結果；但其實背後有更大的故事。第二次世界大戰之前，刑求被視為純屬過去的獸性時代和少數外國殘暴政權的作為，相信此行為即將消失，在文明社會不再有一席之地。一九四〇年出版的一本刑求史中，關於二十世紀的內容不多，而且裡面幾乎沒有談到任何新的發展。[33]當然，納粹和刑求有關，不過一般都認為納粹是復古產物。然而，刑求在第二次世界大戰之後不但沒有消退，反而繁衍滋生並且在技術上更加精進，不僅發明出新的刑求方法且更大規模地運用。刑求的應用成為常態，在許多例子中更是殘暴有效。

最現代的刑求方法是使用電擊，有人宣稱電擊棒（picana elétrica）是一九三四年在阿根廷發明的。[34]法國人在印度支那使用此一小機器的另一種版本，在阿爾及利亞更是大為倚重。法國將技術出口到阿根廷與美國，接著流傳到拉丁美洲其他地方以及越南。[35]我們知道至少從一九六〇年代晚期開始，美國政府就幫伊朗等友好政權訓練警察和軍方的刑求技術與應用，其中一位指導員唐・米特翁（Dan Mitrione）以國際發展局（Agency for International Development）官員的身分作為掩護，在一九六〇年代晚期於烏拉圭首都蒙特維多的一間房子裡設立刑求學校。根據小說裡的說法，他先對部隊與警察講授有關神經系統的課程，但「他從未明言這些神經的敏感點之後會是電擊棒的目標：他的整個課程就像是在醫學系講堂中進行一樣，只使用最為簡潔、中性的科學術語。」[36]該週不久之後，四個沙灘客被帶進課堂進行「個案研究」，他們先遭到電擊棒刑求然後殺害。惡名昭彰的電擊棒成為南美洲刑求者在一九七〇年代「骯髒戰爭」所選用的工具。[37]在那個年代，猖獗而不受節制的國家恐怖主義，刑求是其關鍵工具：刑求被用在數以萬計的人身上，大多數的受害者是年輕人。

○戰爭、科技與二十世紀的歷史

二十世紀大部分的軍事科技都來自於軍方，而且戰爭以外的應用有限。就小型武器、火炮、爆裂物與坦克等例子而言，這點是顯而易見的。上述名單還可以繼續下去，儘管一般印象是民間科技暫時被運用於戰爭。我們已經看到飛機主要是一種軍事科技，無線電起先也是種軍事科技，而且長期以來都和國家權力有關。雷達是無線電重要的新運用，許多國家在兩次世界大戰之間發展出雷達，並且大多是在軍事相關脈絡中發展。英國在一九三〇年代晚期裝置雷達系統，而它並不是唯一這樣做的國家；英國的雷達系統借助於第一次世界大戰以來的長期防空軍事經驗。[38]

甚至原子彈計劃也是如此。人們常以為它是科學家的傑作，因此主要是民間和學院的產物，但其實它是由軍方及相關單位所指導。這個計劃的主持人是軍方工程師雷斯里．葛羅夫（Leslie Groves）陸軍准將，而不是學院物理學家歐本海默（Robert Oppenheimer）。杜邦是參與計劃的多家大型工業公司之一，它不只是家化工公司，長期以來也是美國軍方的炸藥供應者。[39]和原子彈有關的許多理論工作不是核子物理學，而是流體力學，這門科學是航空動力學的核心。原子彈不只是新機構和新科學的產物，也同樣是舊機構和舊科學的產物。和以民間創新為中心的圖像相反，此一科技的發展，軍方的角色其實重要多了。

結果我們不只低估了軍事機構對軍事科技的貢獻，也低估了軍事機構對民間科技的貢獻。民間航空工業不過是核心軍火工業的分支罷了；核電是核子彈與核子潛艇反應爐的副產品；無線電和雷達在很大的程度上也是軍事科技的副產品。早期的控制理論（control theory）與電腦計算則是控制海軍重型火炮相關問題的副產品。[40]還可以舉出許多名詞和科技，其中最顯著的包括電腦與網際網路，乃至於日本的相機公司尼康（Nikon）。[41]其中有些例子曾被用來為軍事支出辯護。另一些時候，民間科技的軍事起源則被用來呈現軍國主義對現代性的負面影響，[42]其中一例是電腦數位控制機床（Computer-numerically-controlled machine tool），這是美國空軍在一九六〇年代為了製造飛機而引進的，之後非常廣泛傳播。軍方經費將科技推向更為威權的方向，現代科技並沒有解放我們，它們不是革命的力量，而是保守的工具，舊的權力關係透過新的科技延續下來。

飛機、無線電、雷達與原子彈都應該和槍砲、坦克、制服以及軍團旗幟一起放在軍事博物館裡。將軍方設想為不願意採取新事物的過去殘留物；這是徒勞無益的思考方式。相反地，軍方是新事物的關鍵塑造者。軍方連同那些表面看來古老、實則形塑了二十世紀戰爭的武器，在科學博物館和科技博物館中也應該要有一席之地。但這兩種博物館都不太可能會有殺戮科技的展示區。下一章將探討殺戮的科技。

CHAPTER

7

殺戮
KILLING

二十世紀非軍事的殺戮科技史，常被放逐到恐怖展覽、黑色博物館以及變態的私人收藏。除了種族屠殺紀念館這樣的特例，高尚的博物館無其容身之地。殺戮科技的博物館會迫使我們面對很不舒服的問題。一般認為殺戮就像戰爭與軍事一樣，是野蠻的事物，已為文明化過程所拋棄。然而，對一切生靈的殺戮速度在二十世紀其實加快了，而且是戲劇性地加快。對植物、細菌、昆蟲、牛隻、鯨魚、魚類以及人類而言，二十世紀是謀殺的世紀。文明化過程並沒有減少殺戮，它只是將殺戮排除到公共場合之外，無論處決罪犯或殺雞皆然。

把殺戮放回二十世紀史，是探討新舊互動方式特別有力的方法。這個故事以出乎意料的方式包含了國族主義、全球化、戰爭、生產與維修。它特別能夠擾亂我們對科技的時間感，以及對重要性的認知。

○殺戮的創新

以創新為中心的二十世紀殺戮史，會把焦點放在對昆蟲、植物與微生物的殺戮，這主要和農業有關，但不全然如此。在一九〇〇年左右，農夫擁有的殺戮技術並不多：少數幾種殺蟲劑和殺真菌劑以及鋤頭。二十世紀出現許多專殺小生物的新化合物，一九三〇年代與一九四〇年代是特別創新的時期。一位法本公司的化學家在一九三〇年代發明了有機磷殺蟲劑。有機磷是戰後有機殺蟲劑中具有關鍵重要性的一種，另一種是氯化的有機化合物。這些殺蟲劑的第一種也是最有名的一種是DDT。DDT先是用來殺蝨子和蚊子，隨後變成一種多功能而普遍使用的殺蟲劑。其他許多新殺蟲劑陸續出現，而在一九七〇年代DDT的使用逐漸受到限制後，這些殺蟲劑仍繼續使用。化學除草劑在一九四〇年代也出現劇烈的改變。最主要的新型除草劑是2,4-D，驚人的是，它是由不同研究團隊同時發現的：共有四個團隊，兩個在英國，兩個在美國，同時發現了這種除草劑。[1]

圖21｜在理應公開透明的二十世紀，連動物屠宰都隱密進行；不只公眾不得而知，連攝影師也看不到。在十九世紀晚期可以看得到新世界大屠宰場的立體攝影，包括這張動物正在被宰殺的罕見影像。原本的圖說寫道：「宰豬，阿莫爾的大肉品包裝商，聯合肉品加工廠，芝加哥，美國。」（Sticking Hogs, Armour's Great Packing House, Union Stockyards, Chicago, USA.）

圖22｜這張照片或許是在第二次世界大戰時拍的，圖中的人正在示範使用DDT來殺掉蝨子以便控制傷寒。在北非和南義大利，DDT預防了傷寒的大規模爆發。

DDT、有機磷以及2,4－D和其他的除草劑，是富裕國家綠色革命的關鍵要素。這些化學物的運用改變了生產與地景。由於這些除草劑使得雜草大量死亡，留下單一作物的田地。昆蟲不只受害於殺蟲劑，也受害於單一作物的耕作方式。這些強力的化學藥品為鄉村引進新的隱形危險。自然學者與科學作家瑞秋．卡森（Rachel Carson）在一九六二年出版《寂靜的春天》（*Silent Spring*），這本科學行動主義的偉大著作揭露了這一點。

殺蟲劑也用於戰爭。DTT在第二次世界大戰廣泛應用來清除瘧蚊，以及用來控制傳染傷寒的蝨子。美國的化學戰部門則是尋找2,4－D可能的軍事用途。一九六〇年代在東南亞有個名為「牧工行動」（Operation Ranch Hand）的計劃，使用二十五台飛機，總共噴灑了一千九百萬加侖的除草劑，企圖摧毀越共的經濟基礎與掩護。惡名昭彰的「橙劑」（agent orange），不過是包括2,4－D在內之標準商業除草劑的特定組合。[2]

二十世紀對微生物的殺戮也出現許多創新。其中最著名的是用來殺死人類身上細菌的新化合物，像是灑爾佛散（Salvarsan）、一九三〇年代的磺胺藥物（sulphonamides），以及最重要的是在一九四〇年代研發的盤尼西林。這些化合物不僅應用在人類身上，也應用在動物身上。在近年才產業化的養殖業裡，它們對密集圈養動物的疾病防治是不可或缺的；它們還有其他的用途：一九四〇年代發現盤尼西林可以讓雞長得更快，原因現在還不清楚。結果在一九五〇年代美國生產的抗生素當中，有四分之一是被加到動物飼料裡；到一九九〇年代這些化合物產量高得多了，增加至一點五倍左右，其中大多用來促進家禽家畜的生長。[3]

二十世紀帶來抗病毒藥物的創新：一九五〇年代發展出疱疹、小兒麻痺與天花的療法，雖然後兩者稍後被疫苗所取代；一九七〇年代的舒維療（Acyclovir，譯者按，主要用於治療皰疹）；一九八〇年代用來因應愛滋病的AZT。一九五七年推出的寧思泰錠（Nystatin），大為改進了黴菌感染的治療。此一藥物相當不尋常，因為是由兩位在公部門工作的女性科學家申請了專利，她們的工作地點是紐約衛生局（這是藥名的由來）。一九六〇年代則引進了達克寧（Daktarin，譯者按，也是抗黴菌藥物）。白樂君（paludrine）以及氯化奎寧（chloroquine）等新的抗瘧疾藥物，則來自於美國和英國在第二次世界大戰期間投入龐大資源的研發努力。從來沒有人評估過這些新的毒物殺死了全世界多少病毒、細菌、黴菌、阿米巴原蟲、昆蟲與植物。

就殺害高等動物而言，以創新為中心的博物館所能展出者實在乏善可陳。最主要的殺戮科技還是用刀鋒割斷喉嚨，雖然在殺雞等例子上，此種科技已經機械化了。一般而言，魚仍舊是在漁網中窒息而死，鯨魚也還是死於魚叉。唯一重要的創新是用來電昏動物的科技。

殺人的創新史則較為人所知。芥子氣及光氣（phosgene）在第一次世界大戰帶來了化學戰；第二次世界大戰則出現了核子戰和生物戰。這些領域隨後還有更多的創新。一九三〇年代注意到有機磷殺蟲劑對人類的毒性極高，這帶來了有效的「神經毒氣」。太奔毒氣以及沙林毒氣（Sarin）是德國在第二次世界大戰生產的；沙林在一九五〇年代變成標準的神經毒氣，在英國等地生產。卜內門化學工業這家公司在一九五〇年代引進一種新的有機磷殺蟲劑，卻發現其毒性太高而無法使用。此種殺蟲劑被轉移到美國後，變成一種新的化學武器「V系列毒氣」（V-agents）的基礎。[4] 其中VX是美國和蘇聯化武的核心成分。鈾彈和鈽彈帶來了各種威力更強的熱核武器，以及設計來殺人而不會損害東西的中子彈，還有各種讓人毛骨悚然的生物製劑，再度證實長榮景期非常具有生產力。

除了戰爭以外，以創新為中心的故事參考點很少。起先是美國在一九二〇年代發明了毒氣室（電椅是十九世紀的創新），然後又是美國在一九八〇年代引進毒藥注射。除了美國之外，只有德國這個國家出現在此一敘述裡。大屠殺（the Holocust）中使用的齊克隆B（Zyklon B，氰化氫），既是殺人的重要創新，也構成理解現代性的最大問題。以創新為中心會把奧許維茲視為人類死亡的現代大工廠。

相較於目前對於殺戮的忽略，以創新為中心的殺戮史會是一大進展。然而就殺戮而言，以創新為中心的研究取徑，其缺陷也是特別地明顯。因為我們都知道，古老的殺戮手段還在持續使用，特別是用來殺人和殺高等動物，像是屠刀、絞架、斷頭台或電椅。就像戰爭一樣，殺戮的科技讓我們看到許多壽命很長的、消失中的、重新出現的與不斷擴張的「舊」科技之例子。沒有注意到這點的話，將難以理解殺戮的歷史。

○捕鯨和捕魚

捕鯨常被認為是十九世紀的產業，提供油燈用的油以及用鯨骨來製造女性的束腰，但在一九二〇年代發生了一場革命，新型態的捕鯨在南極海域追獵難以捕捉的鬚鯨（這類鯨魚包括藍鯨、座頭鯨與小鬚鯨），以架在甲板的魚叉這項十九世紀的發明來進行殺戮。當時希望會有新的殺戮方法來取代這項技術，但是網子、毒藥、氣體注射以及來福槍，都沒有辦法達到更好的效果。德國工程師亞伯特．韋伯（Albert Weber）從一九二九年起，在挪威研發以電擊的方式來殺死鯨魚，並在一九三〇年代和一九四〇年代持續實驗此一方法；然而，用現代電力取代野蠻魚叉的願望最後並沒有實現，還是得靠十九世紀的殺戮科技。[5]

對人造黃油（margarine）的需求與經濟國族主義，推動了捕鯨的巨大擴張，讓此一殺戮技術獲得空前地使用。早在一九一四年之前就已經開始將鯨油氫化來製造人工黃油，到了一九三〇年代這成為鯨油的主要用途。全歐洲所使用的人工黃油，有百分之三十到百分之五十來自此一製造方法。[6]從一九三〇年到一九三一年，大西洋鯨油的產量相當於法國、義大利與西班牙橄欖油產量的總和。鯨油製人造黃油的主要消費地為德國、英國和荷蘭，聯合利華（Unilever）這家英國與荷蘭的跨國公司是主要供應商。一九三三年納粹開始推廣用德國奶油來取代人造黃油，而聯合利華則強調使用鯨油。但是聯合利華卻被迫資助建造懸掛德國國旗的捕鯨船隊，使得德國首度成為捕鯨國家。脂肪對於國家安全很重要。

新的捕鯨方法包括在海上的工廠對鯨魚進行加工，加工船由船尾的斜坡將死鯨拉進船艙。第一艘海上加工船華特勞號（Walter Rau）在德國建造，船名來自於德國最主要的人工黃油加工廠老闆；這艘船在一九三〇年代中葉前往南極海域。在它開始運作的第一個捕鯨季，總共加工了一千七百條鯨魚，從而生產了一萬八千兩百六十四噸的鯨油、兩百四十噸的抹香鯨油、一千零二十四噸的鯨肉片、一百零四噸的鯨魚肉罐頭、一百一十四噸的冷凍鯨魚肉、十噸的鯨魚肉精、五噸的鯨魚乾、二十一點五噸的鯨魚纖維，以及十一噸用來做醫學研究用的鯨魚腺體。[7]在一九三八年到一九三九年間，德國擁有七艘海上鯨魚加工船，其中五艘是自有的、兩艘是租來的，這段時間日本也開始大規模捕鯨。到了第二次世界大戰後，德國有數年期間被迫停止捕鯨，但是其他國家使用了德國的鯨魚加工船。[8]捕鯨業欣欣向榮，共有二十艘鯨魚加工船在南極海域作業，這數量超過從前，但是捕獲量從來沒有超過一九三〇年代的高峰，並且在一九六〇年代急轉直下。[9]二十世紀消失掉的動物當中，鯨魚是最重要的案例之一，其狀況比大象還更極端。

捕鯨和捕魚工業的發展密切相關，而後者則又和冷凍技術關係密切。長久以來漁港就有大型的冷凍工廠，製造冰塊讓漁船可以在海上冷藏漁獲；然而在肉品冷凍成功之後，有幾十年的時間還是無法在海上將魚冷凍。此一技術的主要推動者是海軍指揮官查理．丹尼斯頓．伯尼爵士（Sir Charles Dennistoun Burney），他在第一次世界大戰發明了掃雷艇，也是一九二〇年代在英國推動飛艇的關鍵人物、曾任保守黨的國會議員。他發明了新的冷凍設備，並且將他的掃雷艇改造成拖網漁船。伯尼將一艘戰時的掃雷艇改裝為第一艘船尾拖網漁船，這艘一千五百噸的費爾佛利號（Fairfree）由船尾將漁獲拉上，就像鯨魚加工船將死鯨由船尾拉上一樣。蘇格蘭的船運與捕鯨公司克里斯提昂．撒文森（Christian Salvesen）在一九四九年買進了費爾佛利號，接著該公司建造了第一艘全新設計的船尾拖網加工漁船費爾崔號（Fairtry）。[10]

就像許多創新的例子一樣，發明新技術的國家不見得最善於利用它。蘇聯訂購數艘仿造費爾崔號的漁船，起先在德國建造，後來則在蘇聯本地建造。[11]第一艘蘇維埃冷凍拖網漁船「普希金號」在一九五五年開始服役，蘇聯的船隊很快就主導全球海上加工漁撈，特別是使用蘇聯在一九六〇年代引進的BMRT型漁船。蘇聯船隊大過其他國家好幾倍，並且首創將海中魚群一網打盡的做法。漁獲量提高的程度，使得海中魚群的數量大為減少。紐芬蘭大淺灘的大漁場在一九六八年達到漁獲量高峰；接下來它的漁獲量就急轉直下。[12]然而儘管特定地區的漁場遭到摧毀，海上加工捕魚仍繼續擴張。最現代的船隻，如六千噸的GRT級美洲王室號（American Monarch），一天能加工一千兩百噸的漁獲。目前全球每年的總漁獲量是一億噸，因此只要有三百艘這樣的船，就可捕撈全球的總漁獲量。[13]這樣一艘新漁船，就占了愛爾蘭百分之十五的總漁獲量。

當然海上加工拖網漁船不是捕捉與殺害魚類的唯一方法，全世界還有大量各式各樣的漁船，世界各地的造船廠仍舊用木頭材料來製造漁船，雖然這些漁船還會裝上引擎、雷達和合成纖維漁網。在全世界的漁船船隊當中，這些新的混種技術就和加工拖網漁船一樣新穎。其他類型的捕魚技術也在擴張，例如，婆羅洲的海岸近年出現了用竹子製作的捕魚陷阱。

○屠宰場

一百多年前，在十九世紀即將結束的時候，英國作家喬治・吉辛（George Gissing）造訪貧窮的義大利南部，尋找古希臘與古羅馬的文明遺跡。在卡拉布里亞的雷吉歐（Reggio di Calabria），他發現少數值得他讚賞的新穎事物：一座「美觀的」建築物，起先他以為那是一間「博物館或藝廊」。隨後他驚訝地發現這座「地點良好的精緻建築其實是該鎮的屠宰場」，他認為這是「先進文明奇異之處」，並驚訝於「屠斧及屠刀」竟然用這樣的建築來自我宣示。他有種奇怪的感覺，「好像誤入那些奇幻作家所預設的未來世界，那裡的屠宰場是品味高雅的建築，座落在檸檬樹和椰棗樹的果園中，讓人想起那些不想吃素的改革家的夢幻理想。」[14]當時的進步思想家，像是吉辛的朋友H・G・威爾斯，受到了素食主義與素食未來的吸引。

在大西洋彼岸，另一位作家正要描繪另一個很不一樣的屠宰場。厄普頓・辛克萊（Upton Sinclair）在一九〇六年出版的偉大社會主義小說《屠場》（*The Jungle*），描繪受到商業主宰、繁榮而腐敗的芝加哥。他所討論的大企業包括了大型肉品公司，相較於歐洲最現代的城鎮屠宰場，另一個受提及與讚許的是國際哈維斯特肉品廠（International Harvester factory），這是個天差地遠的世界。這是種新型的大型工業，有著驚人的生產方法，以及控制工人和政府的空前能力。聯合肉品加工廠（Union Stockyard）四周是「一平方英里的觸目驚心」，在那裡「成千上萬的牛隻擠進圍欄中，地上木製地板散發出臭味和傳染物質」。還有「簡陋的肉品工廠」裡面「血流成河、一車車濕軟的肉、萃取槽和煉製肥皂的鍋爐，製膠工廠和肥料槽，聞起來像地獄坑一般。」[15]在那裡「用機器來製造豬肉，以應用數學來製造豬肉」。這個「殺戮機器不斷運作……就像某種在地牢裡犯下的可怕罪行一般，一切都不為人所知，不為人所注意，埋藏在視線和記憶之外」。[16]

小說的主角是個成為社會主義者的立陶宛移民。他得知牛肉信託（Beef Trust）是「盲目而永不饜足的貪婪之神化身，是個用千口吞噬一切、用千蹄踐踏一切的怪獸；是個大屠夫，是資本主義的精神化為肉身。」牛肉信託使用的方法是行賄和腐敗，從城市中偷走水源，命令法官將罷工者判刑；它壓低牛隻的價碼，毀掉屠夫的生計，控制肉品的價格，控制所有冷凍食物的運輸。[17]

想了解這些散發惡臭之死亡工廠的獨特與重要，最好的辦法並不是跟隨數以千計的義大利卡拉布里亞人（Calabrians）橫渡大西洋，前往北美和拉普拉塔河口區；[1]而

1〔譯註〕拉普拉塔河口區，西班牙文為Rio de la Plata（River Plate是英式英文的名稱），是烏拉圭河（Uruguay River）與巴拉那河（Paraná River）交會後出海口形成的海灣區，位於烏拉圭與阿根廷邊界。參見維基百科。

是在一個世紀之後，逆著歐洲移民前進的方向，由歐洲往地中海而行。二十世紀突尼西亞沙漠中的幾條主要道路，兩旁點綴著相同模樣、密密麻麻的小建築物；其中許多旁邊綁著幾頭活羊、建築物掛著還沒剝皮的羊隻屠體。這是肉店和餐廳。道路交通繁忙，但過客可以坐在沒有餐具的塑膠桌子旁，吃到剛從懸掛著的羊隻屠體上割下、在粗糙製成的金屬薄片烤肉架上烹煮的鮮美羊肉。此等景觀顯然不是來自過去的殘留物，亦非吸引觀光客的景點。這是種新事物：趕路的突尼西亞汽車與卡車駕駛用餐的路邊燒肉店。

沿著馬路可以看得到一些比較高檔的同類餐廳，剝了皮的羊隻屠體放在路邊餐廳外的玻璃冷凍櫃展示，餐廳有比較精緻的設施，也看不到活羊。冰箱在此地是富裕的標誌，就像數十年前的義大利南方人一樣；南義人在戰後的經濟榮景期，首度接觸到北方乳製品以及許多新食品工業產物的美妙滋味。

冷凍是二十世紀新的全球化食品產業之關鍵，用來保存魚類、肉類、水果、奶油、起司和蛋。[18]但冷凍對肉類特別重要，因為它讓新的全球肉品供應系統得以實現。一九一一年版的大英百科全書（Encyclopaedia Britannica）宣稱，「在鐵路與蒸汽輪船之後，對英國（對美國影響相對小一點）的經濟環境，影響最強烈的就是冷凍技術。」這是個很重大的宣稱，因為冷凍技術看來不似如此重要，也因為很少有人能夠記得在第一次世界大戰之前，進口到英國的冷凍食物有多麼重要，或是對全球經濟有多重要。在二十世紀晚期，這樣的主張變得更強有力，不只適用於英國和美國，還適用於全世界，因為這時冷凍貨櫃車已經攜帶各式各樣的物資縱橫全世界，而稱之為「冷鍊」（cold-chains）。[19]這些冷凍運輸設備有許多是由一家名叫冷王（Thermo-King）的公司所製造的。從一九四〇年開始，發明家佛瑞德瑞克．瓊斯（Frederick Jones，1893-1961）擁有專利的冷凍設備，就由這家公司生產。瓊斯是第一個榮獲美國國家科技獎章（National Medal of Technology of the United States）的黑人（大家都視他為黑人，儘管他爸爸是白人）。這行業的另一家主要公司是開利空調（Carrier Corporation），它在二十世紀初期率先引進冷氣空調。《時代雜誌》在一九九八年將這家公司的創辦人威利斯．開利博士（Dr Willis H. Carrier），列入二十世紀最具影響力的百人錄。

冷凍有替代科技，即便肉品也是如此。例如，早在引進冷凍技術的數十年前，拉普拉塔河口區就是全球肉品系統的中心。烏拉圭在一九一〇年之前的主要出口產品是鹹牛肉乾（carne seca 或稱 tasajo），這種食品本來是給美洲的奴隸吃的，現在則用來餵養他們的後代，特別是巴西和古巴的黑人，鹹牛肉乾仍出現在他們的菜色中。克里奧牛（Criollo cattle）宰殺後在醃漬工廠處理，同時在廠中生產牛皮及其他產品。烏拉圭的佛萊．本托斯（Fray Bentos）也是保久肉品新的主要大型出口中心，那裡有座特別

圖23｜兩次大戰之間的烏拉圭佛萊．本托斯（Fray Bentos, Uruguay），照片顯示出岸邊的冷凍肉品倉庫。這座工廠一九六〇年代就已經存在，起先是生產萊比錫牛肉精。工廠一直營運到一九七〇年代，而現在則保留為工業革命博物館。

為萊比肉精公司（Liebig Extract of Meat Company）蓋的工廠。著名化學家約斯塔斯・馮萊比（Justus von Liebig）發明了肉精，一八八九年後肉精在英國市場被稱為OXO。佛萊・本托斯這個品牌在英國市場以罐頭肉品著名。

冷凍技術使得肉品長程貿易有長足的發展。芝加哥這個城市在十九世紀晚期因為生產鹹豬肉而成長，鹹豬肉裝在肉桶賣到外地市場；後來則將肉品用冰塊冰起來，用鐵路運送到東部城市。稍後肉品則是用機械方式加以冷凍與冷藏。芝加哥肉品批發商藉著大量牛隻供應而成為大公司，史威福特、亞爾摩（Armour）、威爾森、莫里斯以及庫達西（Cudahy）和牛肉信託也是如此。美國的肉品公司是重要肉品出口商，包括鹹牛肉、罐頭牛肉以及冷凍牛肉，但到了一九〇〇年，光靠美國一地已經不足以供應全球市場。英國是最主要的市場，有一半的肉品是由國外進口，占了全球肉品貿易的百分之七十到八十。在英國某些地方，這個比例還要更高。例如倫敦在一九二〇年代消費的牛肉，百分之八十是進口的，其中大部分來自阿根廷。事實上，英國大部分的肉品來自跨赤道的貿易：來自拉普拉塔河口區、澳洲與紐西蘭。一九一二年在南半球已經有四座每天能夠冷凍超過五百頭牛隻的工廠，而這些工廠都在阿根廷。[20]芝加哥肉品批發商和英國公司在這門生意中同樣重要。

烏拉圭第一座冷凍肉品廠要到一九〇四年才開幕。史威福特則設立第二家，名為蒙特維多冷凍肉品廠（Frigorífico Montevideo）；亞爾摩則設立第三家，名為阿提加斯冷凍肉品廠（Frigorífico Artigas）。一九二〇年代早期英國的魏斯泰家族（Vestey Family）收購並且重新改裝萊比的工廠，設立了第四家冷凍肉品廠，稱之為盎格魯烏拉圭（Anglo del Uruguay）。以聯合冷藏（Union cold Storage）為中心的魏斯泰集團，在兩次世界大戰之間成為全世界最大的肉品企業之一，足可和美國的肉品公司巨人相抗衡。魏斯泰集團不只擁有屠宰場，還擁有船運航線——在一九一一年設立了藍星航線（Blue Star Line）——與冷凍設施，並且在英國擁有龐大的連鎖肉店（其營運在一九九五年結束）。[21]二十世紀國際貿易有個很少受到注意的特色，而魏斯泰公司是最早的例子之一；這種貿易不是在國家之間進行，而是在公司之間進行。

最老的工廠被政府接收並供應地方市場，而史威福特、亞爾摩以及佛萊・本托斯的工廠則出口其產品。殺戮如何進行呢？兩次世界大戰之間，在佛萊・本托斯工作的一位冷藏工程師提供了相關的描述。殺戮是在長寬各三十公尺的三層樓方形建築中進行。牛隻從斜坡走上三樓，在那裡牠們被屠斧打昏，接著吊在輸送帶上割開喉嚨放血。然後將牠們從輸送帶放下剝皮，之後再次放到軌道上運送，進行進一步處理。牛皮和內臟從斜坡滾下，內臟滾到二樓，牛皮則送到一樓。牛身被切成兩半，接著從一百公尺的封閉斜坡，將牛半身運送到河邊一座四層樓的冷凍工廠，再由冷凍工廠經由加蓋的道路運送到冷凍船隻。[22]不過還有許多其他工作在進行，由於牛的每個部位都加以利用，因此清理好的牛身減去了大約百分之四十的重量；移除的這些部位成為各式各樣的產品，從刷子到藥物都有。

冷凍肉品工廠的殺戮效率相當驚人，尤其如果考慮到它是靠屠斧來打昏牛隻，然後用屠刀來切開喉嚨。烏拉圭在二十世紀大部分時間，每年殺掉一百萬頭牛，其中大部分是在這四座工廠進行。佛萊．本托斯的盎格魯公司在一九三〇年代，一個小時可以殺掉兩百頭牛。[23]根據厄普頓．辛克萊的說法，芝加哥有家工廠在三十年前的殺戮效率，就已經是盎格魯公司的兩倍。每分鐘有十五到二十頭牛被屠斧敲昏，然後宰殺：一小時四百到五百頭牛，一天約四千頭牛。[24]

在舊世界看不到這些龐大的肉品公司；只有在拉普拉塔河口區、美國與大洋洲才看得到它們。歐洲的屠宰場通常是市政府所擁有的，像是巴黎的拉維列特（La Villette），為許多不同屠夫所共用，他們小規模地宰殺自己的牛隻，提供地方消費。[25]英國的屠宰場很小，它們宰殺的牛隻供應給地方市場，並不以人道對待動物著稱。[26]即使雪菲爾德（Sheffield）在兩次世界大戰之間使用新的屠宰場，並壟斷了當地的屠宰工作，一週也只宰殺六百頭牛左右。[27]重點不是英國抗拒或無法取得新的殺戮技術；恰好相反，英國擁有並以極大的規模使用這類工廠，但地點是在拉普拉塔河口區，而不是在雪菲爾德。英國工人活在地球村中，吃來自拉普拉塔河的牛肉，以及來自南大西洋的鯨魚製成之人工黃油。

○殺戮動物：長榮景期及之後

辛克萊在一九〇六年描述：「百碼長的一排掛滿了豬，每碼都有一個人拼命的工作，好像背後有個惡魔在催逼他一樣。」[28]這是一條解裝線，數年後它會在美國另一座城市底特律啟發出生產線。亨利．福特回憶說：「這個想法基本上來自芝加哥肉品批發商用來處理牛肉所使用的懸掛推車。」[29]同樣重要的是，芝加哥肉品批發商借助機械處理事情，以及利用重力將東西從建築物運送下來的方法，亨利．福特也大規模地使用。[30]新世界確實是大量殺戮與大量生產的先鋒，這兩者在長榮景期都變得更為普遍且強勁成長。

二十世紀下半，全球肉品生產出現巨大成長，大規模殺戮也變得普遍化。全球每年肉品產量從一九六〇年的七千一百萬噸，提高到二十世紀末接近兩億四千萬噸。這段期間全球每人的肉品消費幾乎增加一倍。這還有很大的成長空間，因為全球每人平均肉品消耗量，大概只有富裕國家的三分之一。二十世紀肉品食用的改變，主要來自於雞肉和豬肉的消費增加；相較於一九七〇年的二分之一，今天雞肉和豬肉已占所有肉品消費的三分之二。

為肉而殺的規模已經大到難以理解。光是二十世紀末的英國，每年為了食物就殺掉八億八千三百萬頭動物，其中有七億九千兩百萬隻雞、三千五百萬隻火雞、一千八百萬隻鴨子、一千八百七十萬頭羊、一千六百三十萬頭豬、大約三百萬頭牛、一百萬隻鵝、一萬頭鹿以及九千頭山羊。美國一年殺掉八十億隻雞。就某些例子而言，如此殺戮規模需要新的殺戮科技，包括使用電擊來擊昏與殺死，例如用電鉗來殺豬和殺羊；以及用二氧化碳來悶死豬。殺雞方式的改變特別驚人。從一九七〇年代開始，雞是在自動化的生產線上宰殺的。牠們的腿被綁在輸送帶上，頭浸到導電的液體中。電流穿透身體讓牠們昏倒，然後割脖子。最後的宰殺不是用機器，而是由人來殺。再用機器將牠們除毛與剃除內臟，然後冷凍。整個過程耗時兩小時。現在最大的雞隻屠宰場一週可以處理一百萬隻雞。[31]很難想像能用其他的辦法來進行如此規模的殺雞。例如很難設想英國的地方屠夫和一般家庭，每一天都能夠殺掉跟處理兩百萬頭雞。

就殺牛而言，世紀初和世紀末的殺戮技術差異不大，唯一的大改變是引進擊昏槍（captive-bolt pistols）來取代屠斧，以及用電鋸來取代斧頭。[32]新世界二十世紀初的大型屠宰場在二次大戰之後開始退流行，由規模小得多而更為分散的作業方式取而代之。拉普拉塔河口區和芝加哥的大型肉品工廠關門大吉。佛萊．本托斯的舊盎格魯廠掙扎到一九七〇年代，由於存活得夠久，使其能夠被保存成為一座博物館，並且很適切地命名為工業革命博物館（Museum of the Industrial Revolution）；美洲南端（South Cone）的旅遊手冊有介紹這個地方。在歐洲，尤其是英國，肉品的自給自足以及歐洲共同市場的興起，使得肉品貿易去全球化，而終結了這些大型屠宰場。美國芝加哥大型的肉品供應商在市場上輸給了鄉下新的、員工沒有工會、低技能、單樓層的肉品商，後者將一箱箱的肉送到超級市場，而不像前者，是將半頭牛送給肉販（當然還有新的巨型漢堡製造商等）。

在一九七〇年代，尤其是一九八〇年代之後，比過去芝加哥全盛時期更為集中的新型工廠和新的肉品批發商出現了。在二十世紀末，四家新的肉品商所屠宰的動物，占美國肉品百分之八十以上。[33]全世界最大的雞肉生產商泰森食品（Tyson Foods）在二〇〇一年併購了IBP（愛荷華牛肉加工公司〔Iowa Beef Processors, Inc.〕的簡稱），成為全世界最大的肉品生產商。IBP宣稱自己是「地球上最大的蛋白質產品供應商」，雇用十一萬四千名員工，銷售金額達到兩百六十億美元。雖然屠宰和處理牛隻的方式基本上不變，但殺戮的效率則衝高了：工廠的單一生產線，從一九八〇年代的每小時殺一百七十五頭牛，提高到每小時四百頭牛。[34]這些大工廠依序坐落於內布拉斯加、堪薩斯、德州與科羅拉多州，它們也大量使用移民工人，不過現在這些工人多來自拉丁美洲和亞洲。[35]工會的終結不只意味著生產速度急速加快，同時也降低了實質工資。而且就像辛克萊所描述的那樣，新的肉品產業擁有巨大的政治力量。

○死刑和其他種類的殺戮

司法殺戮適切地尊重傳統。英國人一直仰賴絞刑架，直到他們在第二次世界大戰後廢除死刑為止；西班牙人也依靠絞刑椅（garrotte）；法國人用斷頭台。許多國家繼續使用槍決，而斬首和石刑在二十世紀仍不罕見。

美國特別喜愛發展新的死刑方式。紐約州在一八八〇年代徵尋新方法來處死不乖的公民，最後提出了三十四種可能的方法，其中真正夠格的有四種：絞刑架、絞刑椅、斷頭台和槍決，但紐約州都不喜歡，因為那會損害死者的屍體，而且有時會帶來不好的政治聯想。最後提出電椅和毒液注射這兩種新辦法。拜愛迪生之助，前者雀屏中選；愛迪生還確保行刑用的是交流電系統，而不是他經營的電力系統所使用的直流電。一八八九年電椅在紐約州殺掉第一個犧牲者，到了一九一五年美國總共有二十五州擁有這項科技，不過創新並未就此止步。內華達州在一九二四年引進了毒氣室，其使用也很快地傳播開來。氰化氫是用來殺人的氣體，產生的方法很簡單，把一袋氰化鈉丟到稀釋的鹽酸中即可。毒液注射是一九八二年在德州發明的。[36]

殺人機器一旦引進就會使用很久，因此大多數建造於一九二〇年代與一九三〇年代的毒氣室，於一九八〇年代與一九九〇年代還在使用；非常老舊的電椅也仍使用數十年，直到它們像許多毒氣室一樣變得太難維修為止。一九九九年最後一次使用毒氣室執行死刑。[37]注射毒液的機器取代了毒氣室，這要比設計與建新的毒氣室或電椅便宜許多。另一個因素是，美國有些州讓死刑犯可以選擇自己的處死方式，而似乎大多數人選擇用毒液注射。

就像稍早的殖民強權將它們的死刑科技帶到殖民地一般，毒液注射也傳播到世界各地。[38]菲律賓在二十世紀末引進了毒液注射；它原本想要的是毒氣室，可是卻買不到。中國在一九九〇年代開始使用毒液注射，台灣允許使用毒液注射卻仍繼續使用槍決，瓜地馬拉也採用毒液注射。一九三〇年代機關槍在泰國取代了砍頭，不過毒液注射最近取代了機關槍。

儘管逐漸改採毒液注射，但舊的技術在二十世紀仍擴大使用。在法國大革命時開始使用的斷頭台，或許是第一種設計來減少死刑犯痛苦的殺人技術；它讓人聯想到遭斬首的貴族、大革命的恐怖政治，而且斷頭台的後續使用令人毛骨悚然。十九世紀有些歐洲國家採用了斷頭台，包括許多德語區的國家。從一八七〇年開始，新的德意志帝國以砍頭來處決所有的死刑犯，雖然不是全部都使用斷頭台，因為有些邦仍舊使用斧頭，直到一九三六年廢除用斧頭處決為止。不過那時的處決率就像其他國家一樣，一年不過幾個人而已。斷頭台的偉大時代才正要開始。納粹時期死刑數量急遽升高，估計約有一萬人遭判決處死，其高峰是在戰爭期間，每年有數千人。據說希特勒訂製了二十架斷頭台。他在一九四二年引進絞刑做為另一種選擇，用的是非常粗糙的絞刑架。

死刑在大多數地方都很罕見，從一九四〇年代後就變得更少。富裕世界大多數地方認為死刑是野蠻的做法，應該廢除。在兩次世界大戰之間，美國一年約處死一百二十個人。到了一九六〇年代每年只處死幾個人，而且從一九七二年到一九七六年之間，沒有人因為司法理由而被處死。一般而言其他地方的死刑人數也降低了，許多國家完全廢除了死刑。

比較特別的是美國偏離了這個趨勢。一九七七年重新開始執行死刑，當時是在猶他州用槍決處死蓋瑞．吉爾摩（Gary Gilmore）。美國處死刑的人數不只沒有下降，在一九八〇年代和一九九〇年代反而急速上升。德州在二〇〇〇年用毒液注射處死了四十個人，讓美國恢復到一九五〇年代之後就未曾見到的高死刑率。雖然毒液注射是主要的方法，不過毒氣室和電椅也恢復使用。

使用死刑從來就不僅是司法之事。絞繩、電椅和毒液注射從來就不是中立的。政治和種族非常重要。二十世紀英國平均每年有二十個人處絞刑，然而在毛毛反叛期間[2]，英國司法在一九五二年到一九五九年間以絞刑處死了超過一千名肯亞人，並且用其他方法殺死了上萬人。儘管美國是個白人占絕大多數人口的國家，從一六〇八年到一九七二年間，美國處死的犯人當中只有百分之四十一是白人；自一九三〇年起，遭到處死的美國人當中超過一半是黑人。[39]在南方某些州，二十世紀初對黑人處以私刑的做法減少之後，帶來的是州政府處決的黑人增加。[40]只有在重新引進死刑之後，處死的白人人數才稍微超過黑人。

○種族屠殺的科技

有些時候在有些地方，政府企圖消滅特定的大量人群。為達目標政府有時不得不思考大量殺戮的方法，有時還得創新殺戮的技術。例如奧圖曼帝國在第一次世界大戰時，決定驅除帝國中心安納托利亞地區為數龐大的亞美尼亞基督教人口。奧圖曼帝國當時正在對信奉基督教的俄國作戰，而亞美尼亞就位在奧圖曼帝國和俄國的邊界。驅逐過程本身就是殘暴的強迫遷徙，伴隨許多的死亡和殺戮。要到一九二三年土耳其在安納托利亞建國，此一過程才停止，此時安納托利亞不只已經沒有亞美尼亞人，也清空了信奉東正教的希臘裔人口。據估計總共死了一百五十萬左右的亞美尼亞人。相較之下，其他的屠殺是小巫見大巫。蘇聯在一九三〇年代的大恐怖時期，有數萬人遭到槍決。日本部隊在一九三七年十月攻下南京之後，據估計在數週內殺死了約十萬到三十萬的中國士兵與平民，大部分是槍殺。

德國人在秘密與戰爭的掩護之下進行創新。倚重馬匹的德國部隊在一九四一年到一九四五年之間，用槍決、絞刑與飢餓等傳統方法，在東歐殺死了數以千萬計的人，其中包括數以百萬計的平民。對猶太人最初的大規模屠殺發生在波蘭東部和蘇聯，用的是傳統方法。四個特別設置且編制很小的殺戮小組（Einsatzgruppen），與當地的共犯用小型武器殺掉約一百三十萬名猶太人。[41]殺戮小組很快開始小規模使用毒氣車，但即使數量很少（估計最多三十輛），一天也能殺死數千人。在一九四一年晚期於海烏姆諾（Chelmno），首度展開了大規模殺戮作業，只使用三台毒氣卡車，一天就

2〔譯註〕毛毛（Mau Mau）是肯亞在一九五二年到一九六〇年間武裝反抗英國殖民統治的運動。

能奪走約一千條人命。從一九四一年十一月到一九四三年初，大約有三十萬人被殺。一九四二年又增建了三個種族滅絕中心：索比布爾（Sobibor）、貝爾賽克（Belzec）以及特雷布林卡（Treblinka）。這些集中營和海烏姆諾要共同為大約兩百萬人的死亡負責。其中特雷布林卡規模最大，大約殺了七十五萬人。這些都是小地方，隱藏在森林深處，而且大多在一九四三年之前就被德國湮滅殆盡。德國利用引擎廢氣產生的一氧化碳來殺人，這種方法的優點並不是殺人速度較快，而是因為可以免掉使用專門的行刑隊來執行毛骨悚然的殺戮任務。[42]這種一氧化碳殺人科技在一九四一年，就已經用來殺死數以萬計罹患精神疾病或身障的亞利安人。

值得注意的是，我們對於大屠殺的主要印象並不是小型武器和引擎廢氣，雖然它們和飢餓是最大的殺手。我們主要的印象是大型的工業廠址，齊克隆B這種專門用來殺人的氣體，以及處理屍體的工業規模火葬場。使用這些方法的主要殺戮地點是奧許維茲—伯肯諾集中營（Auschwitz-Birkenau），在此遭到屠殺的人比任何其他地方都多，大約一百萬人左右。奧許維茲—伯肯諾集中營有生存者，大部分的營區也遺留下來；就這幾點以及其他方面而言，它很不典型。奧許維茲—伯肯諾集中營是最後一個登場運作的滅絕中心，然而它不單是個滅絕營，還是個巨大的奴工營，和該地區的其他營區共同為第三帝國新近吞併的上西利西亞（Upper Silesia）龐大的工業區提供人力。有段時間曾規劃要在奧許維茲—伯肯諾集中營，囚禁數目驚人的二十萬名囚犯。

在奧許維茲以及其他的納粹集中營，齊克隆B原本是用來消毒衣服，以控制蝨子傳染的疾病。集中營發現它也能有效殺人。原本有兩棟房子的規劃是作為連結到火葬場的巨大太平間，用來放置死於疾病和飢餓的眾多屍體；後來這兩棟房子被改裝為毒氣室。[43]奧許維茲—伯肯諾集中營經過這段曲折的過程，成為擁有新穎殺戮科技的滅絕營區。

由這些集中營提供勞力的大企業之一，是屬於法本公司的新工廠。該公司首度設立用來生產合成燃料、合成橡膠以及許多中間與最終產品的工廠，並且利用這些製程彼此之間的關係。這個巨大的努力從未成功生產出燃油或橡膠，但它確實製造出許多重要的軍需原料。這樣的連結，使得我們容易看到這和大屠殺的關係；兩者都和重新崛起的德國國族主義有關。將奧許維茲視為殺戮工廠，就如同將魯文納（Leuna）與勒沃庫森（Leverkusen）視為化學工廠，或將艾森（Essen）的克魯柏（Krupps）視為軍火工廠一般，會錯失其他的重要面向。奧許維茲—伯肯諾集中營的殺戮設施既不龐大也不自動、運作也不順暢、也不特別資本密集。火葬場經常故障，許多屍體必須掩埋或者在坑裡燒掉。它們的運作斷斷續續，因為犧牲者的到來很不穩定。最大一波殺戮是針對匈牙利的猶太人，花了大約兩個月的時間，結果超出既有的殺戮能力，因此需要更多殺戮設施，特別是火化設施。為此蓋了巨大的斜坡坑，用木柴當燃料。此外，採用殺蝨技術來殺人的過程，大不同於帶來合成石油與合成橡膠製程的過程。

把奧許維茲看成是徹底現代的死亡工廠，這樣的印象仍舊強大，以此來強烈批判現代性本身，也用來提醒人們現代科學和工業所能帶來的後果。它激發一場關於奧許維茲是否該夷為平地的事後辯論，彷彿它像是油料合成工廠或V2火箭工廠般，是一台能夠加以摧毀的大機器。

透過駭人但簡單的計算便可清楚看出，雖然一年殺死兩百萬人似乎是個驚人的任務，但是老舊得多的殺戮技術完全有能力做到。小小的烏拉圭的四座大型屠宰場，一年就可以殺掉一百萬頭牛，用的只不過是簡單的屠斧而已；芝加哥最大的屠宰場在第一次世界大戰之前就能做到這點了。而正如我們所見，小型武器和汽車廢氣也能夠造成恐怖的死亡人數。大規模殺戮既不新穎也不困難；這點大不同於那些針對大屠殺的科技省思說法。

奧許維茲殺戮機器的性質與力量，是那些否認大屠殺者論點的核心。大多數否認者提出的說法是，難以想像毒氣室、少數的毒氣車和來福槍，竟能夠殺死這麼多人。在這個齷齪的故事中，死刑設備維修人員佛瑞德．魯契特（Fred A. Leuchter Jr）這位真正的殺戮科技專家，成為故事的核心。[44]紀錄片導演艾洛．摩里斯（Errol Morris）執導關於魯契特的精采電影，片名是《死亡先生》（*Mr. Death*）。死亡先生在美國不起眼的事業是，在一九七七年恢復死刑之後負責重新保養和改裝死刑設備；魯契特為德拉瓦州翻新絞刑架，也為密蘇里州改良毒氣室。[45]他為紐澤西州發明一部毒液自動注射機。魯契特也許是僅存在世的毒氣室專家，他在一九八八年接受大屠殺否認者聘請擔任證人，這個例子很有力地說明了維修人員就是專家。他造訪奧許維茲，相信在那裡並沒有毒氣室。他的報告成為大屠殺否認者的關鍵文件。對大屠殺的否認（或者更正確地說是否認毒氣室），刺激了新的研究，結果揭露出納粹禁衛軍建造與使用毒氣室的許多驚人細節，而進一步反駁否認者的說法。[46]

即便以創新為中心的歷史對奧許維茲的新穎之處過度詮釋，然而大屠殺仍舊是個新現象。在大屠殺之後，不能再將種族滅絕視為過往野蠻的再現塵寰，不論這個說法多有吸引力。種族屠殺有現代的動機和規劃，在既有模式中以新的方法使用既有的工具。在稍後兩場規模較小的種族屠殺中，可以清楚看到這點。

一九七五年到一九七九年間，波帕政權（Pol Pot）在高棉殺死約一百七十萬人，要到越南打敗它之後才停止殺戮。高棉約有百分之二十的人口死亡，受害最慘的是都市居民以及鄉下的華裔、越南裔與泰裔等少數民族。[47]主要的死因是強迫飢餓，但根據一項估計，也有約二十萬人遭到處決。在許多地方他們遭到不同的方式殺死：槍決，用鏟子、圓鍬或鐵棒打破腦袋，以及用塑膠袋悶死（這是個創新）。[48]

一九九四年在中非出現了快速驚人的種族屠殺。盧安達的少數族群圖西人有五十萬名遭到殺害（有人估計高達一百萬人），其中百分之九十九是在四月到十二月之間遭殺害。[49]大多數被害人是遭開山刀所殺（百分之三十八）、被棍棒打死（百分之十七），槍枝只占百分之十五的死亡。[50]胡圖族的政府事先就已取得開山刀。光是在一九九三年就進口了約一百萬支開山刀，其重量約達五百噸，每支價錢不到美金一元；換言之，該國平均每三個男人就可以分到一支開山刀。[51]這是新的事例，因為從來就沒有那麼多人那麼快地被開山刀殺死，開山刀首度成為史上重大的殺戮機器。

發明出現在意想不到的時間與地點。

CHAPTER

8

發明
INVENTION

自第二次世界大戰以來，在英語世界裡科技幾乎等同於發明。這種混淆對於理解科技沒有幫助，也對理解發明造成負面影響。我們並沒有關於發明的歷史，相對地，我們擁有的是某些後來成功的科技之發明史，這點就使得理解有了偏差。然而，我們所擁有的發明史本身就是以創新為中心，它把焦點放在發明本身的某些新面向，強調發明本身出現的變化，而不是那些不變的部分。

以創新為中心的圖像有幾種不同版本，其中之一是把焦點放在學院科學研究的發明；另一版本的焦點則是關鍵科技；還有一種版本是把焦點放在最新穎的發明機構。經常聽到的主要論點是：日新又新。這些意象雖然各有好處，但仍應受到挑戰。關於發明最重要而且最有趣的一件事，是它展現出重要的延續性，而這些延續性卻從來沒有獲得充分認識，我們對於改變的方式也沒有足夠的體會。我們長久以來一直擁有層出不窮的發明——新穎本身並不新，但是關於這一點卻可說出些新道理。

○學院科學與發明

學院研究的圖像是將焦點放在科學最重要與最創新的面向，並且宣稱那些形塑世界的關鍵發明是由此而來的。這種觀點所隱含的見解是，自十九世紀晚期以來，某種叫做「科學」的東西，已經成為科技的主要來源。這種意義下的「科學」相當特殊。就如同把科技和發明混為一談，科學和研究也混淆了。「科學意味著開創新的領域」，這種二十世紀的信念造就了科學研究。[1]然而，就如同大多數的工程師並不是發明家，大多數的科學家也不是研究者，而大多數的科學也不是研究。

甚至在使用科學這個字眼時，其所指涉的研究通常只是所有科學研究中的一小部分：那些大學或類似機構所進行的研究。這是用一種極度以創新為中心的觀點來看待學院研究，即偏重十九世紀的有機化學與電學，二十世紀前半的核子物理學，以及一九五〇年代以來的分子生物學。這種觀點或隱或顯地認為，這些特定的學院研究帶來了改變世界的科技——合成化學（synthetic chemistry）、電力、原子彈和生物科技，這是一份我們現在都已經很熟悉的名單。的確，我們認定什麼是這個世紀最重要的科技，深深影響了我們如何看待學院研究發明史上有哪些發明是重要的。

粒子物理學和分子生物學只占二十世紀學院研究很小的部分，這些分支甚至稱不上主導了物理學或生物學，更別說整體的學院研究。其中最驚人的是忽視了化學，這是二十世紀大部分時候最大的學院科學；其他大的學院科學還包括工程學和醫學。這些部門不斷產生新的事物，此乃快速擴張的大學之常態。大學裡大多數的創新研究，是在被誤稱為「舊的」學科中進行的。

大學新的研究主題都是從舊的實作衍生而來，大學基本上是在追趕快速變遷的科技世界，而非創造這樣的世界：在有航太工程學之前，飛行就已經出現了；遠在任何關於攝影過程的理論出現之前，攝影就已經存在；冶金學出現以前，就已經有許多高度專門化的金屬鑄造；固態裝置的存在先於固態物理學。研究攝影、冶金學與半導體的先鋒不是大學，而是產業公司；學院在後追隨。

長期以來，學院的發明和實作的世界就有很緊密的關係。儘管有著種種關於象牙塔的說法，但至少從十九世紀晚期開始，學院中的科學、工程學和醫學一直都和產業與國家有著密切的關係。在第一次世界大戰前後，德國大學偉大的有機化學中心和德國工業有著密切聯繫。發明哈伯－波希法的弗里茨·哈伯（Fritz Haber）是個學院人。煤炭與化學的學院專家涉入煤炭的氫化。在第一次世界大戰之前，哥廷根大學（University of Goettingen）是重要的航太研究中心。盤尼西林是聖瑪莉醫學校（St Mary's Medical School）和牛津大學在一九四〇年代的副產品。麻省理工學院在第二次世界大戰之前就設立了子公司。史丹佛在一九三〇年代也開始有副產品，日後人稱矽谷的產業區，第一項重要產品就是史丹佛的速調管微波產生器（Klystron microwave generator）。

然而，對歷史無知的分析家強調，直到最近二十年來出現了偉大的創業型大學（entrepreneurial universities），才打破了學院和產業的藩籬，要到現在創業型大學才開始推動新工業的創立。這不只極度誇大了此一現象的新穎，還誇大了創業型大學的重要性。在二十一世紀初，美國的大學和醫院每年從它們的智慧財產收到大約十億美金的授權費（大多是權利金）。這是相當大的一筆錢，但必須合乎比例的看待。收入最高者不會得到超過一千萬美元，且大部分的錢都來自於醫學領域中非常少數的專利，其中最顯著的例子是佛羅里達州立大學（Florida State University）抗癌藥物紫杉醇（Taxol）的專利，但這離自給自足還很遠。大多數大學的專利是對學院研究進行巨大公共投資的產物，其中的關鍵是一九八〇年的拜杜法案（Bayh-Dole Act），讓大學可以擁有使用聯邦政府補助研究經費而獲得的智慧財產權。大學和醫院每年的研究花費大約是三百到四百億美元，其中兩百到兩百五十億來自聯邦政府的經費，其餘則來自產業、地方政府與州政府以及大學本身。美國學院研究的大圖像，是二次大戰以來狀況的延續，倚靠來自聯邦政府軍事與民用的研究經費。儘管美國極度強調私營的健康照護，但是學院醫學研究的經費來源仍大多來自聯邦政府，而且過去十年來有很顯著的增加。

學院要求政府提供經費，並且希望除了主要和產業有關的研發經費之外，還有獨立的經費。[2]因此，讓人以為學院科學是發明的來源是很重要的，而這樣的信念也相當普遍。這點見證了學院研究型科學家龐大的影響力。確實有一些學院研究帶來新科技的案例。常舉出很多這類例子，但不是所有的例子都令人信服。X光和核子武器是很好的例子；而空腔磁控管（cavity magnetron）和雷射則是很差的例子。產生高頻、高功率無線電波的空腔磁控管，早在學院人士開始對它進行研究之前，就已經受到使用。雷射則是美國軍方引導啟發的學院研究之產物。

所有發明的嚴肅分析者都深知，大部分的發明，更不用說發明後續的發展，都出現在離學院實驗室很遠的地方，其完成必然遠離學院。大多數的發明出現在使用的世界（包括許多全新的發明），也都在使用者的直接控制之下。這個領域屬於工業公司的設計中心與工坊、實驗室與個別發明者，以及政府（特別是軍方）的實驗室、工坊與設計中心。[3]

○發明的階段模型

我們有個重大迷思，認為發明集中在特定領域，而且大多數全新的發明也在那些領域出現。這些領域被認為是形塑特定歷史時代的科技。就工業科技而言，一般認為二十世紀上半的發明集中在電氣與化學，接著由電機和火箭科技取而代之，然後是電腦與生物科技。近年如果有人相信資訊與生物科技是唯一出現發明的領域，這人是可以原諒的。確實有證據顯示，隨著時間的改變，努力著重的發明領域會有所不同，發明的產出也會隨著時間而改變（雖然不是那麼明顯）；然而，這些改變並不吻合前面所描述的那些階段。電氣與化學這兩個領域的發明不只源源不絕，而且在二十世紀出現根本的擴張，機械工程的發明也是如此。對火箭與電子的投入雖然在一九五〇年代和一九六〇年代確實有所成長，然而它們在二十世紀晚期無疑又萎縮了。產業內的生命科學研究，尤其是製藥業或農業方面，確實有所增加，而重化學品（heavy-chemicals）的研究則減少。甚至特定公司內部都出現這樣的狀況。

不能證明「老東西的重要性」例子或許是，二十世紀末研發支出最高的私人公司不是電腦巨人，甚至也不是製藥公司，而是汽車製造商：通用汽車和福特汽車占了鰲首，而不是微軟或諾華（Novartis）（參見表8-1）。在二十世紀末，設計一輛新車的成本大約在一億英鎊到五億英鎊之間，這和設計全新汽車引擎的成本差不多，這也和研發一種新藥的成本相當。當然，這或許是因為要在這些領域製造出任何有價值的東西，需要很大的投入，因此其研究與發展會如此昂貴。而其他領域的成本回收可能要比汽車業大得多，技術變遷也快得多。微電子產品（micro-electronics）可能是關鍵例子。

無疑許多人相信技術變遷集中在特定領域，但難以釐清的是，究竟這是因為在該領域投入了很多努力，還是因為該領域特別具有生產力。蘇聯有個老笑話直指這個議題的核心：一位發明家晉見部長，他說：「我為我們的成衣工業發明了新的鈕扣打洞機」。部長回答：「同志，我們不需要你的機器，難道你不了解這是史普尼克衛星的時代嗎？」。[4]這樣的心態形塑了政策，這不僅限於火箭，也不僅限於蘇聯。規劃者希望把發明與發展的重點，放在所謂科技進步的「尖端」之類的陳腔濫調上。政府投入航空發明的金額遠高於船運，投入於核能的金額遠大於其他能源科技。當然，造火箭和建核電廠有其軍事上的理由，而後則以此宣稱它們在技術上的豐饒多產，像是可利用其衍生副產品這類的觀念，來正當化這些科技的重要性。然而，衍生科技的論證背後隱藏的預設是，只有在那些被視為是先進的科技當中，才會有衍生科技。我們相信火箭要比鈕扣打洞機更有可能出現更重要的副產品。

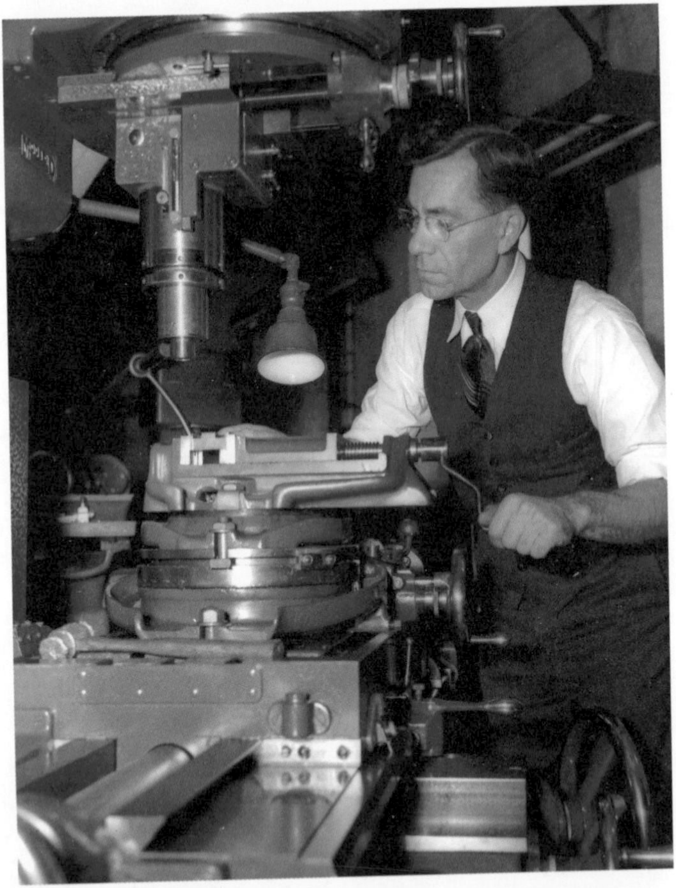

圖24｜約翰・嘉蘭德（John Garand），斯普林菲爾德的美國聯邦兵工廠雇員，也是美國陸軍半自動步槍的發明者。照片中正在其模具廠工作。M1是第二次世界大戰美國步兵的標準步槍。企業和政府的雇員，乃至個人獨立的機械發明，在二十一世紀所有專利數量中仍舊占相當可觀的一部分。

認為只有新科技才會出現重要發明，這種強烈的想法甚至促成一個特殊概念的提出，以便解釋舊產業的創新，亦即所謂「帆船效應」（sailing ship effect）。此一論證宣稱，只有在回應威脅其生存的新科技時，舊產業的公司才會創新。其所舉都是十九世紀的例子：帆船只有在蒸汽輪船引進之後才開始改良；電力引進之後，煤氣燈才出現維斯巴哈燈（Welsbach mantle）的新發展；在索耳末法（Solvay process）引進之後，製造鹼的勒布蘭法（Leblanc process）才出現改進。然而，就這些例子而言，根本沒有證據顯示「舊的」工業之前沒有新的發明。[5]某些例子確實有可能有帆船效應，例如在避孕藥引進之後，保險套及其他避孕方法的相關發明速度加快，但該產業的特殊狀況或許能解釋這種現象。

發明與創新到處出現。農業一直是發明與發展活動的重要場域，包括發展出新的耕作法和許多新植物品種，例如，位在菲律賓的國際水稻研究所（International Rice Research Institute）在一九六六年引進新的矮株水稻ＩＲ８。密集的發展帶來新的動物品種（例如雞隻）以及畜牧法，像是使用促進生長的抗生素。從一九二〇年代起，沒落中的英國棉紡織工業和英國政府，擴大規模支持棉花種植和棉產品製造的研究與發展。二十世紀初，美國最大的單一企業研究計劃，或許是美國煙草公司（American Tobacco Company）發展出雪茄製造機。[6]軍方支持的研究發明不只包括了航空與無線電，也包括輕兵器與火炮。造船的發明活動不只帶來更大的船隻，同時也促成研發了球型艏（Bulbous bow）這種二十世紀廣泛使用的東西。儘管蒸汽火車變得很不流行，而且獲得的資源很有限，但是第二次世界大戰後的數十年間，仍舊對它進行改良工作。

到了一九六〇年代，有些人開始覺得有些科技領域的發明，沒有得到應有的投入。在最根本的層次上，有種看法是太多資源被花費在飛機、火箭和核能上，這些科技常被標籤為「權貴」計劃。這種論點主張應該花更多資源在日常必需品的研究和發展，以及電子工程與化合物乃至火車與巴士的改良。這個論點其中一個特別有力而有趣的版本，來自於經濟學者修馬克（E. F. Schumacher）。他主張應該發展介於貧窮世界的傳統科技，與富裕世界資本密集的大型科技之間的「中級科技」（intermediate technology），這個觀念在他的名著《小即是美》（*Small is Beautiful*, 1973）中獲得闡發。這些觀念很有影響力，導致許多新的改良事物在慈善團體資助下獲得小規模的發展。例如，牛津大學有位學院工程師史都華．威爾森（Stuart Wilson, 1923-2003），發展了一種改良的腳踏人力車，稱為「牛津三輪車」（Oxtrike）。它的設計比傳統的三輪車更有效率，同時也能輕易在貧窮世界的小型工廠製造。然而，這種三輪車就像許多這類的科技一樣，並沒有在貧窮世界裡得到任何廣泛的傳播使用。總是有人懷疑這類科技是二流科技，他們問：為什麼貧窮國家不能擁有最好的科技呢？

為貧窮世界發明以及在貧窮世界發明，兩者之間有巨大的差別。在西方NGO（非政府組織）的世界之外進行的發明與發展，當然要比NGO的這些努力更重要。儘管沒有記錄在專利或版權中，但這種發明與發展對改變世界的物質結構仍很重要；例如，在貧窮的巨型城市裡，有著數以百萬計沒有受過訓練的建築師、工程師和營造者，他們的發明就很重要。

新的發明機構

第三種說法把焦點放在不同類型發明機構的嬗遞故事。就其大要而言，故事大致如下：在工業革命的英雄時代，發明主要是靠個人發明家。從十九世紀晚期開始，科學和技術結合在一起，企業的研究實驗室，特別是電力事業和化學產業，成為發明的場所。到了一九七〇年代和一九八〇年代，生物科技和資訊科技的新興企業、科學園區以及有企業精神的大學成為關鍵的創新機構。這些故事也不是沒有料，但是時間點及內容則相當誤導。

先從時間點來說，一九〇〇年左右大多數的專利，毫無疑問地是由個別發明家所取得，隨著二十世紀的進展，才開始有顯著比例的專利由大型公司取得。國家機構與企業的研究實驗室雖然在一九〇〇年左右就相當活躍，但要到一九四五年之後才自成局面。然而，個別的發明家在這之後並未消失，他們（因為發明迄今仍是非常男性的活動）在一個新的脈絡下運作。大型企業的發明家也沒有消失。發明史一個最驚人的特徵就是發明機構非常長壽。

在一九〇〇年左右可以看到，某些產業以及某些公司其發明活動的組織方式有了重要的改變，公司首度成立「研究部門」來補充既有的科學與工程活動。[7]公司雇用的大多數科學家和工程師仍舊在生產部門、分析實驗室與發展實驗室裡從事常規的工作。

和一般所想的相反，產業的研究革命並不是從研究型學術界衍生出來，它不是學術模型在產業的運用，而是產業、政府與學術同時進行的一場緩慢革命的結果。在這三個領域中，皆出現了以研究為焦點的科學和工程學。大學從教學機構變成教學與研究機構（醫學院也是如此）；政府的科學家和工程師不再只關心新建道路或執行食品安全標準，也投入新知識和新東西的創造。[8]

設立研發機構的公司通常規模很大，而且技術先進，事實上他們經常是該領域的主導者。當巴斯夫、赫斯特染色、拜耳和愛克發等德國合成染料公司也引進研究實驗室時，他們早已是合成染料界裡穩固的世界領先公司。拜耳在一八九一年引進研究實驗室，但在二十世紀初時只有百分之二十的化學家在從事研究活動。美國的研究革命甚至是由規模更大的公司所領導。常提到的第一個例子是一九〇〇年成立的奇異公司實驗室（General Electric Laboratory）。其他重要的實驗室是由炸藥公司杜邦（一九〇二與一九〇三年）、電話公司AT&T（一九一一年左右為其製造部門西方電器〔Western Electric〕的工程部新增研發分部），還有攝影巨人伊士曼·柯達（約在一九一二年左右）。這些公司當時的規模都已經非常大，也都已經在「以科學為基礎的」科技領域相當創新，並且雇用了大量的科學家與工程師。柯達和奇異已經是強大的跨國企業，是全球攝影與電氣產業的領導者，AT&T則主導了美國的電話和電報。

這些公司成立研究部門的主要原因之一是，歐洲的創新對其主導地位構成潛在威脅。這些創新本身不是工業研究的產物。伊士曼·柯達覺得受到盧米埃兄弟（Lumiere brothers）的自動彩色製程（Autochrome process）所威脅，後者能夠產生漂亮的彩色影像。奇異公司則擔心德國學院化學家華特·涅恩斯特（Walter Nernst）發明的一種完全不同的電燈。他的燈是由能夠導電並且在加熱時會發光的材料所製成，可以用火柴點亮，德國電氣公司AEG取得此項專利，讓涅恩斯特變成了有錢人。這種電燈在銷售上不太成功，只取得某些小型市場，其中之一是將它用在首度研發成功的光電傳真機（photoelectric fax machine），這是亞瑟·柯恩（Arthur Korn）所設計，在第一次世界大戰之前

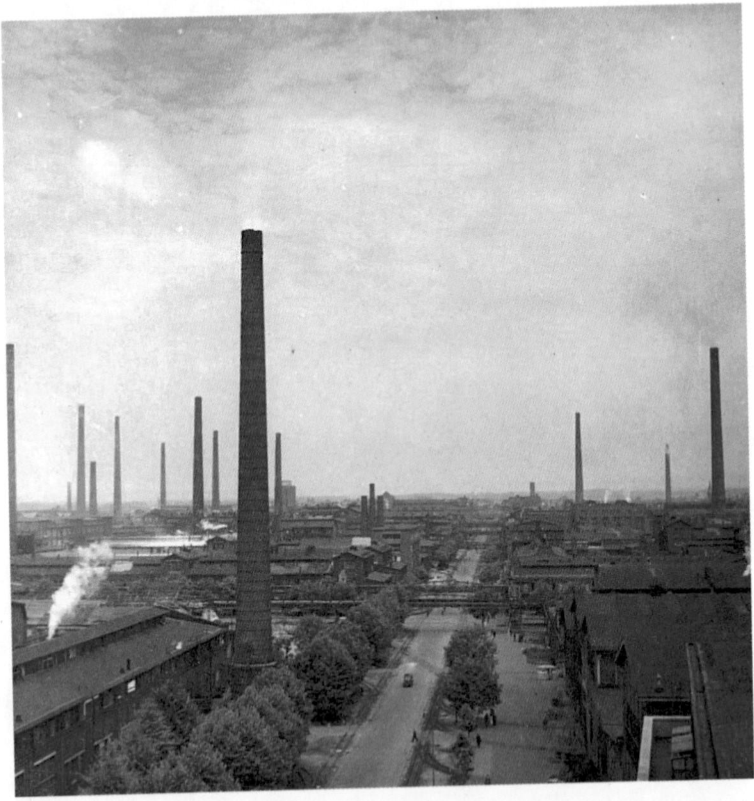

圖25｜世界上最偉大的發明中心之一：拜爾公司位於勒沃庫森（Leverkusen）的廠房，時間大約是一九四七年。從十九世紀晚期到現在，它一直是染料、藥品以及許多其他產品的生產中心。就像許多偉大的研發企業一樣，它的歷史比許多民族國家還長。

被使用。AT&T則擔心無線電會削弱它的電話生意，無線電則是一些歐洲個人發明家的產物，其中一位是馬可尼（Guglielmo Marconi）。

產業研發成為這些公司能夠數十年保持領先的因素之一，因此我們才會這麼熟悉他們的名字。奇異和杜邦的主要研發實驗室成立迄今已超過百年。在一九九七年（與二〇〇三年）研發經費排名前二十三名的公司當中，至少有十五家公司在一九一四年之前就已經成立了，而且其中至少有五家在當時就已是重要的產業研發者。當然這份排名當中有新的加入者，包括日本的汽車廠和電器公司。

在一九〇〇年左右成立的大型工業研發中心，經歷過一段擴張的歷史。在第一次世界大戰之前，杜邦將百分之一左右的盈餘支出在研究與發展，在兩次大戰之間這個數字增加到百分之三。在一九五〇年到一九七〇年間，該公司的規模已龐大許多，而此金額比例也達到百分之七。杜邦在一九六〇年代末宣稱研發新產品的計劃是個昂貴的失敗，在一九七〇年代削減研發預算，改為強調對既有產品的短期改善工作。到了一九七五年其研發強度衰退了百分之四點七，到了一九八〇年則又衰退了百分之三點六。杜邦在一九八〇年代時再度出現對研發的興趣，但主要是在生命科學的領域。儘管如此，杜邦的研發經費仍舊龐大。其在一九九七年的研發經費開銷仍舊排行在前，但到了二〇〇三年由於研究經費的削減，排名直線下降。

另一個長期居主導位置的是AT&T，其研發部門在一九二〇年代整合到子公司貝爾實驗室，此一公司在二十世紀有相當驚人的成長和產出。從一九二〇年代起貝爾實驗室就是全球資訊科技的領導者，而在一九三〇年代到一九七〇年代晚期則進行了驚人的擴張。其產品包括一九四七年發明的電晶體、一九六〇年代發明的UNIX作業系統，以及一九七九年發明的數位訊號處理晶片，後者在現代行動電話與其他產品中到處可見。在AT&T的電話壟斷遭到分拆、貝爾實驗室移轉到朗訊科技（Lucent Technologies）之後，貝爾實驗室的規模縮小，但是在一九九七年的排名仍在前二十名內，遠遠領先英特爾（Intel）。之後它的規模大幅縮減，但仍舊大於一九二〇年代中期的規模。

一九五〇年代到一九七〇年代電晶體與積體電路的發展，有部分是具有創業精神的小型公司的成果。貝爾實驗室的員工很快就將電晶體的發展與生產帶到更小更新的企業。擁有一位前貝爾實驗室員工的德州儀器公司，在一九五五年製造了第一顆矽電晶體。電晶體的發明者之一威廉·肖克利（William Shockley）在加州創辦一家半導體公司。一群專家離開貝爾實驗室，在一九五七年成立快捷半導體公司（Fairchild Semiconductor），這家公司引進了製造積體電路的關鍵平面製程（planar process）。快捷半導體與德州儀器在一九五九年取得關鍵的專利。新的半導體企業大部分是快捷半導體的員工在一九六〇年代成立的，這些公司大多位在日後稱為矽谷的地區，該區從一九三〇年代以來就歡迎新產業，和新的大學有堅強的連結，更重要的是和正在擴張的美國軍方也有很強的關係。這些新的半導體公司包括在一九七一年引進電腦晶片上的微處理器的英特爾（成立於一九六八年）。

今天從事資訊科技發明的大公司，是古老的公司和數十年前成立之創新企業的混合體：西門子、ＩＢＭ、微軟、諾基亞、日立以及英特爾（參見表8-1）。它們的研發預算僅次於那些占排行榜鰲首的公司。和大學有關的小型創新產業，在半導體與軟體扮演關鍵角色的時期，是一九五〇年代到一九七〇年代，而非後來他們取得主導地位的時期。日立和西門子都是在第一次世界大戰之前成立的，貝爾實驗室也是。不過或許最具有啟發性的例子是ＩＢＭ，多年來這家公司等於是電腦的代名詞，不論是大型主機或個人電腦皆然。甚至在第一次世界大戰之前，就已經是世界各地計算機的主力。ＩＢＭ在一九四〇年代和一九五〇年代是電子機械的領導公司。一九五〇年代麻省理工學院的一位工程師，為美國防空的薩吉計畫（project SAGE）設計了一套巨大的計算系統。ＩＢＭ獲得製造這些機器的合約，儘管該公司之前在電腦方面沒有任何經驗。從這時候起，ＩＢＭ出乎意料地成為電子計算的領導力量，特別是在一九六〇年代初期推出系統360（System 360）之後。ＩＢＭ現在仍是研發經費的主要支出者。

就生物科技而言，製藥研究的榮景也是由巨型的經費提供者所引導，而非小型創新公司。這些大型公司存在已久，製藥／生物科技最大的研發經費支出者都是非常古老的公司。輝瑞、嬌生、羅氏（Roche），以及由汽巴精化（Cibaa）、嘉基（Geigy）、山德士（Sandoz）等瑞士公司合併而成的諾華（Novartis），以及赫斯特染色（Hoecht）與羅納普朗（Rhone Poulenc）等合併成為安萬特（Aventis）；這些公司都是在十九世紀創立的。合併成為葛蘭素史克（Glaxosmithkline）的幾家公司：葛蘭素（Glaxo）、衛康（Wellcome）、史密斯、克蘭（Kline French）、必勤（Beechams）以及艾倫與亨伯瑞（Allen & Hanbury）等公司也是如此。其中很多家公司在一九一四年以前，就已經在製藥研究與生產扮演重要角色。一九七〇年代和一九八〇年代的創新企業遠遠落後於這些公司。

第一次大戰之前就已存在的大型汽車公司，其研發支出今天排名在前，但它們在第二次大戰以前並不以研發著名；通用汽車在某種程度上是例外。這些汽車公司很少從事研究，但非常具有發明能力。一九〇八年推出的T型車是新型的汽車：這是一種堅固、輕又便宜的車子，適合在鄉下使用。T型車不是出自於實驗室，而是出自一家小公司。福特在一九一〇年一月搬進位在高地公園（Highland Park）、由水泥和玻璃建築而成的巨大新工廠，該廠還自備宏偉的發電廠。它在一九一〇年僱用了三千名生產員工，到了一九一三年擴充到一萬四千名。[9]今天快速成長的公司很少能趕得上這樣成長速度。

就如同許多其他產業一樣，汽車產業只有很少的實驗室，有的甚至完全沒有；但卻有許多發展作坊與測試設施，像是跑道、風洞以及流體力學槽。這些設施對於生產推進器、外殼形狀、飛機與材料等迫切需要的相關知識是很重要的，設計師和工程師在其中一直都扮演主導的角色。汽車產業經常透過漸進的改變，達到特定程度的性能，而大多數的設計工作則需要大量的計算與模型模擬。

此一密集的發展活動在第二次世界大戰時發生劇烈改變。光是飛機以及飛機引擎就占戰後研究發展的一大部分，其經費主要來自國家。同時進行且有相似組織方式的，是火箭計畫以及新的計算機發展。當時決定把大量資源投入特定計畫，這不只導致經費增加，也導致其他某些計畫的逐漸縮小。DC3型客機在一九三〇年代晚期的發展費用大約是三十萬美金；而龐大許多的DC4型客機在一九三〇年代中期的發展費用則是三百三十萬美金；DC8型客機在一九五〇年代的研究費用則是一億一千兩百萬美金。[10]飛機的發展費用持續增加，汽車也是一樣。短程與洲際飛彈以及太空火箭也消耗了大量的發展支出。

「研究與發展」(research and development)一詞在第二次大戰期間成為政府和工業的特

定名詞。使用此名詞帶來不良的後果，「發展與研究」（development and research）會比較精確，因為事實上發展經費要遠大於研究經費。

○上述說法如何能適用於原子彈計劃？

在二十世紀的科學史、科技史與發明史中，美國在二次大戰期間的原子彈計劃占了最中心的位置（雖然後續工作沒有受到這麼大的注目）。它深刻影響我們如何看待二十世紀科學史中各種事物的重要性，特別是一九三九年以前的歷史。一般認為原子彈是二十世紀中期最偉大的科技；也將它視為科學史與科技史上極其重要的組織創新，標示著所謂「大科學」（big science）的興起。之所以認為它是世界史上史無前例者，是因為遺漏了許多先行者。一旦把這些舊事物擺回到故事當中，事情看來就大不相同。

首先讓我們從名字開始。使用「曼哈頓計劃」（Manhattan Project）一詞，就遮掩了其全名當中一個重要的字眼，它的全名是「曼哈頓工程區」（Manhattan Engineer District）。之所以如此稱呼，是因為它是由美國陸軍工兵團（US Army's Corp of Engineers）管理；這是個歷史悠久聲望崇高的機構，長期以來招募西點軍校最好的畢業生。工兵團在組織上分為不同區，因此他們為此新計劃而創設一個新區；這是個生產、發展與研究的計劃。在一般關於大科學的故事中，原子彈計劃二十億美元的驚人開銷，經常被講得像是研究與發展的費用，但事實上這二十億美元大部分是用來在橡樹嶺（Oak Ridge）與漢福德（Hanford）建造兩座核子工廠。該計劃的領導者葛羅夫陸軍准將（General Leslie Groves）是美國工兵團的資深成員，他曾經監督過彈藥廠的興建，經手過的合約要比曼哈頓計劃的整體費用還高出許多。[11]

在整個二次大戰，原子彈的研究與發展花費了七千萬美金（以一九九六年的幣

圖26｜軍事工程師雷斯里．葛羅夫（Leslie Groves）准將是曼哈坦工程區計畫的負責人，從研發到工廠的建造，他管理該工廠的一切。但一般說法常讓人以為負責人是他的部下，洛斯阿莫斯實驗室的主管羅伯．歐本海默（Robert Oppenheimer）。以學術研究為中心的發明觀，有系統地貶低像原子彈這類計劃中非學院與非物理學的關鍵成份。

值算來是八億美金）。這在當時是非常大筆的一筆錢，但和其他的計劃相比也算是同等級。當時研發兩種形式的原子彈，假設每一種各花費了三千五百萬美金的話，那大概是戰前研發DC4客機的十倍經費，而和今天研發一部新汽車的開支差不多。即便在美國，當時也有許多非常大型的計劃。其中之一是雷達的研發；在日本占領了全世界最大的橡膠生產地區之後，也有極為大型的計劃來製造新的合成橡膠；醫學也有大型的計劃，包括生產盤尼西林以及抗瘧疾的化合物。這些都建立在過去數十年從尼龍與煤炭氫化到汽車與大型飛船的大型研究發展經驗。

發明的速率是否增快？

由於資料的匱乏和品質不良，要說出關於發明模式變遷的歷史故事會碰到很多問題。對於任何宣稱在任何特定歷史時期，發明的速率或重要性出現顯著變化的說法，我們都應該保持懷疑的態度。可以獲致這類結論的指標根本就不存在，而現有的指標則顯示對此應該小心謹慎。我們擁有關於發明的主要統計資訊是專利的數量。專利是給予發明者的法律文件，讓他們在固定時間內對其發明擁有專屬權。然而，只有部分發明取得專利，而許多的發展則無法申請專利。專利並不代表該項發明的重要性，或是背後的科技之重要性。此外，不同國家採用不同的專利制度，而這些專利制度又隨著時間而改變。也不是所有的發明者都想要申請專利。只有一小部分的專利曾獲得運用；事實上，只有百分之十或更少的專利在其有效期間生效。異於大多數其他類型財產，大多數的專利根本沒有價值。專利是對於特定發明很特殊的一種法律主張，並不意味著該項發明曾經獲得成功地利用。[12]

然而，從專利的統計史我們可以得到一些有用的線索。首先也許會讓人相當驚訝的是，申請專利的速率並沒有隨著時間而出現顯著的改變。在一九一〇年到一九九〇年之間，儘管美國人口出現相當的增加，甚至還有更顯著的經濟成長，可是美國給予其住民的專利，仍舊是每年約三萬件到五萬件之間。在某些時期，特別是一九三〇年代早期，申請專利的活動顯著地下降，這導致許多人相信美國的大型壟斷企業阻礙了科技的進步。[13]一九八〇年代早期則開始出現穩定的成長，而在二十一世紀初期，每年給予美國住民的專利達到約八萬件。歐盟的專利成長則更為緩慢。本書稍早警告從這類統計數字得到過度推導的結論，關於這點可以進一步指出，如果光看專利申請數的話，二十世紀晚期日本的發明能力是美國的三倍，而韓國的發明能力則是美國的兩倍。這點可信嗎？

另一個看待這個議題的辦法，是檢視研究與發展的支出。這是對某類發明活動的投入，而不是對所有發明活動的投入。這類支出大部分用在發展，而不是發明。在一九〇〇年，研發的支出和經濟規模相比是相當微小的，接下來一直到一九六〇年代，政府和產業的這類支出快速成長，其成長速度要比經濟成長率高得多，在長榮景期尤其如此，富裕國家達到了國內生產毛額的百分之三。從一九六〇年代晚期開始，富裕國家研發支出的成長，大約和經濟成長相當，這意味著研發占國內生產毛額的比率幾乎沒有改變。由於就歷史標準而言，從事研發的主要國家經濟成長率相當低，因此在二十世紀晚期，研發經費的成長率也減緩了。雖然研發經費的成長率下降相當可觀，但除了少數幾年有所減少之外，每年實際花費的金額仍舊是增加的。

研發支出的增加，意味著對發明與發展的投入，隨著時間而有相當顯著地成長。然而，這樣的增加並沒有帶來任何專利數目的相對成長。這再一次顯示，專利也許是很不好的發明指標，而它當然是很不好的發展指標。這也顯示在二十世紀，發明和發展的成本提高了。有些人認為，創新現在變得越來越瑣碎而昂貴。[14]製藥業是研發生產力出現明顯衰退的領域之一。美國食品藥物管理局批准的新化學個體（new chemical entities, NCEs），在一九六三年到二十世紀末之間增加了一倍：在一九六〇年代和一九七〇年代平均每年有十四種，在一九八〇年代則出現相當成長，而在一九九〇年代達到平均每年二十七種。但在同一時期製藥產業的研發開銷則成長了近二十倍。[15]一般的解釋是藥物發展的成本增加了，尤其是臨床試驗變得更昂貴而花時間。最近一項估計顯示，製藥工業每種獲得批准的新化學個體，總研發費用大約是四億美元，不過要注意的是，這包含了那些還沒完成就中止之計劃的成本，因此成功的計劃之成本比這個數字低。[16]

還有另外一個因素需要考量。NCE指標沒辦法告訴我們獲批准新藥的有效性，或者這些新藥彼此之間有什麼差別。新藥有可能比舊藥好得多，但和幾十年前的產品相較，很少甚至沒有什麼重要的新藥出現。製藥公司投入鉅資進行「差不多藥物」（me-too drugs）的發展、試驗與行銷，它們是既有療法的小改款。製藥業在發明與發展更好但微不足道的東西。

製藥公司的研發經費，占現在所有研發金額的三分之一左右。製藥業加上汽車產業的研發支出，則占了全球研發支出的一半左右。然而，相較於早先這兩個產業研發支出很少的時代，現在很難看到它們發展出帶來巨大差別的新產品。我們看不到像盤尼西林或T型車這樣嶄新或重要的產品。

生物科技又如何？這是所謂發明已經從企業實驗室轉移到他處的關鍵例子。只要看穿表面上的熱潮，就會發現其紀錄相當令人失望。傳統製藥業的發明率就已經很低了，其中更只有四分之一的新藥來自於生物科技，如果採用更嚴格定義的話，比例還會更低。就算採取最寬鬆的定義，來自於生物科技的藥物也只不過占藥物總銷售的百分之七。美國安進公司（Amgen）這家成立於一九八〇年的生技領導公司，在二〇〇四年的銷售量，只有製藥業前三、四名公司的五分之一而已。創立於一九七六年的基因泰克（Genentech）這家開路先鋒公司，在二〇〇四年的銷售金額是四十億美元。就銷售而言，自一九八〇年代以來出現了十二種重要的生物科技新藥，其中有三種是用來取代既有藥物的合成藥物。相較於既有療法而言，自一九八六年以來，只有十六種生物科技新藥有比較好的療效。更有趣的是，就臨床藥效的增進而言，生物科技的創新已經在沒落了，而在此一領域也出現了許多「差不多創新」（me-too innovation）。儘管私人與公共經費對這領域的發明做了巨大的投資，但它對整體健康改善的影響卻極為渺小，部分原因是這些藥物是用來治療罕見疾病。[17]

難怪製藥業和生物科技業投入公關與行銷的經費是如此龐大。製藥公司的行銷經費高於研發經費，這告訴了我們，它們賣的產品並沒有明顯地比其競爭對手來得好。盤尼西林不需要行銷；那些小改款的藥物才需要。

我們必須在這樣的背景下，來考量近年科技變遷快速增加最常舉出的例子，那就是電腦的運算能力。它以驚人的高速增加。當年擔任快捷半導體公司（Fairchild Semiconductor）研發部主任的高登．摩爾（Gordon Moore），日後成為英特爾公司的創辦人之一，在一九六五年指出，積體電路上的電晶體數量在經濟上可行的狀況下，會以一九六〇年代早期的速率成長。他在一九七五年認為數目的增長會持續，但速率只有一九六五年的一半。成長率確實下降了，但成長的速度穩定地保持在大約是一九七五年所預測的速率。然而，改變的速率卻相當驚人。在一九七〇年代到一九九〇年代初之間，英特爾處理器的元件數目成長速率大概是每十年成長一百倍。在一九九〇年代晚期這個成長速度還增加了，雖然還沒有達到一九六〇年代的水準。

連續四十年、每十年成長一百倍的改變速度是史無前例的。二十世紀初以來的汽車產業看不到這樣的現象。今天我們在其他領域也找不到這樣的現象。這個例子無法代表總體技術變遷。

以過去的標準來看，現在並不是一個激進創新的時代。事實上，以今天的標準來看，過去顯得特別具有發明力。我們只要想想在一八九〇年到一九一〇年的二十年間出現了許多明顯的新產品，像是X光、汽車、飛行、電影與無線電，這些科技今天大多仍在持續擴張。

公司名稱	2003年研發費用花費（百萬英鎊）
福特汽車（Ford Motor）	4189.71
輝瑞藥廠（Pfizer）	3983.58
戴姆勒克萊斯勒（DaimlerChrysler）	3925.45
西門子（Siemens）	3883.17
豐田汽車（Toyota Motor）	3483.99
通用汽車（Gereral Motors）	3184.18
松下電器（Matsushita Electric）	3019.18
福斯汽車（Volkswagen）	2917.14
國際商業機器（IBM）	2826.1
諾基亞（Nokia）	2802.99
葛蘭素史克藥廠（Glaxosmithkline）	2791.00
嬌生公司（Johnson & Johnson）	2616.61
微軟（Microsoft）	2602.65
英特爾（Intel）	2435.62
索尼（Sony）	2309.76
愛立信（Ericsson）	2275.52
羅氏（Roche）	2152.67
摩托羅拉（Motorola）	2106.59
諾華公司（Novartis）	2098.21
日本電信電話（NTT）	2063.94
安萬特（Aventis）	2060.32
惠普（Hewlett-Packard）	2040.11
日立（Hitachi）	1938.10
阿斯特捷利康製藥（AstraZeneca）	1927.83

表8.1 | 一九九七年與二〇〇三年全球十大公司的研發支出。
單位為百萬英鎊，根據一九九七年與二〇〇三年的匯率換算。

公司名稱	1997年研發費用花費（百萬英鎊）
通用汽車（Gereral Motors）	4983.591
福特汽車（Ford Motor）	3845.266
西門子（Siemens）	2748.690
國際商業機器（IBM)	2617.601
日立（Hitachi）	2353.534
豐田汽車（Toyota Motor）	2106.695
松下電器（Matsushita Electric）	2032.720
戴姆勒－賓士（Daimler-Benz）	1914.146
惠普（Hewlett-Packard）	1870.670
愛立信電信（Ericsson Telefon）	1856.885
朗訊科技（Lucent Technologies）	1837.243
摩托羅拉（Motorola）	1670.111
富士通（Fujitsu）	1649.168
日本電氣（NEC）	1629.157
ABB集團（Asea Brown Boveri）	1614.805
杜邦（El du Pont de Nemours）	1576.516
東芝（Toshiba）	1554.453
諾華公司（Novartis）	1538.814
英特爾（Intel）	1426.401
福斯汽車（Volkswagen）	1487.240
日本電信電話（NTT）	1535.634
赫斯特（Hoechst）	1348.656
拜耳（Bayer）	1339.868

註：一九一四年之前成立的公司以黑體字標示。就日本電信電話的例子而言，關鍵日期是日本電話系統與電報系統建立的時間，兩者都在十九世紀。

資料來源：二〇〇四年與一九九八年研究與發展累計表，
http://www.innovation.gov.uk/projects/rd_scoreboard/downloads.asp

諾貝爾化學獎

獲獎年度	得獎者	所屬公司
1931	弗里德里希・伯吉尤斯（Friedrich Bergius）	多家
	卡爾・博施（Carl Bosch）	巴斯夫（BASF）／法本公司（IG Farben）
1932	歐文・藍穆爾（Irving Langmuir）	通用電氣公司（又稱奇異公司）
1950	庫爾特・阿德爾（Kurt Alder）	學術界（Academia）／法本公司（IG Farben）
1952	阿徹・馬丁（Archer Martin）、理察・辛格（Richard Synge）	里茲羊毛工業研究協會（Wool Industries Research Association, Leeds）

諾貝爾生理醫學獎

獲獎年度	得獎者	所屬公司
1936	亨利・戴爾（Henry Dale）	學術界／伯勒斯・衛康公司（Burroughs Wellcome）
1948	保羅・赫爾曼・穆勒（Paul Hermann Müller）	嘉基（Geigy）
1979	高弗雷・赫殷斯費（Godfrey Hounsfield）	電子與音樂工業公司（EMI）
1982	約翰・羅伯特・范恩（John Vane）	學術界／衛康公司（Wellcome）
1988	詹姆士・懷特・布萊克（James Black）	卜內門化學工業（ICI）／史克美占（Smith, Kline & French, SKF）／衛康公司
	格特魯德・艾利昂（Gertrude Elion）、喬治・赫伯特・希青斯（George Hitchings）	衛康公司（Wellcome USA）

表8.2 | 工業類諾貝爾獎項

諾貝爾物理獎

獲獎年度	得獎者	所屬公司
1909	古列爾莫・馬可尼（Guglielmo Marconi）	馬可尼無線電報公司（Marconi Co.）
1912	尼爾斯・古斯塔夫・達倫（Nils Gustaf Dalén）	瑞典儲氣器公司（Swedish Gas Accumulator Co.〔AGA〕）
1937	柯林頓・戴維森（Clinton Davisson）	貝爾實驗室
1956	威廉・蕭克利（William Bradford Shockley）、約翰・巴丁（John Bardeen）、沃爾特・布拉頓（Walter Houser Brattain）	貝爾實驗室
1971	丹尼斯・伽伯（Dennis Gabor）	英國湯森休士頓（British Thomson-Houston〔AEI〕）
1977	菲利普・安德森（Philip Warren Anderson）	貝爾實驗室
1978	阿諾・潘佳斯（Arno Penzias）	貝爾實驗室
1986	格爾德・賓尼希（Gerd Binnig）、海因里希・羅雷爾（Heinrich Rohrer）	國際商業機器股份有限公司（IBM Switzerland）
1987	約翰內斯・貝德諾茲（Johannes Georg Bednorz）、卡爾・穆勒（Karl Alexander Müller）	國際商業機器股份有限公司
1997	朱棣文（Steven Chu）	貝爾實驗室
1998	霍斯特・L・史托馬（Horst L. Störmer）	貝爾實驗室
2000	傑克・S・基爾比（Jack S. Kilby）	德州儀器（Texas Instruments）

註：有某些年分，該獎項頒給數位科學家或工程師，而這份表格並未列出所有的得主。有時頒獎時，得主已經不在表格列出的公司工作了，但得獎的研究是在該公司進行的。

資料來源：我對於諾貝爾獎基金會網站所提供關於得獎者的廣泛資訊所進行的分析（www.nobel.se或www.nobelprize.org）。

結論
CONCLUSION

長久以來一直都有人說，我們活在「一個變遷日益快速」的時代；然而，有充分的證據顯示，變遷不見得都會加快。衡量變遷是極為困難的，姑且讓我們先以富裕國家的經濟成長做為粗糙的指標。富裕國家在第一次世界大戰之前成長快速，接著在一九一三年到一九五〇年之間，整體的成長速度減緩。在長榮景期有著驚人成長，此後的成長就不再那麼強勁。換句話說，在兩次大戰之間的經濟成長率，比一九一四年之前來得低；在一九七三年之後的平均經濟成長率，要比一九五〇年到一九七三年這段期間低得多。在一九七〇年代出現「生產力減緩」（productivity slowdown）之後，富裕世界持續成長，但不再有歷史空前的成長率。

自一九八〇年代以來，人們相信高成長率又回來了；這是可以諒解的，因為不只所謂

「變遷不斷加快」的說法甚囂塵上，所謂新經濟新時代之根本變革的言談也朗朗上口。然而在美國、日本、歐盟與英國，一九九〇年代的成長率要比一九八〇年代來得低，一九八〇年代的成長率要比一九七〇年代來得低，而一九七〇年代的成長率又要比一九六〇年代來得低。[1]美國在一九九〇年代晚期的生產力似乎成長了；但究竟這是全面性的，還是僅限於電腦製造部門，卻還有爭議。[2]成長和變遷不是同一回事，但沒有任何證據顯示，最近幾十年來富裕國家的結構性變遷比長榮景期那段時間來得快。未來導向的修辭再次低估了過去，而高估了現在的力量。

不是全世界每個地方都以同樣的節奏成長，例如蘇聯在一九三〇年代成長非常快速，但是這段期間世界上其他的地方則非如此。尤其一九七〇年代之後，遠東許多經濟體成長非常快速，但這是從很低的基準線開始成長的；特別是中國經濟規模的增加，意味著它的成長足以實質改變全球的統計數字。例如，中國使得全球鋼鐵生產的成長率與長榮景期相同。

過去三十年來，另一個重要的變遷特點是經濟與成長的衰落。某些地方在二十世紀最後的年頭出現倒退。沙哈拉以南（sub-Saharan）七億非洲居民的人均所得，從一九八〇年的每人七百美元，掉到世紀末每人五百美元的悲慘狀況，對大多數人來說更糟糕的是，此一人均所得的計算有百分之四十五來自於南非，所以其他地方收入減少的惡化狀況甚至更嚴重。[3]瘧疾變得更加常見，而愛滋病這類的新疾病更空前地橫掃了整個非洲大陸。然而，這並非回歸過往的世界，因為非洲大陸也有汽車和新型違建區，那是個未能建立起現代工業的快速都市化世界。

一九八九年之後，蘇聯及其衛星國的經濟出現明顯的快速崩潰，崩潰率達到百分之二十、三十乃至於四十，遠超過一九八〇年代初期資本主義國家的經濟衰退。雖然生產量的戲劇性衰退，無法被概括地形容為技術的倒退，但在某些地方，這樣的現象是很明顯的。從前蘇聯獨立出來的摩爾多瓦（Moldova），失去了百分之六十的生產量。一份二〇〇一年的報告指出，「又重新使用紡紗輪、紡錘、牛油攪拌器、木製榨葡萄器、以及石製的麵包烤爐等」二次大戰後隨著經濟發展而淘汰掉的機器。貝沙瑪（Belsama）的民俗博物館館員宣稱：「唯一的生存之道是完全的自給自足。」這意味著「將時間倒退回從前。」[4]正如我們前面所提到，古巴由於失去牽引機的供應而擴張牛隻的數目。

某些工業——像是拆船業——則是來到新的低科技未來。台灣在一九八〇年代擁有全世界最大的拆船產業，拆卸的船隻超過全世界拆船量的三分之一。一九九〇年代早期台灣退出此一產業；現在拆船是由印度、巴基斯坦與孟加拉所主導，到了一九九五年這三個國家的拆船量占全世界的百分之八十。[5]台灣的拆船業使用專門的

圖 27｜巴西的航空母艦密納斯吉拉斯號於二〇〇四年在印度古吉拉的阿蘭海灘（Alang Beach），以一種新型態、缺乏現代科技的方式拆除。阿蘭海灘成為拆船產業最大的中心，也是新科技退化的驚人例子。這艘船原本的名字是英國皇家海軍復仇號（HMS Vengeance），於一九四五年下水；在造這艘船的時代，拆船是一個更為資本密集的產業。

船塢設施，但新的拆船業者則在海灘上使用最簡單的設備，由數以萬計的赤腳工人拆船。拆船之所以在這些地方進行，是因為當地對廢鐵的需求，但這些地方對廢鐵的使用方式不同於其他時候與其他地方：這些廢鐵被再軋、再製，而不是用來煉成新的鋼鐵。

拆船業看起來似乎是技術倒退的首例，但實則不然；在二十世紀早期就有這樣的現象。在開挖白海運河時，從來沒人用過如此原始的方法來建造如此龐大的運河，馬克尼土哥斯克（Magnitogorsk）鋼鐵工業中心的設立也是如此。集體農場即便非常重視牽引機，本身仍包含技術的倒退。然而數世紀以來，沒有一個全球產業像拆船業這樣地倒退。

這本書為那些看似老舊之物的重要性辯護，也懇切呼籲用新的方式看待科技世界的歷史，這會改變我們看待這個世界的心態。其言外之意亦是懇切希望我們能用新的方式來思考科技的當下。

例如我們應該注意到，大多數的變遷是來自於技術從一個地方移轉到另一個地方，而這樣巨大的變遷乃是來自於技術水準的巨大落差。即便是富裕國家，彼此之間也有巨大的差異，對化石燃料的使用就是如此。如果美國能夠將其能源使用程度降低到和日本一樣，對整體能源使用就會有相當大的影響。然而，貧窮國家或富裕國家都不歡迎這樣的想法，因為相較於創新，模仿被認為是很不可取的。模仿被視為是對自身創造性的否定，是把他人設計的東西強加到自己身上；人們不認為「讓他們發明」（*Que inventen ellos*）是一種合理的政策建議，而是國家的恥辱。人們深切覺得掌握科技或科學的真義，就是要創造新的東西。對於這種不安，這本書意有所指的答案是：除了極少數特殊的例外，所有的國家、公司和個人都依賴他人的發明，模仿他人之處遠多於自行發明。

創新的政策與做法，相關論點似乎也是如此。也就是說這些政策和做法在全世界都相同或相似，而表面看來這似乎是件好事。確實，全球的創新政策都驚人地缺乏原創性，而且許多這類政策都明白地呼籲，要模仿那些被認定是最成功的模式。然而，模仿既有的科技是很合理的，模仿他人的創新政策卻可能是個錯誤。如果所有的國家、區域和公司對於應該從事怎樣的研究都有一致的看法，那這就不是創新了；如果所有的國家都追求同樣的研究政策，那可能不是一件好事，因為最後他們的發明很可能都會很相似，而即便這些發明在技術上都成功了，也只有少數會被採用。一位有智慧的音樂家曾說：「如果我知道爵士樂的未來何在，那我早就去那裡了。」

弔詭的是，當人們不想要改變時，呼籲要創新是種常見的以用來規避改變的方法。宣稱未來的科學和技術將能夠處理全球暖化的問題，這種說法就是這樣的例子。它所隱含的論點是，今天的世界只能擁有現況。然而，我們其實已經擁有以不同方式來做事的技術能力：我們並沒有被科技所決定。

如同這本書這般，避免將使用和發明／創新混為一談，將大大影響我們如何思考新的事物如何產生。二十世紀充滿了各種發明與創新，所以大多數的發明與創新都必然失敗。當我們決定不採用某樣創新時，我們不需要擔心自己是否在抗拒創新或是落後於時代。活在一個充滿發明的時代，使得我們必須拒絕大多數的發明。儘管利益相關的達人或政府告訴我們一定得接受某些科技，像是基因改造作物，但我們總是擁有自由可以反對我們不喜歡的科技，總是有替代的科技以及另類的創新路徑。發明的歷史並未告訴我們未來是單一而必然的，不能順應就會遭到淘汰；發明的歷史所記錄的是許許多多無法實現或是沉迷於過去的未來。

我們應該自由自在地研究、發展、創新，即便是那些停留在老掉牙的未來主義思想者認定為已經過時的領域，也應如此。大多數的發明還是會失敗，未來仍舊是不確定的。研究政策的關鍵課題是，要確保有更多的好主意，也因而有更多失敗的主意。發明與創新的政策要能夠成功，關鍵之一是在正確的時機將計劃停掉，但是這樣做意味著，以批判的態度看待那些鼓吹對發明進行資助並為此辯護的誇張說法。

雖然我們能夠終止計劃，但人們常說我們無法讓已經發明出來的科技消失掉，這種說法通常意味著我們不能拋棄它們。這種觀念本身就是把發明與科技混為一談的實例，其實大多數的發明都因為被忘記或遺失，而遭到拋棄。隨著世界經濟的成長，有些東西不再受到使用，包括從一九七〇年代就開始沒落的石棉和氟氯碳化氣體（CFC gases）這類冷煤。科學家和工程師的新任務之一，是要積極地讓舊科技消失，而且要廢棄其中某些科技是相當艱鉅的任務，例如核電廠。

科技是什麼？科技從何而來？科技能做些什麼？思考科技的過去能讓我們對這類「科技的問題」（the question of technology）有所洞見。[1] 然而這本書所要做的，遠超過用歷史範例來回答這個古老的有趣問題。本書的主要關切並非科技的問題，而是歷史中的科技，本書探詢的問題是科技在更寬廣之歷史過程中的位置。這個重要的區別並非如此明顯，但是要對科技有適當的歷史理解，卻是關鍵。這個區分會讓我們丟開發明，也不再把「技術變遷」（technological change）以及「形塑科技」（shaping of technology）當成是科技史的關鍵問題。科技史可以更加廣闊，而且能幫我們重新思考歷史。

如果我們對科技與社會的歷史關係感興趣，不只需要對我們所使用的科技提出新說法，也得對我們所生活的社會有新看法。現有的二十世紀科技史都鑲嵌在世界史的特定預設中，而世界史則又鑲嵌在關於科技變遷與科技影響之性質的特定預設：它們通常早就未曾言明地彼此相互界定。因此，包含此一新說法的社會史，和過去的社會史大不相同，例如：新觀點會把新型貧窮世界的擴張視為關鍵的議題，該世界處於戰火不斷的狀態，數以百萬計的人遭到殺害或虐待。新說法對全球科技景觀的描述，必然非常不同於既有的全球史和科技史，而此一說法或許會修正我們對於世界史的看法。

重新思考科技史，必然要重新思考世界史，這同時顯示了科技在二十世紀的重要性，以及科技對於理解二十世紀的重要，例如，我們不應該再認為新科技無可避免地會導致全球化；相反地，因為自給自足的科技，使得世界經歷了一番去全球化的過程，而帝國扮演了重要的角色。文化並沒有落後於科技，而是相反；認為文化落後於科技的想法，曾經存在於許多不同的科技時代，本身就非常陳腐。大體而言，科技並不是一種革命性的力量；科技在維持現狀與改變現狀這兩方面是等量齊觀的。二十世紀的生產力毫無疑問是增加了，但科技究竟在其中發揮怎樣的作用，卻

1〔譯註〕「科技的問題」通常意味著對科技做哲學式乃至存有論式的探討，這方面最知名的典型代表作之一，是德國哲學家海德格（Martin Heidegger）於一九五四年出版的〈關於科技的問題〉（The Question Concerning Technology）這篇文章。

仍舊是個謎；不過我們並沒有進入無重量、去物質的資訊世界。二十世紀的戰爭確實是改變了，但這種改變並不吻合俗見之科技時程表的節奏。

如果我們將真正重要的科技納入考量，會看到很不一樣的歷史：重要的科技不見得是驚人的著名科技，也包括那些無所不在的低科技。對使用中的事物以及使用事物的方式進行歷史研究是很重要的。

致謝
ACKNOWLEDGEMENTS

本書成書的動力出自於以下的信念：把新而更為適切的科技史放入全球史中，會讓這兩種歷史都變得更好。如此的計劃難稱原創。費福勒（Lucien Febvre）與布洛克（Marc Bloch）在一九二九年創辦《年鑑》（*The Annales*），在一九三五年出版了該刊的第一個專號，其主題是科技史；他們希望科技史能夠發展成為一般史的一部分。我很高興《老科技的全球史》一書的許多關鍵論點，最早是出現在《年鑑》第二個技術史的專號，其專題主編是伊夫．柯亨（Yves Cohen）與多明尼克．佩斯特（Dominique Pestre）。我在知識上得益於他人之處，則記錄於那些簡短且刻意縮限其篇幅的註解以及本書的書目；此一書目是進一步閱讀的指引。此一著作目錄無法完全傳達我獲益於我所謂「由下而上的史學」（historiography from below）之處，因為這本書也有賴不少非學術性的材料。

我主張要避免將創新與使用混為一談，也有必要為這兩者寫出新的全球史；我很感激世界各地那些能看出這樣論點之優點的學者。我曾在以下的學術機構參加討論會與發表演講（以下大略按照時間順序），並由參與者的評論獲益良多；它們是孟德維多的共和大學（Universidad de la República, Montevideo）、巴黎的高等社科院（École des Hautes Etudes en Sciences Sociales, Paris）、倫敦的經濟事務研究所（Institute of Economic Affairs, London）、斯德哥爾摩的皇家工學院（Royal Institute of Technology, Stockholm）；以及下列的大學：雅典大學、巴斯大學、劍橋大學、曼徹斯特大學、國立清華大學（台灣）、康乃爾大學、麻省理工學院、以及威斯康辛大學麥迪遜分校。我在許多學術會議與研討會報告過本書的主題，並由聽眾的回應學到許多：倫敦的歷史研究所（Institute for Historical Research, London）的英美學術研討會（Anglo-American conference）、邱吉爾學院（Churchill College）的日本學術振興會研討會（Japan Society for the Promotion of Science Symposium）、加泰隆尼亞科學史與技術史學會的研討會（Catalan Society for the History of Science and Technology）、全國工程師協會（National Identities of Engineers）在夕羅斯島舉辦的「過去與現在」研討會（their past and present conference on Syros）、阿姆斯特丹的科技史學會研討會（Society for the History of Technology meeting in Amsterdam）、以及曼徹斯特大學的科學史、科技史與醫學史的大議題研討會（Big

Issues in the History of Science, Technology and Medicine at the University of Manchester）。帝國學院（Imperial College）的「科技史的新意」（What is new in the history of technology）研討會也讓我獲益良多，特別是約翰・皮克斯東（John Pickstone）、史文特・林德奎斯特（Svante Lindqvist）、艾瑞克・沙茲伯格（Eric Schatzberg）與派普・恩迪亞（Pap N'diaye）的報告。

我很感激許多的同儕，包括帝國學院的科學、科技與醫學史中心（Centre for the History of Science, Technology and Medicine）的同事。本書的核心觀念最早是於十多年前向帝國學院的碩士班學生報告的，而近年來我也曾經嘗試向大學部學生講述這些理念。我很感謝這些學生，特別是那些研究和經驗讓我的知識有所增長的學生，包括 Toby Barklem、Roger Bridgman、Benjamin Fu Rentai、Mohammad Faisal Khalil、Groves Herrick、Emily Mayhew、Neilesh Patel, Russell Potts, Andrew Rabeneck, Sarah Ross、Claire Scott, Brian Spear、James Watson 以及已經過世的 Nick Webber。

以下這幾位為我提供資訊或者在其他方面協助了我：Jonathan Bailey、René Boretto Ovalle, Dana Dalrymple、Julio Dávila、Hans-Liudger Dienel、Andrés Di Tella, Jennifer Dixon、Sithichai Egoramaiphol、Mats Fridlund, Delphine Gardey, Roberto Gebhardt、David Goodhart、Leslie Hannah、John Howells、Terence Kealey、John Krige、Simon Lee、李尚仁、Svante Lindqvist、Santiago López García、José- Antonio Martín Pereda、Bryan Pfaffenberger、

Lisbet Rausing、Irénée Scalbert、Eric Schatzberg、Ralph Schroeder, Adam Tooze、Clio Turton、ristotle Tympas、Valdeir Rejinaldo Vidrik、吳泉源以及Diana Young。

帝國學院的博士班學生對本書較早的版本提供了不可或缺的批評，我特別感激以下的學生Jessica Carter、Sabine Clarke、Ralph Desmarais、Miguel García-Sancho、Neil Tarrant、Rosemary Wall和Waqar Zaidi。Jim Rennie是本書初期草稿的重要批評者。Andrew Franklin 委任我寫本書並且耐心的等待，他不只讓本書增色許多，此外他對書籍、獨立出版與歷史的信念，為本書的論點做出示範。我對他以及側影出版社（Profile）其他工作人員，特別是Daniel Crewe，致上熱烈的謝忱。感謝Alexander Rose指出本書精裝本中的錯誤，這些錯誤在此一平裝本中已經改正，而且還加入一些小細節的釐清。

注釋
NOTES

導論

1 Michael McCarthy, 'Second Century of Powered Flight Is heralded by jet's 5,000mph record', *Independent*, 29 March 2004, pp. 14-15.

2 Milton O. Thompson, *At the Edge of Space: the X-15 Flight Program* (Washington: Smithsonian Institution Press, 1992).

3 http://www.nasa.gov/missions/research/x-43_overview.html（2004年3月24日點閱）。譯註：該網頁現已移除，關於X-43A的相關資訊，可搜尋美國航太總署(NASA)官方網站，或參閱http://www.nasa.gov/missions/research/x43-main.html(2012年12月22日點閱)。

4 David Edgerton, 'De l'innovation aux usages. Dix thèse éclectiques sur l'histoire des techniques', *Annales HSS*, July-October 1998, Nos. 4-5, pp. 815-37〔中譯本參見，大衛・艾傑頓著，李尚仁、方俊育合譯，〈從創新到使用：十道兼容並蓄的科技史史學提綱〉，收入吳嘉苓、傅大為、雷祥麟主編，《STS讀本II：科技渴望性別》（臺北：群學出版社，2004），頁131-170。〕；Svante Lindqvist, 'Changes in the Technological Landscape: the temporal dimension in the growth and decline of large technological systems', in Ove Granstrand (ed.), *Economics of Technology*

(Amsterdam: North Holland, 1994), pp. 271-88。此一研究的取徑有別於長久以來關於使用者如何影響創新與發明的研究興趣，後者的範例包括Ruth Schwartz Cowan, 'The consumptionjunction: a proposal for research strategies in the sociology of technology,' in W. Bijker, et al. (eds), *The Social Construction of Technological Systems* (Cambridge, MA: MIT Press, 1987); Ruth Oldenzeil, 'Man the Maker, Woman the Consumer: The Consumption Junction Revisited,' in Londa Schiebinger et al., *Feminism in Twentieth-Century Science, Technology and Medicine* (Chicago: Chicago University Press, 2001); Nelly Oudshoorn and Trevor Pinch (eds.), *How Users Matter: the Co-construction of Users and Technology* (Cambridge, MA: MIT Press, 2003).

5 Bruno Latour, *We Have Never Been Modern* (New York: Harvester Wheatsheaf, 1993), pp. 72-76. 譯註：此書已有中譯，布魯諾・拉圖著，林文源等譯，《我們從未現代過》(台北：群學，2012)，頁177-186。

6 Lester Brown et al., *Vital Signs* (London: Earthscan, 1993), pp. 86-9.

第 1 章

1 這是我對Thomas Parke Hughes, *American Genesis:a Century of Invention and Technological Enthusiasm* (New York：Viking, 1989) 以及以下的新教科書的解讀：Ruth Schwartz Cowan, *A Social History of American Technology* (New York: Oxford University Press, 1997), Carroll Pursell, *The Machine in America: a Social History of Technology* (Baltimore: Johns Hopkins University Press, 1995) , Thomas J. Misa, *Leonardo to the Internet: Technology and Culture from the Renaissance to the Present* (Baltimore: Johns Hopkins University Press, 2004)。後者也處理到一九〇〇到一九五〇年的現代建築。也請參閱Bertrand Gille, *Histoire des Techniques* (Paris: Gallimard La Pléiade, 1978) trans as *The History of Techniques* (New York: Gordon and Breach Science Publisher, 1986), 2 vols., Robert Adams, *Paths of Fire: an Anthropologist's Enquiry into Western Technology* (Princeton: Princeton University Press, 1996), Donald Cardwell, *The Fontana History of Technology* (London: Fontana , 1994) and R.A. Buchanan, The *power of the Machine: Impact of Technology from 1700 to the present* (London：Penguin, 1992)；以及以下所討論到與Christopher Freeman有關的長波(long-wave)文獻。

2 Schwartz Cowan, *Social History*, p. 211.

3 Christopher Freeman and Francisco Louçã, *As Time Goes By: from the Industrial Revolutions to the Information Revolution* (Oxford: Oxford University Press, 2002) 全書，但請注意頁141的摘述圖表。

4 Harry Elmer Barnes, *Historical Sociology: Its Origins and Development. Theories of Social Evolution from Cave Life to Atomic Bombing* (New York: Philosophical Library, 1948), p.145.

5 Ernest Mandel, *Marxist Economic Theory* (London: Merlin Press, 1968), p.605.

6 對馬克思主義者Harry Braverman而言，這場科學—技術革命有著遠為廣泛的基礎，且在十九世紀晚期就很顯著了。參見Braverman, *Labor and Monopoly Capital* (New York: Monthly Review Press, 1974)。

7 *You and Your survey*, April 2005, BBC Radio 4, http：//www.bbc.co.uk/radio4/youandyours/technology_launch.shtml

8 R. W. Fogel, 'The new economic history: its findings and methods', *Economic History Review*, Vol.19 (1966), pp.642-56.

9 Henry Porter, 'Life BC (Before the Age of the Computer)', *The Guardian*, 14 February 1996.

10 *The Net*, BBC 2, 14 January 1997.

11 Charles W Wootton and Carel M. Wolk, 'The Evolution and Acceptance of the Loose-leaf Accounting System, 1885-1935', *Technology and Culture*, Vol.41(2000), pp.80-98

12 參見 Martin Bauer (ed.), *Resistance to New Technology: Nuclear Power, Information Technology and Biotechnology* (Cambridge: Cambridge University Press,1995).

13 Gijs Mom, *The Electric Vehicle: Technology and Expectations in the Automobile Age* (Baltimore: Johns Hopkins University Press, 2004), p.144.

14 前引書，pp 31-2.

15 Gijs Mom, 'Inter-artifactual technology transfer: road building technology in the Netherlands and competition between brick, macadam, asphalt and concrete', *History and Technology*, Vol.20 (2004), pp.75-96.

16 Mark Harrison, 'The Political Economy of a Soviet Military R&D Failure: Steam Power for Aviation, 1932 to 1939', *Journal of Economic History*, Vol.63 (2003), pp.178-212.

17 Eric Schatzberg, 'Ideology and Technical Choice: the decline of the wooden airplane in the United States, 1920-1945', *Technology and Culture*, Vol.35 (1994), pp.34-69,

and *Wings of Wood, Wings of Metal: Culture and Technical Choice in American Airplane Materials, 1914-1945* (Princeton: Princeton University Press, 1998).

18 G. M. G. McClure, 'Changes in Suicide in England and Wales, 1960-1997', *The British Journal of Psychiatry* vol. 176 (2000), pp.64-7.

19 參見 Ted Porter, *Trust in Numbers: the Pursuit of Objectivity in Science and Public Life* (Princeton: Princeton University Press, 1995).

20 這些數字是來自聖瑪莉(St Mary's)醫院的外科醫師Dickson-Wright，其計算出自James Foreman-Peck, *Smith and Nephew in the Health Care Industry* (Aldershot: Edward Elgar, 1955).

21 Tomi Davis Biddle, *Rhetoric and Reality in Air Warfare: the Evolution of British and American Ideas about Strategic Bombing, 1914-1945*(Princeton: Princeton University Press, 2002) and Walt Rostow, *Pre-invasion Bombing Strategy: General Eisenhower's Decision of March 25, 1994* (Austin: University of Texas Press, 1981), pp.20-21

22 Sir Arthur Harris, *Despatch on War Operations 23 February to 8 May 1945* (October 1945) (London: Frank Cass, 1995), p.40.

23 前引書，p.30.

24 前引書，p.39, 第205條。

25 關於史佩爾的審訊，參閱Sir Charles Webster and N. Frankland, *The Strategic Air Offensive against Germany, 1939-1945*, Vol. IV, *Annexes and Appendices* (London: HMSO, 1961), p. 383.

26 這些專家包括保羅・尼茲（Paul Nitze）以及約翰・肯尼斯・高伯瑞（John Kenneth Galbraith）。參見Biddle, *Rhetoric and Reality in Air Warfare*, p.271.

27 Nobel Frankland, *History at War: the Campaigns of an Historian* (London: Giles de la Mare, 1998).

28 Webster and Frankland, *Strategic Air Offensive*, Appendix 49 (iii).

29 United States Strategic Bombing Survey: Summary Report (Pacific War), 1 July 1946 (Washington: United States Government Printing Office, 1946). 可網路查詢。

30 前引書。

31 前引書，p.25.

32 前引書。

33 Notes of the Interim Committee Meeting, 31 May 1945, http://www.trumanlibrary.org/

whistlestop/study_collections/bomb/large/interim_committee/text/bmi4tx.htm .

34 Memorandum for Major General L. R. Groves regarding the Summary of Target Committee Meetings on 10 and 11 May 1945 at Los Amos, 12 May 1945. http://www.trumanlibrary.org/whistlestop/study_collections/bomb/large/groves_project/text/bma13tx.htm. 京都後來被美國政府排除在目標之外。

35 Jacob Vander Meulen, *Building the B-29* (Washington: Smithsonian Institution Press, 1995), p.100.

36 這些數字來自布魯金斯研究所（Brookings Institute）非凡的研究，Stephen I. Schwartz, *Atomic Audit: The Costs and Consequences of U.S. Nuclear Weapons since 1940* (Washington: Bookings Institution Press, 1998).

37 Barton J. Bernstein, 'Seizing the Contested Terrain of Early Nuclear History: Stimson, Conant, and their Allies Explain the Decision to Use the Atomic Bomb', *Diplomatic History*, Vol.17 (1993), pp. 35-72 and 'Understanding the Atomic Bomb and the Japanese Surrender: Missed Opportunities, Little-known Near Disasters, and Modern Memory', *Diplomatic History*, Vol. 19 (1995), pp.227-73.

38 R. V. Jones. *Most Secret War: British Scientific Intelligence 1939-1945* (London: Hamish Hamilton, 1978) and *Reflection on Intelligence* (London: Heinemann, 1989).

39 Michel J. Neufeld, *The Rocket and the Reich: Peenemunde and the Coming of the Ballistic Missile Era* (Washington: Smithsonian Institution Press, 1995), p.264.

40 此數字來自布魯金斯研究所的研究，Schwartz, *Atomic Audit*.

41 http://www.teflon.com.

42 http://www.tefal.com.

43 在此之前美國人已經在一處核子使用核能產生電力，蘇聯則已經將核能連上電網。

44 P. D. Henderson, 'Two British Errors: their probable size and some possible lessons', *Oxford Economic Papers* (July 1977), pp.159-94對英國核能計畫體無完膚的成本效益分析，文中對二次大戰後的政治文化與高科技有些重要的一般性評論。

45 例外之一是以下這本令人讚嘆的著作：Andrea Tone, *Devices and Desires: a History of Contraceptives in America* (New York: Hill and Wang, 2001).

46 此一數字來自倫敦橡膠公司（LRC, the London Rubber Company），該公司實際上壟斷了英國的保險套市場。Monopoly and Mergers Commission, *Contraceptive*

Sheaths (London: HMSO, 1975), Appendix 8. 譯者案：杜蕾斯（Durex）是該公司所使用的保險套商標名稱。

47 Hera Cook, *The Long Sexual Revolution: English Women, Sex, and Contraception, 1800-1975* (Oxford: Oxford University Press, 2004), pp.271-4, 319-37.

48 Tone, *Devices and Desires*, p.268.

49 Mark Harrison, *Disease and the Modern World* (Cambridge: Polity Press, 2004)

50 Claire Scott 提供我此一資訊。

51 引自 Edmund Russell, *War and Nature: Fighting Humans and Insects with Chemicals from World War I to Silent Spring* (Cambridge: Cambridge University Press, 2001), p.117.

52 Socrates Litsios, 'Malaria Control, the Cold War, and the Postwar Reorganization of International Assistance', *Medicine Anthropology*, Vol. 17, No. 3 (1997), and Paul Weindling, 'The Uses and Abuses of Biological Technologies: Zyklon B and Gas Disinfestation between the First World War and the Holocaust', *History and Technology*, Vol.11 (1994), pp.291-8

53 Gordon Harrison, *Mosquitoes, Malaria and Man* (London: John Murray, 1978), p. 258.

第 2 章

1 George Kubler, *The Shape of Time: Remarks on the History of Things* (New Haven:Yale University Press, 1962), p. 80.

2 Rudolf Mrázek, *Engineers of Happy Land: Technology and Nationalism in a Colony* (Princeton: Princeton University Press, 2002) p. 239, n. 93.

3 Anthony Smith (ed.), *Television: an International History* (Oxford: University Press, 1995).

4 某些非洲國家確實很晚才有電視，主要的落後者南非是個特殊的案例，尼日、賴索托、喀麥隆、查德、中非共和國、安哥拉、莫三比克、吉布地(Djibouti)與桑吉巴(Zanzibar)在一九七〇年代、一九八〇年代之前還沒有電視。

5 在一九六一年，英國鐵路百分之六十的資本存量(capital stock)，以及港口、船塢與運河百分之五十的資本存量，都是在一九二〇年之前建設的。參見 Geoffrey Dean, 'The Stock of Fixed Capital in the United Kingdom in 1961', *Journal of the Royal Statistical Society*, A, Vol. 127 (1964), pp. 327-51.

6 E. J. Larkin and J. G. Larkin, *The Railway Workshops of Britain 1823-1986* (London: Macmillan, 1988), pp. 230-33.

7 *Historical Statistics of the United States: Colonial Times to 1957* (Washington: US Bureau of the Census, 1960), pp. 289-90.

8 Colin Tudge, *So Shall We Reap* (London: Allen Lane, 2003), p. 9.

9 John Singleton, 'Britain's Military Use of Horses 1914-1918', *Past and Present* 139 (1993).

10 R. L. DiNardo and A. Bay, 'Horse-Drawn Transport in the Germany Army', *Journal of Contemporary History*, Vol. 23(1988), pp.129-41.

11 相較之下，拿破崙戰爭時薩克森師團（Saxon Division）有三百匹馱馬（馬和人的比例是一比一二〇）。http://www.napoleon-series.org/military/organization/c_saxon11.html.

12 M. Henriksson and E. Lindholm, 'The use and role of animal draught power in Cuban Agriculture: a field study in Havana Province', *Minor Field Studies*, 100 (Swedish University of Agricultural Sciences, Uppsala, 2000), citing Arcadio Ríos, *Improving Animal Traction Technology in Cuba* (Instituto de Investigación Agropecuaria (IIMA), Havana, 1998).

13 Timothy Leunig, 'A British industrial success: productivity in the Lancashire and New England cotton spinning industries a century ago', *Economic History Review*, Vol. 56 (2003), pp. 90-117.

14 John Singleton, *Lancashire on the Scrapheap: the Cotton Industry, 1945-1970* (Oxford: Oxford University Press, 1991), pp.93-4.

15 Ibid., pp.322.

16 Tanis Day, 'Capital-Labor substitution in the home', *Technology and Culture*, Vol. 33 (1992), p.322.

17 兩次大戰之間某些歐洲白人知識分子對西方工業文明的批判，是立足於頌讚非洲與亞洲古老而較不腐敗的文明，帶有高貴野蠻人（noble savage）的論調。只有極少數的非白人知識份子本身提出這樣的的批判，其中包括泰戈爾與甘地。參見Michael Adas, *Machines as the Measure of Men: Science, Technology and Ideologies of Western Dominance* (Ithaca: Cornell University Press, 1989), pp. 380-401.

18 Gustavo Riofrio and Jean-Claude Driant, *¿Que Vivienda han construido? Nuevos Problemas en viejas brriadas* (Lima : CIDAP/IFEA/TAREA, 1987).

19 *Slum of the World*, p. 25-quoted in Mike Davis, 'Planet of Slums', *New Left Review*, second series, No. 26 (2004), pp.5-34.

20 http://www.ucl.ac.uk/dpu-projects/Global_Report/pdfs/Durban/pdf *Understanding Slums: Case Studies for the Global Report on Human Settlements* (Development and Planning Unit, University College London). See http://www.ucl.uk/dpu-projscts/Global_Report/.

21 Julian Huxley, *Memories* (London: Allen & Unwin, 1970), Vol. 1, p.269.

22 Davis, 'Planet of Slums', p. 15.

23 Jean Hatzfield, *A Time for Machetes. The Rwandan Genocides: the Killers Speak*, trans. Lind Coverdale (London: Serpent's Tail, 2005), pp. 71-5. (First published in French, 2003).

24 在公元兩千年使用石棉最多的十個國家是：俄國四四六，〇〇〇噸；中國四一〇，〇〇〇噸；巴西一八二，〇〇〇噸；印度一二五，〇〇〇噸；泰國一二〇，〇〇〇噸；日本九九，〇〇〇噸；印尼五五，〇〇〇噸；韓國二九，〇〇〇噸；墨西哥二七，〇〇〇噸；白俄羅斯二五，〇〇〇噸 。這些國家占了全球用量的百分之九十四。Robert L. Virta, 'Worldwide Asbestos Supply and Consumption Trends from 1900 to 2000', US Geological Survey, Reston, VA, http://pubs.usgs.guv/of/2003/of03-083/of03-083-tagged.pdf

25 Appendix 8 of 'The socio-economic impact of the phasing out of asbestos in South Africa', a study undertaken for the Fund for Research into Industrial Development, Growth and Equity (FRIDGE), Final Report, http://www.nedlac.org.za/research / fridge/asbestos/.

26 Patrick Chamoiseau, *Texaco* (London: Granta, 1997).

27 這個名詞也用於語言，指的是殖民地前身是奴隸者的語言，主要是在加勒比海地區，英文、法文、葡萄牙文與西班牙文簡化而成的洋涇濱（pidgin）轉變為獨立的「克里奧語」（creoles）。關於語言，參見Ronald Segal, *The Black Diaspora* (London: Faber, 1995), Chapter 34.

28 Carl Riskin, 'Intermediate Technology in China's rural industries', in Austin Robinson (ed.), *Appropriate Technologies for Third World Development* (London: Macmillan, 1979), pp. 52-74.

29 World Watch Institute, *Vital Signs 2003-2004* (London: Earthscan, 2003).

30 我受惠於以下這本絕妙的書，Rob Gallagher, *The Rickshaws of Bangladesh* (Dhaka:

The University Press, 1992).

31 Tony Wheeler and Richard l'Anson, *Chasing Rickshaws* (London: lonely Planet, 1998)

32 Erik E. Jansen, et al., *The Country Baots of Bangladesh: Social and Economic Development Decision-making in Inland Water Transport* (Dhaka: The University Press, 1989).

33 http://www.sewusa.com/Pic_Pages/singerpicpage.htm.

34 Robert C. Post, '"The last steam railroad in America": Shaffers Crossing, Roanake, Virginia, 1958', *Technology and Culture*, 44 (2003), p. 565.

35 Tim Mondavi, quoted in *Independent*, 8 January 2002.

第3章

1 參見Paul Hirst and Jonathan Zeitlin, 'Flexible specialisation versus Post-Fordism: theory, evidence and policy implications', *Economy and Society*, Vol.20(1991), pp.1-56.

2 兩次世界大戰之間北歐國家的國民所得估算包含了家戶生產，參見Duncan Ironmonger, 'Household Production', *International Encyclopedia of the Social & Behavioral Sciences* (Oxford: Elsevier Science, 2001), pp.9-10

3 Sandra Short, 'Time Use accounts in the household satellite account', *Economic Trends* (October 2000).

4 Siegfried Giedion, *Mechanization Takes Command: a Contribution to Anonymous History* (New York: Oxford University Press, 1948; W. W. Norton edition, 1969).

5 正如以下這兩篇深具洞見的著作所指出，Sue Bowden and Avner Offer, 'Household appliances and the use of time: the United States and Britain since the 1920s', *Economic History Review*, Vol. 67 (1994), pp. 725–48; Ralph Schroeder, 'The Consumption of Technology in Everyday Life: Car, Telephone, and Television in Sweden and America in Comparative-Historical Perspective', Sociological Research Online, Vol. 7, No. 4.

6 Claude S. Fischer, *America Calling: a Social History of the Telephone to 1940* (Berkeley: University of California Press, 1992).

7 Ronald R. Kline, *Consumers in the Country: Technology and Social Change in Rural America* (Baltimore: Johns Hopkins University Press, 2000), pp. 78–9.

8 *Historical Statistics of the United States: Colonial Times to 1957*(Washington: US Bureau of the Census, 1960), pp. 284–5.

9 美國普查的資料參見Katherine Jellison, *Entitled to Power: Farm Women and Technology 1913–1963* (Chapel Hill: University of North Carolina Press, 1993), pp. 54–5.

10 Ibid., p. 61.

11 Giedion, *Mechanization Takes Command*, pp. 614–6.

12 參見 Ben Fine et al., *Consumption in the Age of Affluence: the World of Food* (London: Routledge, 1996), p. 40.

13 細節請見諾貝爾基金會（Nobel Foundation）的網站 www.nobel.se.

14 http://www.aga.com/web/web2000/com/WPPcom.nsf/pages/History_GustafDalen. AGA history site homepage: http://www.aga.com/web/web2000/com/WPPcom.nsf/pages/History_Home?OpenDocument.

15 Jordan Goodman and Katrina Honeyman, *Gainful Pursuits: the Making of Industrial Europe, 1600–1914* (London: Edward Arnold, 1988).

16 R. B. Davies, *Peacefully Working to Conquer the World: Singer Sewing Machines in Foreign Markets, 1854–1920* (London: Arno Press, 1976), p. 140, 引用於 Sarah Ross, 'Dual Purpose: the working life of the domestic sewing machine', MSc dissertation, Imperial College, London, 2003.

17 Frank P. Godfrey, *An International History of the Sewing Machine* (London: Robert Hale, 1982), p. 157.

18 Ibid., p. 281.

19 http://www.ibpcosaka.or.jp/network/e_trade_japanesemarket/machinery_industry_goods/sewing96.html.

20 Richard Smith, 'Creative Destruction: capitalist development and China's environment', *New Left Review*, No. 222 (1997), p. 4.

21 http://reference.allrefer.com/country-guide-study/china/china171.html.

22 此一洞見來自於 Sarah Ross, 'Dual Purpose'.

23 Arnold Bauer, *Goods, Power, History: Latin America' s Material Culture* (Cambridge: Cambridge University Press, 2001), pp. 170–71, f, Paul Doughty, *Huaylas: an Andean District in Search of Progress* (Ithaca: Cornell University Press, 1968) 以及 *Young India*, 13 November, 1924 in M. K. Gandhi, Man Vs. Machine (edited by Anand T. Hingorani) (New Delhi and Mumbai: Bharatiya Vidya Bhavan, 1998). 現已有網路版 http://web.mahatma.org.in/books/s.

24 作者於二〇〇年八月的觀察。

25 *Young India*, Gandhi, Man Vs. Machine.

26 M. K. Gandhi, Harijan, 13 April 1940; 參見 http://web.mahatma.org.in. 也可參見 M. K. Gandhi, *An Autobiography, Or the Story of My Experiments with Truth*, trans. by Mahadev Desai (Ahmedabad: Navajivan Publishing House, n.d.), pp.407–14; 影印掃描的網路版參見 http://web.mahatma.org.in.

27 Joel Mokyr, *The Gifts of Athena: Historical Origins of the Knowledge Economy* (Princeton: Princeton University Press, 2002), pp. 150–51.

28 John Ardagh, *France*, third edition (Harmondsworth: Penguin, 1977), p. 419.

29 Paul Ginsborg, *A History of Contemporary Italy, 1943–1980* (London: Penguin, 1990), p. 29.

30 'Epameinondas'，這篇宣言的出處是自馬克・馬卓爾（Mark Mazower）引用的檔案資料，參見其 *Inside Hitler's Greece: the Experience of Occupation, 1941–1944* (London: Yale University Press, 1993), pp. 312–3.

31 Eirik E. Jansen, et al., *The Country Boats of Bangladesh. Social and Economic Development and Decision-making in Inland Water Transport* (Dhaka: The University Press, 1989), pp. 103–5.

32 http://www.livinghistoryfarm.org/farminginthe20s/machines_08.htm.

33 *Jellison, Entitled to Power*, p. 110.

34 Ibid., p. 36.

35 Ibid., chapter 6.

36 Jakob Mohrland, *The History of Brunnental – 1918–1941*, interview of 16 January 1986; http://www.brunnental.us/brunnental/mohrlan d.txt.

37 Sheila Fitzpatrick, *Stalin's Peasants: Resistance and Survival in the Russian Village after Collectivisation* (New York: Oxford University Press, 1994), p. 136.

38 Ibid., p. 138.

39 Angus Maddison, *Dynamic Forces in Capitalist Development: a Long-run Comparative View* (Oxford: Oxford University Press, 1991), p. 150.

40 Deborah Fitzgerald, 'Farmers de-skilled: hybrid corn and farmers' work', *Technology and Culture*, Vol. 34 (1993), pp. 324–43.

41 Simon Partner, 'Brightening Country Lives: selling electrical goods in the Japanese

countryside, 1950–1970', *Enterprise & Society*, Vol. 1 (2000), pp. 762–84.

42 A. J. H. Latham, *Rice: the Primary Commodity* (London: Routledge, 1998), pp. 6–7.

43 John McNeill, *Something New under the Sun: an Environmental History of the Twentieth Century* (London: Penguin, 2000), pp. 225–6.

44 Dana G. Dalrymple, *Development and Spread of High-yielding Rice Varieties in Developing Countries* (Washington DC: Agency for International Development, 1986)，以及以小麥為主題的姊妹作。

45 牛肉生產出現了類似但比較沒那麼戲劇性的變化：在一九六〇年全世界約有十億頭牛，在二十世紀末約有十三億頭。然而以重量來計算，這段期間牛肉和小牛肉的產量增加了一倍。

46 William Boyd, 'Making Meat: Science, Technology, and American Poultry Production', *Technology and Culture*, Vol. 42 (2001), Table 1, p. 637.

47 Julian Wiseman, *The Pig: a British History* (London: Duckworth, 2000), pp. 155–6.

48 Richard Barras, 'Building investment is a diminishing source of economic growth', *Journal of Property Research* (2001), 18(4) 279–308，提供了英國的資料。

49 Craig Littler, 'A history of "new" technology', in Graham Winch (ed.) *Information Technology in Manufacturing Process: Case Studies in Technological Change* (London: Rossendale, 1983), p. 142.

50 Ginsborg, *Italy*, p. 239.

51 Stefano Musso, 'Production Methods and Industrial Relations at FIAT (1930–1990)', 收錄於 Haruhito Shiomi and Kazuo Wada (eds.), *Fordism Transformed: the Development of Production Methods in the Automobile Industry* (Oxford: Oxford University Press, 1995), p. 258.

52 Ginsborg, *Italy*, p. 240.

53 *Oxford Economic Atlas of the World*, fourth edition (Oxford: Oxford University Press, 1972), p. 55.

54 Paul R. Josephson, '"Projects of the Century" in Soviet History: Large-scale Technologies from Lenin to Gorbachev', *Technology and Culture*, Vol. 36(1995), pp. 519–59.

55 Philip Scranton, *Endless Novelty: Specialty Production and American Industrialization, 1865–1925* (Princeton: Princeton University Press, 1997, paperback, 2000).

56 這可清楚見諸此觀念提倡者之一的著作，Danny T. Quah, 'Increasingly Weightless

economies', *Bank of England Quarterly Bulletin*, February 1997.

57 *Independent*, 15 September 2003.

58 Martin Lockett, 'Bridging the division of labour? The case of China', *Economic and Industrial Democracy*, Vol. 1 (1980), pp. 447–86.

59 參見*Journal of Peasant Studies*, Vol. 30, Nos. 3 and 4 (2003) 的專號。

第 4 章

1 Langdon Winner, *Autonomous Technology: Technics-out-of-Control as a Theme in Political Thought* (Cambridge, MA: MIT Press, 1977), p. 183.

2 前引書, p.173.

3 Karl Wittfogel, *Oriental Despotism: A Comparative Study of Total Power* (New Haven: Yale University Press, 1957).

4 Lewis Mumford, 'Authoritarian and Democratic Technics', *Technology and Culture*, Vol. 5 (1964), pp. 1-8.

5 Ivor H. Seeley, *Building Maintenance*, second edition (London: Macmillan, 1987).

6 United Nations, *Maintenance and Repair in Developing Countries: Report of a Symposium* (New York: United Nation, 1971).

7 Arnold Pacey, *The Culture of Technology* (Oxford: Blackwell, 1983), p. 38.

8 保養和修理的支出相對於投資的比率，在不同的產業部門之間差異很大。在一九六一年到一九九三年之間，林業是百分之百，營造業是百分之七十五，製造業是百分之五十，服務業只有百分之十。Ellen R. McGrattan and James A Schmitz, Jr, 'Maintenance and Repair: Too Big to Ignore', *Federal Reserve Bank of Minneapolis Quarterly Review*, Vol. 23, No. 4, Fall 1999, Table 3.

9 前引文, pp. 2-13.

10 Michael J. Duekerz and Andreas M. Fischer, 'Fixing Swiss Potholes: the Importance and Cyclical Nature of Improvements', November 2002, http://www.sgv.ch/documents/Congres_2003/papers_jahrestagung_2003/b5-fixing per cent20Swiss per cent20Potholes.pdf

11 Commenwealth Bureau of Cenus and Statistics, *Capital and Maintenance Expenditure by Private Business in Australia, 1953-1959*, Canberra, 1959.

12 三十億英鎊這個數字來自於科技部（Ministry of Technology）一份簡略而缺乏實質內容的報告，*Report on the Working Party on the Maintenance Engineering* (London: HMSO, 1970)。

13 S. Brand, *How Buildings Learn: What Happens after They're Built* (London: Penguin, 1994), p.5.

14 Roger Bridgman, 'Instructions for use as a source for the history of technology', MSc dissertation, University of London, 1997.

15 Gijs Mom, *The Electric Vehicle: Technology and Expectations in the Automobile Age* (Baltimore: Johns Hopkins University Press, 2004).

16 Henry Ford, *My Life and Work* (Garden City, NY: Doubleday, Page & Co., 1922). Available online at www.gutenberg.org.

17 E. B. White, *Farewell to Model T* (first published 1936) (New York: The Little Bookroom, 2003), p. 13)

18 Stephen L. McIntyre, 'The Failure of Fordism: reform of the automobile repair industry, 1913-1940', *Technology and Culture*, Vol. 41 (2000), p. 299.

19 Admiral of the Fleet Lord Chatfield, *It Might Happen Again*, Vol. II, The Navy and Defence (London: Heinemann, 1948), p. 15.

20 John Powell, *The Survival of the Fitter: Lives of Some African Engineers* (London: Intermediate Technology, 1995), p. 12.

21 前引書, p.3.

22 前引書, pp. 13-14.

23 前引書。

24 Birgit Meyer and Jojada Verrups, 'Kwaku's Car. The Struggles and Stories of a Ghanaian Long-Distance Taxi Driver', in Daniel Miller (ed.), *Car Cultures* (Oxford: Berg Publishers, 2001), p. 171.

25 David A. Hounshell,'Automation, Transfer Machinery, and Mass Production in the U.S. Automobile Industry in the Post-World War II Era', *Enterprise & Society 1* (March 2000), pp. 100-138. 'Planning and Executing "Automation" at the Ford Motor Company, 1945-1965: the Cleveland Engine Plant and its Consequences', in Haruhito Shiomi and Kauzuo Wada (eds.), *Fordism Transformed: the Development of Production Methods in the Automobile Industry* (Oxford: Oxford University Press, 1995), pp. 49-86.

26 E. J. Larkin and J. G. Larkin, *The Railway Workshops of Britain 1823-1986* (London: Macmillan 1988), p. 103.

27 前引書, p. 107.

28 前引書, p. 110.

29 Derived from data in Ronald Miller and David Sawers, *The Technical Development of Modern Aviation* (London: Routledge and Kegan Paul, 1968), pp. 151, 209.

30 Ibid., p. 226.

31 Derived from Ibid., p. 207.

32 燃料使用只降低了百分之二十，對於降低成本的貢獻要小得多了。Ibid., p. 89.

33 Ibid., esp. pp. 86-9, 147, 150, 186, 197.

34 Nathan Rosenberg,'Learning by Using', in Nathan Rosenberg, *Inside the black Box* (Cambridge: Cambridge University Press, 1982), pp. 120-40.

35 *Report of the Committee of Enquiry into the Aircraft industry*, Cmnd 2853 (London: HMSO, 1965), pp.8-9.

36 Lord Chatfield, *It Might Happen Again*, Vol. II, pp.17-18.

37 前引書, Vol. I (London: Heinemann, 1942), p. 233.

38 前引書, Vol. II pp. 30-31.

39 James Watson, 'On Mature Technology', Humanities Dissertation, Imperial College, London, May 2001.

40 http://www.fleetairarmarchive.net/.
http://usuarios.lycos.es/christainlr/01d51a93a111e350c/01d51a93ef125ce07.html.

41 BBC online, 26 November 2004.

42 J. Watson, 'On Mature Technology'.

43 Brian Christley, ex-chief Concorde instructor, 8 January 2003, *The Guardian*.

44 Livio Dante Porta, 訃聞，*The Guardian*, 8 January 2003.

45 White, *Farewell to Model T*, p. 13.

46 '"Take a Little Trip with Me": Lowriding and the Poetics of Scale', in Alondra Nelson and Thuy Linh N. Tu (eds.), *Technicolor: Race, Technology, and Everyday Life* (New York and London: New York University Press, 2002), pp. 100-120.

47 Shigeru Ishikawa, 'Appropriate technologies: some aspects of Japanese experience', in Austin Robinson (ed.), *Appropriate Technologies of Third World Development* (London:

Macmillan, 1979), pp. 101-103.

48 Yuzo Takahashi, 'A Network of Tinkerers: the advent of the radio and television receiver industry in Japan', *Technology and Culture*, Vol. 41 (2000), pp. 460-84.

49 前引文。

50 Christopher Bayly and Tim Harper, *Forgotten Armies: The Fall of British Asia, 1941-1945* (London: Penguin, 2004), pp. 301-2.

51 Powell, *Survival of the Fitter*.

52 Valdeir Rejinaldo Vidrik, 'Invios caminhos: a CESP/Bauru e a inovação tecnológica nos anos 80 e 90', PhD thesis, University of São Paulo, 2003.

53 Lindqvist, 'Changes in the Technological Landscape', in Granstrand (ed.), *Economics of Technology*, p. 277.

第 5 章

1 John Ardagh, *France*, third edition (Harmondsworth: Penguin, 1977), p. 82.

2 阿根廷發明人協會（Asociación argentina de inventores）。http://puertobaires.com/aai/diadelinventor.asp.

3 Robert Wohl, 'Par la voie des airs: l'entrée de l'aviation dans le monde des lettres françaises, 1909–1939', *Le Mouvement Social*, No. 145 (1988), pp. 60–61.

4 Modris Eksteins, *Rites of Spring: The Great War and the Birth of the Modern Age* (London: Bantam, 1989), p. 427.

5 Sir Walter Raleigh, *The War in the Air*, Vol. 1 (Oxford: Oxford University Press, 1922), p. 111.

6 Kendall Bailes, 'Technology and Legitimacy: Society, Aviation and Stalinism in the 1930s', *Technology and Culture*, Vol. 17 (1976), pp. 55–81.

7 Alexander de Seversky, *Victory through Air Power* (New York: Hutchinson & Co., 1942), pp. 350, 352.

8 Eksteins, *Rites of Spring*, p. 359.

9 Valentine Cunningham, *British Writers of the Thirties* (Oxford: Oxford University Press, 1988), pp. 176–81.

10 克里斯・佛利曼（Chris Freeman）大多數的著作都漏掉美國——因為他持一

種李斯特式（Listian）的國家科技經濟觀，認為近年的關鍵國家是德國以及日本這個東方的普魯士。我要感謝西蒙・李（Simon Lee）向我指出佛利曼的李斯特主義。譯註：弗里德里希・李斯特（Friedrich List, 1789-1846），十九世紀的經濟學者，批評自由貿易，強調國家在經濟上的重要性，被視為國家創新體系的理論先驅。關於其簡介可參見維基百科。

11 John A. Hall (ed.), *The State of the Nation: Ernest Gellner and the Theory of Nationalism* (Cambridge: Cambridge University Press, 1998).

12 Francisco Javier Ayala-Carcedo, 'Historia y presente de la ciencia y de la tecnología en España', 收錄於 Francisco Javier Ayala-Carcedo (ed.), *Historia de la Tecnología en España*, Vol. II (Barcelona: Valatenea, 2001), pp. 729–52.

13 Ben Steil, David G. Victor and Richard R. Nelson (eds.), *Technological Innovation and economic performance*, a Council for Foreign Relations Book (Princeton: Princeton University Press, 2002).

14 Santiago López, 'Por el fracaso hacia el éxito: difusión tecnológica y competencia en España', 收錄於 Emilio Muñoz et al. (eds.), *El espacio común de conocimiento en la Unión Europea: Un enfoque al problema desde España* (Madrid: Acadenua Europea de Ciencias y Artes, 2005), pp. 229–51. Academias Eropeas de las Ciencias, discussion document.

15 Charles Feinstein, 'Technical Progress and technology transfer in a centrally planned economy: the experience of the USSR, 1917–1987', 收錄於 Charles Feinstein and Christopher Howe (eds.) *Chinese Technology Transfer in the 1990s: Current Experience, Historical Problems and International Perspectives* (Cheltenham: Edward Elgar, 1997), pp. 62–81.

16 A. C. Sutton, *Western Technology and Soviet Economic Development 1945 to 1965* (Stanford: Hoover Institution, 1973), Vol. 3, p. 371.

17 David A. Hounshell, 'Rethinking the History of American Technology ', in Stephen Cutcliffe and Robert Post (eds.), *In Context: History and the History of Technology* (Bethlehem: Lehigh University Press, 1989), pp. 216–29.

18 Henry Ford, *My Philosophy of Industry* (London: Harrap, 1929), pp. 44–5.

19 前引書, pp. 25-6.

20 Air Marshal William A. Bishop (RCAF), *Winged Peace* (New York: Macmillan, 1944), pp. 11, 175.

21 H. G. Wells, *The Shape of Things to Come* (London: Hutchinson, 1933; J. M. Dent/ Everyman edition, 1993). E. M. Earle, 'H. G. Wells, British patriot in search of a world state', 收錄於E. M. Earle (ed.) *Nations and Nationalism* (New York: Columbia University Press, 1950), pp. 79–121.

22 Wells, *The Shape of Things to Come*, p. 271.

23 前引書, p. 279.

24 George Orwell, 'As I Please', *Tribune*, 12 May 1944, reprinted in *CEJL*, Vol. 3, p.173.

25 R. F. Pocock, *The Early British Radio Industry* (Manchester: Manchester University Press, 1988); Daniel Headrick, *The Invisible Weapon: Telecommunications and International Politics, 1851–1945* (New York: Oxford University Press, 1991).

26 參見*A History of Technology*, Vol. 7, *The Twentieth Century, c. 1900 – c. 1950*, Parts I and II (Oxford: Oxford University Press, 1978)，書中唯一明顯和軍事有關的是討論原子彈那章。航空被放在交通科技，該章有討論到航空的軍事面。T. I. Williams的濃縮版*A Short History of Twentieth-Century Technology, c. 1900–1950* (Oxford: Oxford University Press, 1982)有一章討論槍砲、坦克等等，並未收錄於原書討論軍事科技的那一章。Charles Gibbs-Smith, *The Aeroplane: an Historical Survey of its Origins and Development* (London: HMSO/Science Museum, 1960)，後來發展成下面這本書：*Aviation: an Historical Survey from its Origins to the End of World War II* (London: HMSO/Science Museum, 1970) 及其第二版 (London: HMSO/Science Museum, 1985)。Gibbs-Smith不在科學博物館工作，而是在維多利亞與亞伯特博物館（Victoria and Albert）工作。R. Miller and David Sawers, *The Technical Development of Modern Aviation* (London: Routledge and Kegan Paul, 1968), pp. 58, 257. Peter King, *Knights of the Air* (London: Constable, 1989) and Keith Hayward, *The British Aircraft Industry* (Manchester: Manchester University Press, 1989). 很類似的狀況也出現在對美國飛機工業的討論，參見Roger Bilstein, *Flight in America 1900–1983: from the Wrights to the Astronauts* (Baltimore: Johns Hopkins University Press, 1984).

27 Santiago López García and Luis Sanz Menéndez , 'Política tecnológica versus política científi ca durante el franquismo', *Quadernos d'Historia de l'Ingeniería*, Vol. II (1997), pp. 77–118.

28 Arnold Krammer, 'Fueling the Third Reich', *Technology and Culture*, Vol. 19 (1978), pp. 394–422; Anthony Stranges, 'From Birmingham to Billingham: high-pressure coal

hydrogenation in Great Britain', *Technology and Culture*, Vol. 26 (1985), pp. 726–57.

29 Anthony Stranges, 'Friedrich Bergius and the Rise of the German Synthetic Fuel Industry', *ISIS*, Vol. 75 (1984), pp. 643–67.

30 Rainer Karlsch, 'Capacity Losses, reconstruction and unfi nished modernisation: the chemical industry in the Soviet Zone of Occupation (SBZ)/GDR, 1945–1965', in J. E. Lesch (ed.), *The German Chemical Industry in the Twentieth Century* (Dordrecht: Kluwer Academic, 2000).

31 Elena San Román and Carles Sudrià, 'Synthetic Fuels in Spain, 1942–1966: the failure of Franco's Autarkic Dream', *Business History*, Vol. 45 (2003), pp. 73–88.

32 西班牙先是在第二次世界大戰期間試圖引進納粹科技（例如以下所討論的從煤提煉油的例子）；戰後則在西班牙產業與研究機構安插德國與義大利的科學家與工程師。在西班牙，由國家推動的SEAT汽車廠在一九五〇年成立，但也有飛雅特的參與，並且生產飛雅特汽車，包括著名的飛雅特六〇〇。Manuel Lage Marco, 'La industria del automóvil' in Ayala-Carcedo (ed.), *Tecnología en España*, pp. 499–518.

33 http://www.fi schertropsch.org/DOE/DOE_reports/13837_6/13837_6_toc.htm.

34 http://www.sasol.com/sasol gives the history.

35 Carlo Levi, *Christ Stopped at Eboli* (London: Penguin Classics, edition 2000; first published in English 1947, in Italian 1944), pp.82, 96. 仕紳不知道該怎麼看待女性醫師，農夫也有不少人去過美國（見前引書八十九頁）。

36 前引書, pp. 128–9.

37 前引書, p. 160.

38 David Holloway, *Stalin and the Bomb: the Soviet Union and Atomic Energy, 1939–1956* (London: Yale University Press, 1994).

39 這些技術轉移的政治面在以下這篇文章有很好的探討：Jeffrey A. Engel, ' We are not concerned who the buyer is : Engine Sales and Anglo-American Security at the Dawn of the Jet Age', *History and Technology*, Vol. 17 (2000), pp. 43–68.

40 Ignacio Klich, 'Introducción' to the CEANA fi nal report, http://www.ceana.org.ar/fi nal/fi nal.htm.「阿根廷納粹活動清查委員會」(CEANA, Clarification of Nazis Activities in China) 是由阿根廷外交部長迪特拉（Guido di Tella）所成立，目的是要研究裴隆政府將納粹成員引進阿根廷所扮演的角色；其報告列出前往

阿根廷的一百八十名戰犯名單，包括許多法國人和比利時人。參見Robert A. Potash y Celso Rodríguez, 'El empleo en el ejército argentino de nazis y otros técnicos extranjeros, 1943–1955'；法國的資料則含糊而難堪，參見Raymond Danel, *Emile Dewoitine: créateur des usines de Toulouse de l'Aerospatiale* (Paris: Larivière, 1982).

41 Diana Quattrocchi-Woisson, 'Relaciones con la Argentina de funcionarios de Vichy y de colaboradores franceses y belgas, 1940–1960', CEANA fi nal report, http://www.ceana.org.ar/fi nal/fi nal.htm.

42 G. A. Tokaev, *Comrade X* trans. Alec Brown (London: Harvill Press, 1956). 閱讀這本書必須小心留意。

43 Hans Ebert, Johann Kaiser and Klaus Peters, *The History of German Aviation: Willy Messerschmidt – Pioneer of Aviation Design* (Forlag: Schiffer Publishing Ltd, 1999).

44 Jose Antonio Martínez Cabeza, 'La ingeniería aeronáutica', in Ayala-Carcedo (ed.), *Tecnología en España*, pp. 519–35.

45 其中一架在一九八〇年代贈送給史密森尼博物館，此處資料來該博物館。

46 然而，該廠的生產力卻要比福特在美國的工廠低百分之五十左右。參見John P. Hardt and George D. Holliday, 'Technology Transfer and Change in the Soviet Economic System', in Frederic J. Fleron, Jr, *Technology and Communist Culture: the Socio-cultural Impact of Technology under Socialism* (New York and London: Praeger, 1977), pp. 183–223.

47 Chunli Lee, 'Adoption of the Ford System and Evolution of the Production System in the Chinese Automobile Industry, 1953–1993', 收錄於Haruhito Shiomi and Kazuo Wada (eds.), *Fordism Transformed: the Development of Production Methods in the Automobile Industry* (Oxford: Oxford University Press, 1995), p. 302.

48 A. C. Sutton, *Western Technology and Soviet Economic Development 1930 to 1945* (Stanford: Hoover Institution, 1971), pp. 185–191.

49 前引書，pp. 62–3, 74–7.

50 Raymond G. Stokes, *Constructing Socialism: Technology and Change in East Germany 1945–1990* (Baltimore: Johns Hopkins University Press, 2000).

51 Werner Abelhauser, 'Two kinds of Fordism: on the differing roles of industry in the development of the two German states', in Shiomi and Wada (eds.), *Fordism Transformed*, p. 290.

52 Thomas Schlich, 'Degrees of control: the spread of operative fracture treatment with metal implants: a comparative perspective on Switzerland, East Germany and the USA, 1950s–1960s', 收錄於Jennifer Stanton (ed.), *Innovation in Health and Medicine: Diffusion and Resistance in the Twentieth Century* (London: Routledge, 2002), pp. 106–25.

53 Brian Winston, *Media, Technology and Society* (London: Routledge, 1998), chapter 6.

54 Sutton, *Western Technology*, pp. 161–3; Alexander B. Magoun, 'Adding Sight to Sound in Stalin's Russia: RCA and the Transfer of Electronics Technology to the Soviet Union', 參見 http://www.davidsarnoff.org/index.htm.

55 參見 Santiago López García, 'El Patronato Juan de la Cierva (1939–1960), part I', *Arbor*, No. 619 (1997), p. 207.

56 Michael Adas, *Machines as the Measure of Men: Science, Technology and Ideologies of Western Dominance* (Ithaca: Cornell University Press, 1989). 本書後半部有許多關於西方缺乏自信的材料，尤其是在一次世界大戰期間，但這些材料不完全是與非西方世界的對比有關。

57 S. C. Gilfi llan, 'Inventiveness by Nation: a note on statistical treatment', *The Geographical Review*, vol. 20 (1930) p. 301.

58 M. Jefferson, 'The Geographic Distribution of Inventiveness', *The Geographical Review*, 19 (1929): 649–64, p. 659.

59 Venus Green, 'Race and Technology: African-American women in the Bell System, 1945–1980', *Technology and Culture*, Vol. 36 Supplement, pp. S101–S144.

60 Kathleen Franz, 'The Open Road : Automobility and racial uplift in the interwar years', 收錄於 Bruce Sinclair (ed.), *Technology and the African-American Experience: Needs and Opportunities for Study* (Cambridge, MA: MIT Press, 2004), pp. 131–54.

61 Karen J. Hossfeld, 'Their logic against them : contradictions in race, sex and class in silicon valley', in Alondra Nelson and Thuy Linh N. Tu (eds.), *Technicolor: Race, Technology, and Everyday Life* (New York and London: New York University Press, 2002), pp. 34–63. The study reports data from the 1980s.

62 出自法農的 *Cahiers d'un retour au pays natal*（部分內容首度出版於一九三八年），引自 David Macey, *Frantz Fanon: a Life* (London: Granta, 2000), p. 183.

63 Eduardo Galeano, *Las Venas abiertas de América Latina* (Mexico: Siglo XXI, 1978, fi rst published 1971), p. 381.

64 G. A. Tokaty, 'Soviet Rocket Technology', republished in *Technology and Culture*, Vol. 4 (1963), p. 525.

65 這是我從諾貝爾博物館（Nobel Museum）網站列出名單所作之不全然可靠的估計。諾貝爾獎基金會沒有提供得主族群背景的資料。

66 Rudolf Mrázek, *Engineers of Happy Land: Technology and Nationalism in a Colony* (Princeton: Princeton University Press, 2002), p. 10.

67 前引書, p. 17.

68 前引書, p. 239, n. 94.

69 J. P. Jones, 'Lascars in the Port of London', *Port of London Authority Monthly*, February 1931. 抄錄於 http://www.lascars.co.uk/plafeb1931.html (20 April 2004).

70 'A Pattern of Loyalty' by Lighterman (first published December 1957). 這篇文章譯自 P.L.A. Monthly, December 1957. http:// www.lascars.co.uk/pladec1957.html, 20 April 2004.

71 David Omissi, *The Sepoy and the Raj: Politics of the Indian Army, 1860–1940* (London: Macmillan, 1994).

72 參見Daniel R. Headrick, *The Tentacles of Progress: Technology Transfer in the Age of Imperialism, 1850–1940* (New York: Oxford University Press, 1988)，特別是第三章與第九章。

73 Christopher Bayly and Tim Harper, *Forgotten Armies: the Fall of British Asia, 1941–1945* (London: Penguin, 2004), pp. 228–9.

第 6 章

1 對這類文獻的學院版與非學院版的完整綜覽，參見Barton C. Hacker, 'Military institutions, Weapons, and Social Change: Toward a New History of Military Technology', *Technology and Culture*, Vol. 35 (1994), pp. 768–834.

2 J. F. C. Fuller, *Armament and History* (New York: Scribners, 1945).

3 例如凡・克李維德（Van Creveld）就清楚認為兩者有所差別，「因為科技和戰爭運作的邏輯不只不同，其實還彼此對立，處理其中一者的概念架構，絕不能干擾另一者」Martin Van Creveld, *Technology and War: from 2000 BC to the Present* (London: Brassey's, 1991), p. 320.

4 Bernard Davy, *Air Power and Civilisation* (London: Allen & Unwin, 1941), p. 116.

5 Ibid., p. 148.

6 H. G. Wells, *A Short History of the World* (Harmondsworth: Penguin, 1946), p. 308.

7 Ernest Gellner, *Conditions of Liberty: Civil Society and its Rivals* (London: Penguin, 1996; orig. 1994), p. 200. 特別參見三十三與一七九頁。感謝Brendan O'Leary的指出。

8 Orwell, 'Wells, Hitler and the World State', *The Collected Essays, Journalism and Letters of George Orwell* (edited by Sonia Orwell and Ian Angus) (Harmondsworth: Penguin, 1970), Vol. II, *My Country Right or Left*, 1940–1943, p. 169.

9 引用於V. Berghahn, *Militarism: the History of an International Debate* (Leamington Spa: Berg, 1981), p. 42.

10 Liddell Hart, 'War and Peace', *English Review*, 54 (April 1932), p. 408. John J. Mearsheimer, *Liddell Hart and the Weight of History* (Ithaca: Cornell University Press, 1988), p. 103

11 Fuller, *Armament and History*, p. 20. 他再度認為兩次世界大戰之間的關鍵技術發展是環繞著內燃機以及無線電，但「軍人隔絕於民間的進步，無法看到這點」。參見Brian Holden-Reid, *J. F. C. Fuller: Military Thinker* (Basingstoke: Macmillan, 1987) 以及 Patrick Wright, *Tank: the Progress of a Monstrous War Machine* (London: Faber, 2000).

12 Lewis Mumford, *Technics and Civilisation* (London: Routledge and Kegan Paul, 1955), p. 95 (first published 1934).

13 Mary Kaldor, *The Baroque Arsenal* (London: Deutsch, 1982). 關於國家兵工廠是否只關切生產效率但是在產品研發上很保守，依照Kaldor的建議所做的研究可參見Colin Duff, 'British armoury practice: technical change and small arms manufacture, 1850–1939', MSc thesis, University of Manchester 1990.

14 Jonathan Bailey, *The First World War and the Birth of the Modern Style of Warfare* (Camberley: Strategic and Combat Studies Institute, Occasional Paper No. 22, 1996).

15 Gil Elliot, *Twentieth Century Book of the Dead* (London: Allen Lane, 1972), p. 133.

16 *'My Gun Was as Tall as Me': Child Soldiers in Burma* (Human Rights Watch, 2002).

17 Elliot, *Book of the Dead*, p. 135.

18 Olivier Razac, *Barbed Wire: a Political History* (London: Profile, 2002).

19 T. N. Dupuy, *The Evolution of Weapons and Warfare* (New York: Da Capo, 1990), pp.

307–20 (first published 1984).

20 John Campbell, *Naval Weapons of World War Two* (Greenwich: Conway Maritime Press, 1985).

21 Thomas Stock and Karlheinz Lohs (eds.), *The Challenge of Old Chemical Munitions and Toxic Armament Wastes*, SIPRI Chemical and Biological Warfare Studies, No. 16 (Stockholm: SIPRI/Oxford University Press, 1997).

22 Richard Overy, *Why the Allies Won* (London: Cape, 1995).

23 G. A. Tokaev, *Comrade X trans. Alec Brown* (London: Harvill Press, 1956), p. 287.

24 Jim Fitzpatrick, *The Bicycle in Wartime: an Illustrated History* (London: Brassey's, 1998), chapter 6.

25 關於美國請特別參考 Michael Sherry, *In the Shadow of War: the United States since 1930* (New Haven: Yale University Press, 1995).

26 Gabriel Kolko, *Vietnam: Anatomy of War 1940–1975* (London: Pantheon, 1986), p. 189. 也請參閱 Neil Sheehan, *The Bright Shining Lie: John Paul Vann and America in Vietnam* (London: Cape, 1989)，這本書是關於交戰中的一位自由派科技官僚的精采研究。

27 Gabriel Kolko, *Century of War: Politics, Conflict and Society since 1914* (New York: New Press, 1994), p. 404.

28 Ibid., p. 432.

29 Sheehan, *Shining Lie*.

30 David Loyn, 'The jungle training ground of an army the world forgot', *Independent*, 10 March 2004.

31 Daryl G. Press, 'The myth of air power in the Persian Gulf war and the future of air power', *International Security*, Vol. 26 (2001), pp. 5–44.

32 George N. Lewis, 'How the US Army assessed as successful a missile defense system that failed completely', *Breakthroughs*, Spring 2003, pp. 9–15.

33 George Riley Scott, *A History of Torture* (London: T. Werner Laurie, 1940, republished 1994).

34 Ricardo Rodríguez Molas, *Historia de la Tortura y el orden represivo en la Argentina* (Buenos Aires: Editorial Universitaria de Buenos Aires, 1984), 線上版的網址 http://www.elortiba.org/tortura.html.

35 參見紀錄片 Marie-Monique Robin, *Escadrons de la mort, l'école française*, 2003年首度在法國播映。

36 Carlos Martínez Moreno, *El Infi erno*, trans. Ann Wright, (London: Readers International, 1988; first published in Mexico, 1981, as El color que el infi erno me escondiera), p. 8.。A. J. Langguth, *Hidden Terrors* (New York: Pantheon Books, 1978) 也處理到米特翁。

37 對使用電擊棒的刑求中心的傑出研究，參見 Andrés Di Tella, 'La vida privada en los campos de concentración', in Fernando Devoto and Marta Madero (eds.), *Historia de la vida privada en la Argentina*, Vol. III (Buenos Aires: Taurus, 1999), pp. 79–105.

38 A. Rose, 'Radar and air defence in the 1930s', *Twentieth Century British History*, vol. 9 (1998), pp. 219–45.

39 Thomas Parke Hughes, *American Genesis: A Century of Invention and Technological Enthusiasm* (New York: Viking, 1989), chapter 8.

40 David A. Mindell, *Between Human and Machine: Feedback, Control and Computing before Cybernetics* (Baltimore: Johns Hopkins University Press, 2002). John Brooks, 'Fire control for British Dreadnoughts: Choices in technology and supply', PhD, University of London, 2001. Sébastien Soubiran, 'De l'utilisation contingente des scientifi ques dans les systèmes d'innovations des Marines française et britannique entre les deux guerres mondiales. Deux exemples: la conduite du tir des navires et la télémécanique' (Université de Paris VII : Denis Diderot, 2002), 3 vols.

41 Paul Edwards, *The Closed World: Computers and the Politics of Discourse in Cold War America* (Cambridge, MA: MIT Press, 1996); Janet Abbate, *Inventing the Internet* (Cambridge, MA: MIT Press, 1999).

42 Merrit Roe Smith (ed.), *Military Enterprise and Technological Change: Perspectives on the American Experience* (Cambridge, MA: MIT Press, 1985) ，以及 David Noble, *Forces of Production: a Social History of Automation* (New York: Oxford University Press, 1985).

第 7 章

1 James R. Troyer, 'In the beginning: the multiple discovery of the first hormone herbicides', *Weed Science*, Vol. 49 (2001), pp. 290–97.

2 William A. Buckingham Jr, *Operation Ranch Hand: the Air Force and Herbicides in South*

East Asia 1961–1971 (Washington: Office of Air Force History, 1982), http://www.airforcehistory.hq.af.mil/Publications/fulltext/operation_ranch_hand.pdf.

3 William Boyd, 'Making Meat: Science, Technology, and American Poultry Production', *Technology and Culture*, Vol. 42 (2001), p. 648.

4 Edmund Russell, *War and Nature: Fighting Humans and Insects with Chemicals from World War I to Silent Spring* (Cambridge: Cambridge University Press, 2001), p. 199.

5 Edward D. Mitchell, Randall R. Reeves and Anne Evely, *Bibliography of Whale Killing Techniques, Reports of the International Whaling Commission*, Special Issue 7 (Cambridge: International Whaling Commission, 1986).

6 J. N. Tønnessen and A. O. Johnsen, *The History of Modern Whaling*, trans. R. I. Christophersen (London: Hurst, 1982), pp. 368–429.

7 前引書, p. 429.

8 http://www.wdcs.org/dan/publishing.nsf/allweb/69E0659244AE593C80256A5E0043C5C6

9 Tønnessen and Johnsen, *Modern Whaling*.

10 J. J. Waterman, *Freezing Fish at Sea: a History* (Edinburgh: HMSO, 1987).

11 A. C. Sutton, *Western Technology and Soviet Economic Development*, Vol. III, 1945 to 1965 (Stanford: Hoover Institution, 1973), pp. 287–8.

12 奇怪的是英國並沒有發展大型的海上加工漁船船隊，大多數新的拖網漁船在海上將整條魚冷凍，等上陸後再加工；這種漁船數量的高峰是一九七四年的四十八艘，次年造了最後一艘這種漁船。Waterman, *Freezing Fish*.

13 相關資訊請參閱Paul R. Josephson, *Industrialized Nature: Brute Force Technology and the Transformation of the Natural World* (New York: Shearwater, 2002).

14 George Gissing, *By the Ionian Sea* (London: Century Hutchinson, 1986), pp. 153–4 (first published 1901).

15 Upton Sinclair, *The Jungle* (Harmondsworth: Penguin Classics Edition, 1974), pp. 328–9 (first published New York, 1906).

16 前引書, pp. 44, 45.

17 前引書, pp. 376–7.

18 參見 Hans-Liudger Dienel, *Linde: History of a Technology Corporation, 1879–2004* (London: Palgrave, 2004).

19 裝在大卡車上的冷凍設備是非裔美國人發明家佛瑞德・瓊斯（Fred Jones）發展出來的，這導致冷王（Thermo-King）這家龐大公司的創立。

20 J. B. Critchell and J. Raymond, *A History of the Frozen Meat Trade*, second edition (London: Constable, 1912), Appendix VII.

21 M. H. J. Finch, *A Political Economy of Uruguay since 1870* (London: Macmillan, 1981), chapter 5. Hank Wangford, *Lost Cowboys* (London: Gollancz, 1995)，有一章討論佛萊・本托斯。

22 Hal Williams, *Mechanical Refrigeration: a Practical Introduction to the Study of Cold Storage, Ice-making and Other Purposes to which Refrigeration is Being Applied*, fifth edition (London: Pitman, 1941), pp. 519–24.

23 http://www.cep.edu.uy/RedDeEnlace/Uruguayni/Anglo/marcoanglo.htm for oral testimony.

24 Sinclair, *The Jungle*, p. 48.

25 Siegfried Giedion, *Mechanization Takes Command: a Contribution to Anonymous History* (New York: Oxford University Press, 1948; W. W. Norton edition, 1969), p. 512. 關於德國與美國的對比，參見 Dienel, *Linde*.

26 Williams, pp. 487–515.

27 前引書, p. 504.

28 Sinclair, *The Jungle*, p. 46.

29 Henry Ford, *My Life and Work* (online Project Gutenberg version).

30 Lindy Biggs, *The Rational Factory: Architecture, Technology and Work in America's Age of Mass Production* (Baltimore: Johns Hopkins University Press, 1996), chapter one.

31 參見 *Observer Food Monthly* (March 2002).

32 英國的人道屠宰協會（the Humane Slaughter Association）在一九二〇年代推廣擊昏槍，一九三三年規定牛隻屠宰強制使用。

33 Eric Schlosser, *Fast Food Nation* (London: Penguin, 2002), pp. 137–8.

34 前引書第七章與第八章，也參見 Gail A. Eisnitz, *Slaughterhouse: the Shocking Story of Greed, Neglect and Inhumane Treatment Inside the US Meat Industry* (New York: Prometheus Books, 1997).

35 Rick Halpern, *Down on the Killing Floor: Black and White Workers in Chicago's Packinghouses, 1904–1954* (Chicago: University of Illinois Press, 1997).

36 T. S. Reynolds and T. Bernstein, 'Edison and "the chair"', *IEEE Technology and Society*, 8 (March 1989).

37 http://www.geocities.com/trctl11/gascham.html.

38 世界各地的殖民地，其死刑方式都追隨殖民強權：英國的殖民地將人吊死；西班牙在殖民地菲律賓使用絞刑椅，美國人則帶來電椅。

39 謀殺白人仍比謀殺黑人更容易被判死刑。

40 參見 Peter Linebaugh, 'Gruesome Gertie at the Buckle of the Bible Belt', *New Left Review*, No. 209 (1995), pp 15–33 and Walter Laqueur, 'Festival of Punishment', *London Review of Books*, 5 October 2000, pp. 17–24. http://www.deathpenaltyinfo.org/getexecdata.php. 該中心資料庫提供美國可溯到一六〇八年的死刑資訊。

41 從一九四一至一九四二年，在波蘭和蘇聯的大多數猶太人遭強迫遷入猶太人區（ghetto）；這本身就是種用饑荒與疾病來進行殺戮的方法，約有八十萬人因此死亡。

42 耐人尋味的是，蘇聯內務人民委員部（NKVD，譯註：史達林的特務機構）在肅清的高潮時引進了殺人機器，因為劊子手開始懷疑他們在做的事情，原因包括遭處死者在死前會說出真話。有人說布哈林（Buhkarin）就是遭到這種機器殺害。參見 Tokaev, *Comrade X*.

43 Jean-Claude Pressac and Jan van der Pelt, 'The Machinery of Mass Murder at Auschwitz', in Yisrael Gutman and Michael Berenbaum (ed.), *Anatomy of the Auschwitz Death Camp* (Bloomington: Indiana University Press, 1994), pp. 93–156.

44 Errol Morris（製作與導演）, *Mr Death: the Rise and Fall of Fred A. Leuchter Jr* (1999). 感謝 Andrés Di Tella 提供這條資訊。

45 http://www.angelfi re.com/fl 3/starke/hmm.html – for Leuchter on execution techniques.

46 對魯契特論點的駁斥，參見 Robert Jan van Pelt Report. http://www.Holocaustdenialontrial.org/nsindex.html is the website with the judgement, transcript etc. 也可參見 Pressac and van Pelt, 'The Machinery of Mass Murder at Auschwitz', in Gutman and Berenbaum (eds.), *Auschwitz Death Camp*, pp. 93–156 and www.nizkor.org.

47 受害最嚴重的是都會與鄉下的少數族群人口，包括華裔、越南裔以及泰裔，參見 Ben Kiernan, *The Pol Pot Regime: Race,Power and Genocide in Cambodia under the Khmer Rouge, 1975–1979*, second edition (New Haven: Yale University Press, 2002),

Table 4, p. 458. 大約同一時期，在東帝汶（East Timor）相同比例的人口（大略百分之二十）遭到印尼政府殺害。Ben Kiernan, 'The Demography of Genocide in Southeast Asia: the Death Tolls in Cambodia, 1975–79, and East Timor, 1975–80', *Critical Asian Studies*, Vol. 35:4 (2003), pp.585–97.

48 David Chandler, 'Killing Fields' in http://www.cybercambodia.com/dachs/killings/killing.html.

49 Human Rights Watch, *Leave None to Tell the Story: Genocide in Rwanda*, March 1999. http://www.hrw.org/reports/1999/rwanda/.

50 Report of the Rwanda Ministry of Local Government, 2001; 引用於 Linda Melvern, *Conspiracy to Murder: the Rwandan Genocide* (London: Verso, 2004), p. 251.

51 我對 Melvern, *Conspiracy to Murder*, p. 56的解讀。

第 8 章

1 Hyman Levy, *Modern Science* (London: Hamish Hamilton, 1939), p. 710.

2 關於這點的重要性，參見我對 Vannevar Bush的 *Science,the Endless Frontier*一書的分析。David Edgerton, ' "The linear model" did not exist: Reflections on the history and historiography of science and research in industry in the twentieth century', in Karl Grandin and Nina Wormbs (eds.), *The Science–Industry Nexus: History, Policy, Implications* (New York: Watson, 2004), and Sven Widalm, 'The Svedberg and the Boundary between science and industry: laboratory practice, policy and media images', *History and Technology*, Vol. 20 (2004), pp. 1–27.

3 Edgerton, ' "The linear model" '.

4 From Alec Nove, *The Economics of Feasible Socialism* (London: Allen & Unwin, 1983).

5 請參見以下這篇很棒的論文，John Howells, 'The response of Old Technology Incumbents to Technological Competition – Does the sailing ship effect exist?', *Journal of Management Studies*, Vol. 39 (2002), pp. 887–906.

6 Leslie Hannah, 'The Whig Fable of American Tobacco, 1895–1913', *Journal of Economic History* (forthcoming, 2006).

7 Ulrich Marsh, 'Strategies for Success: research organisation in the German chemical companies until 1936', *History and Technology*, Vol. 12 (1994), pp. 23–77，也請參見一

般標準的解釋，例如Leonard S. Reich, *The Making of American Industrial Research: Science and Business at GE and Bell, 1876–1926*(Cambridge: Cambridge University Press, 1985) and D. A. Hounshell and J. K.Smith, *Science and Corporate Strategy: DuPont R&D* (Cambridge: Cambridge University Press, 1988). 請特別注意在這些著作裡，「科學」一詞如何等同於「研究與發展」。

8 Michael Dennis, 'Accounting for Research: new histories of corporate laboratories and the social history of American science', *Social Studies of Science*, Vol. 17 (1987), pp. 479–518; W. Koenig, 'Science-based industry or industry-based science? Electrical engineering in Germany before World War I', *Technology and Culture*, 37 (1996), 70–101.

9 Lindy Biggs, *The Rational Factory: Architecture, Technology and Work in America's Age of Mass Production* (Baltimore: Johns Hopkins University Press, 1996), pp. 106, 110–11.

10 Ronald Miller and David Sawers, *The Technical Development of Modern Aviation* (London: Routledge and Kegan Paul, 1968), p. 266.

11 這些數字來自於布魯金斯研究所不凡的研究，參見 Stephen I. Schwartz, *Atomic Audit: the Costs and Consequences of U.S. Nuclear Weapons since 1940* (Washington: Brookings Institution Press, 1998).

12 我受益於John Howells的論文草稿。

13 S. Griliches and L. Owens, 'Patents, the "frontiers" of American invention, and the Monopoly Committee of 1939: anatomy of a discourse', *Technology and Culture*, Vol. 32 (1991), pp. 1076–93.

14 Ernest Braun, *Futile Progress: Technology's Empty Promise* (London: Earthscan, 1995), pp. 68-9.

15 Joseph A. DiMasi, Ronald W. Hansen and Henry G. Grabowski, 'The price of innovation: new estimates of drug development costs', *Journal of Health Economics*, Vol. 22 (2003), p. 154.

16 前引文, pp.151-185.

17 Antony Arundel and Barbara Mintzes, 'The Benefits of Biopharmaceuticals', *Innogen Working Paper*, No. 14, Version 2.0 (University of Edinburgh, August 2004); Paul Nightingale and Paul Martin, 'The Myth of the Biotech Revolution', *TREND in Biotechnology*, Vol.22, No. 11, November 2004, pp. 564-8.

結論

1 John B. Harms and Tim Knapp, 'The New Economy: what's new, what's not', *Review of Radical Political Economics*, Vol. 35 (2003), pp. 413-36.

2 P. A. David, 'Computer and Dynamo: the Modern Productivity Paradox in a not-too-distant mirror', in OECD, *Technology and productivity: the Challenge for Economic Policy* (Paris: OECD, 1991).

3 *Economist*, 17 January 2004.

4 *Observer*, 8 April 2001.5

5 Martin Stopford, *Maritime Economics*, second edition (London: Routledge, 1997), pp.485-6

參考書目
SELECTED BIBLIOGRAPHY

Books and Articles

Janet Abbate, *Inventing the Internet* (Cambridge, MA: MIT Press, 1999)
Itty Abraham, *The Making of the Indian Atomic Bomb: science, secrecy and the postcolonial state* (London: Zed books, 1998)
Michael Adas, *Machines as the Measure of Men: Science, Technology and Ideologies of Western Dominance* (Ithaca: Cornell University Press, 1989)
David Arnold, 'Europe, Technology and Colonialism in the 20th Century', *History and Technology*, vol. 21 (2005)
Jonathan Bailey, *The First World War and the Birth of the Modern Style of Warfare* (Camberley: Strategic and Combat Studies Institute, Occasional Paper No. 22, 1996)
— *Field Artillery and Firepower* (Annapolis: Naval Institute Press, 2004)
George Basalla, *The Evolution of Technology* (Cambridge: Cambridge University Press, 1988)
Arnold Bauer, *Goods, Power History: Latin America's Material Culture* (Cambridge: Cambridge University Press, 2001)
Z. Bauman, *Modernity and the Holocaust* (Cambridge: Polity, 1989)
Tami Davis Biddle, *Rhetoric and Reality in Air Warfare: the Evolution of British and American*

Ideas about Strategic Bombing, 1914–1945 (Princeton: Princeton University Press, 2002)

Lindy Biggs, *The Rational Factory: Architecture, Technology and Work in America's Age of Mass Production* (Baltimore: Johns Hopkins University Press, 1996)

Sue Bowden and Avner Offer, 'Household appliances and the use of time: the United States and Britain since the 1920s', *Economic History Review*, Vol. 67 (1994)

William Boyd, 'Making Meat: Science, Technology, and American Poultry Production', *Technology and Culture*, Vol. 42 (2001)

S. Brand, *How Buildings Learn: What Happens after They're Built* (London: Penguin, 1994)

Ernest Braun, *Futile Progress: Technology's Empty Promise* (London: Earthscan, 1995)

Michael Burawoy, *The Politics of Production* (London: Verso, 1985)

Cynthia Cockburn and Susan Ormrod, *Gender and Technology in the Making* (London: Sage, 1993)

Hera Cook, *The Long Sexual Revolution: English Women, Sex, and Contraception, 1800–1975* (Oxford: Oxford University Press, 2004)

Caroline Cooper, *Air-conditioning America: Engineers and the Controlled Environment, 1900–1960* (Baltimore: Johns Hopkins University Press, 1998)

P. A. David, 'Computer and Dynamo: the Modern Productivity Paradox in a not-too-distant mirror', in OECD, *Technology and Productivity: the Challenge for Economic Policy* (Paris: OECD, 1991)

— 'Heroes, Herds and Hysteresis in Technological History: Thomas Edison and "The Battle of the Systems" Reconsidered', *Industrial and Corporate Change*, Vol. 1, No. 1 (1992)

Michael Dennis, 'Accounting for Research: new histories of corporate laboratories and the social history of American science', *Social Studies of Science*, Vol. 17 (1987)

Development and Planning Unit, *Understanding Slums: Case Studies for the Global Report on Human Settlements,* Development and Planning Unit, UCL. See *http://www.ucl.ac.uk/dpu-projects/Global_Report/*

R. L. DiNardo and A. Bay, 'Horse-Drawn Transport in the German Army,' *Journal of Contemporary History*, Vol. 23 (1988)

T. N. Dupuy, *The Evolution of Weapons and Warfare* (New York: Da Capo, 1990; first published 1984)

David Edgerton, 'Tilting at Paper Tigers', *British Journal for the History of Science*, Vol. 26

(1993)

— 'De l'innovation aux usages. Dix thèses éclectiques sur l'histoire des techniques', *Annales HSS*, July–October 1998, Nos. 4–5. English version: 'From Innovation to Uses: ten (eclectic) theses on the history of technology,' *History and Technology*, Vol. 16 (1999)

— ' " The linear model" did not exists: reflections on the history and historiography of science and research in industry in the twentieth century', in Karl Grandin and Nina Wormbs (eds.), *The Science-Industry Nexus: History, Policy, Implications* (New York: Watson, 2004)

— *Warfare State: Britain, 1920–1970* (Cambridge: Cambridge University Press, 2005)

Gail A. Eisnitz, *Slaughterhouse: the Shocking Story of Greed, Neglect and Inhumane Treatment inside the US Meat Industry* (New York: Prometheus Books, 1997)

Gil Elliot, *Twentieth Century Book of the Dead* (London: Allen Lane, 1972)

Jon Elster, *Explaining Technical Change* (Cambridge: Cambridge University Press, 1983)

R. J. Evans, *Rituals of Retribution: Capital Punishment in Germany 1600–1987* (Oxford: Oxford University Press, 1996)

Claude S. Fischer, *America Calling: a Social History of the Telephone to 1940* (Berkeley: University of California Press, 1992)

Jim Fitzpatrick, *The Bicycle in Wartime: an Illustrated History* (London: Brassey's, 1998)

Sheila Fitzpatrick, *Stalin's Peasants: Resistance and Survival in the Russian Village after Collectivization* (New York: Oxford University Press, 1994)

R. W. Fogel, 'The new economic history: its findings and methods', *Economic History Review*, Vol. 19 (1966)

Robert Friedel, *Zipper: an Exploration in Novelty* (New York: Norton 1994)

Rob Gallagher, *The Rickshaws of Bangladesh* (Dhaka: The University Press, 1992)

Siegfried Giedion, *Mechanization Takes Command: a contribution to Anonymous History* (New York: Oxford University Press, 1948; W. W. Norton edition, 1969)

Kees Gispen, *Poems in Steel: National Socialism and the Politics of Inventing from Weimar to Bonn* (New York: Berghahn Books, 2002)

Arnulf Gruebler, *Technology and Global Change* (Cambridge: Cambridge University Press, 1998)

John A. Hall (ed.), *The State of the Nation: Ernest Gellner and the Theory of Nationalism* (Cambridge: Cambridge University Press, 1998)

Daniel R. Headrick, *The Tentacles of Progress: Technology Transfer in the Age of Imperialism, 1850–1940* (New York: Oxford University Press, 1988)

— *The Invisible Weapon: Telecommunications and International Politics, 1851–1945* (New York: Oxford University Press, 1991)

C. Hitch and R. McKean, *The Economics of Defense in the Nuclear Age* (Cambridge, MA: Harvard University Press, 1960)

David. A. Hounshell, *From the American System to Mass Production, 1800–1932: The Development of Manufacturing Technology in the United States* (Baltimore: Johns Hopkins University Press, 1984)

David. A. Hounshell and J. K. Smith, *Science and Corporate Strategy: Du Pont R&D* (Cambridge: Cambridge University Press, 1988)

John Howells, 'The response of Old Technology Incumbents to Technological Competition—Does the sailing ship effect exists?', *Journal of Management Studies*, Vol. 39 (2002)

— *The Management of Innovations and Technology* (London: Sage, 2005)

Thomas Hughes, *American Genesis: a Century of Invention and Technological Enthusiasm* (New York: Viking, 1989)

John Kurt Jacobsen, *Technical Fouls: Democratic Dilemma and Technological Change* (Boulder: Westview Press, 2000)

Erik E. Jansen, et al., *The Country Boats of Bangladesh: Social and Economic Development and Decision-making in Inland Water Transport* (Dhaka: The University Press, 1989)

Katherine Jellison, *Entitled to Power: Farm Women and Technology 1913–1963* (Chapel Hill: University of North Carolina Press, 1993)

J. Jewkes, et. al., *The Sources of Invention* (London: Macmillan, 1958, 1969)

Paul R. Josephson, *Industrialized Nature: Brute Force Technology and the Transformation of the Natural World* (New York: Shearwater, 2002)

Mary Kaldor, *The Baroque Arsenal* (London: Deutsch, 1982)

Terence Kealey, *The Economic Laws of Scientific Research* (London: Macmillan, 1996)

V. G. Kiernan, *European Empires from Conquest to Collapse, 1815–1960* (London: Fontana, 1982)

Ronald R. Kline, *Consumers in the Country: Technology and Social Changes in Rural America*

(Baltimore: John Hopkins University Press, 2000)
Arnold Krammer, 'Fueling the Third Reich', *Technology and Culture*, Vol. 19 (1978)
George Kubler, *The Shape of Time: Remarks on the History of Things* (New Haven: Yale University Press, 1962)
Bruno Latour, *We Have Never Been Modern* (New York: Harvester Wheatsheaf, 1993)
— *Aramis, or the Love of Technology*, trans. By Catherine Porter (Cambridge, MA: Harvard University Press, 1996)
Nina Lerman, Ruth Oldenzeil and Arwen Mohun (eds.), *Gender and Technology: a Reader* (Baltimore: Johns Hopkins University Press, 2003)
J. E. Lesch (ed.), *The German Chemical Industry in the Twentieth Century* (Dordrecht: Kluwer Academic, 2000)
Samuel Lilley, *Men, Machines and History* (second edition) (London: Lawrence & Wishart, 1965)
Svante Lindqvist, 'Changes in the Technological Landscape: the temporal dimension in the growth and decline of large technological systems', in Ove Granstrand (ed.), *Economics of Technology* (Amsterdam: North Holland, 1994)
Erik Lund, 'The Industrial History of Strategy: re-evaluating the wartime record of the British aviation industry in comparative perspective, 1919–1945', *Journal of Military History*, Vol. 62 (1998)
Walter A. McDougall, *The Heavens and the Earth: A Political History of the Space Age* (New York: Basic Books, 1985)
D. MacKenzie and J. Wajcman (eds.), *The Social Shaping of Technology* (Milton Keynes: Open University Press, 1985)
D. MacKenzie, *Knowing Machines: Essays on Technical Change* (Cambridge, MA: MIT Press, 1996)
John McNeill, *Something New under the Sun: an Environmental History of the Twentieth Century* (London: Penguin, 2000)
T. Metzger, *Blood and Volts: Edison, Tesla and the Electric Chair* (New York: Autonomedia, 1996)
Birgit Meyer and Jojada Verrips, 'Kwaku's Car. The Struggles and Stories of a Ghanaian Long-distance Taxi Driver' in Daniel Miller (ed.), *Car Cultures* (Oxford: Berg Publishers, 2001)

Ronald Miller and David Sawers, *The Technical Development of Modern Aviation* (London: RKP, 1968)

David A. Mindell, *Between Human and Machine: Feedback, Control and Computing before Cybernetics* (Baltimore: Johns Hopkins University Press, 2002)

Arwen P. Mohun, *Stream Laundries: Gender, Technology and Work in the United States and Great Britain, 1880–1940* (Baltimore: Johns Hopkins University Press, 1999)

Ricardo Rodríguez Molas, *Historia de la Tortura y el Orden Represivo en la Argentina* (Buenos Aires: Editorial Universitaria de Buenos Aires, 1984), online version at http://www.elortiba.org/tortura.html

Gijs Mom, *The Electric Vehicle: Technology and Expectations in the Automobile Age* (Baltimore: Johns Hopkins University Press, 2004)

Lewis Mumford, *Technics and Civilisation* (London: Routledge and Kegan Paul, 1955; first published 1934)

— 'Authoritarian and Democratic Technics', *Technology and Culture*, Vol. 5 (1964)

— *The Pentagon of Power* (New York: Harcourt, Brace, Jovanovich, 1970)

Alondra Nelson and Thuy Linh N. Tu (eds.), *Technicolar: Race, Technology, and Everyday Life* (New York and London: New York University Press, 2002)

Michael J. Neufeld, *The Rocket and the Reich: Peenemunde and the Coming of the Ballistic Missile Era* (New York: Free Press, 1995)

David Noble, *America by Design: Science, Technology and the Rise of Corporate Capitalism* (New York: Oxford University Press, 1977)

— *Forces of Production: a Social History of Automation* (New York: Oxford University Press, 1985)

Robert S. Norris, *Racing for the Bomb: General Leslie R. Groves, the Manhattan Project's Indispensable Man* (Hanover, NH: Steerforth, 2002)

David Omissi, *The Sepoy and the Raj: Politics of the Indian Army, 1860–1940* (London: Macmillan, 1994)

Arnold Pacey, *The Culture of Technology* (Oxford: Blackwell, 1983)

— *Technology in World Civilisation: a Thousand Year History* (Oxford: Blackwell, 1990)

John V. Pickstone, *Ways of Knowing: a new history of science, technology and medicine* (Manchester: Manchester University Press, 2000)

John Powell, *The Survival of the Fitter: Lives of Some African Engineers* (London: Intermediate Technology, 1995)

Daryl G. Press, 'The myth of air power in the Persian Gulf war and the future of air power', *International Security*, Vol. 26 (2001)

Jean-Claude Pressac and Jan van der Pelt, 'The Machinery of Mass Murder at Auschwitz', in Yisrael Gutman and Michael Berenbaum (eds.), *Anatomy of the Auschwitz Death Camp* (Bloomington: Indiana University Press, 1994)

E. Prokosch, *The Technology of Killing: a Military and Political History of Antipersonnel Weapons* (London: Zed Books, 1995)

Carroll Pursell, 'Seeing the invisible: new perceptions in the history of technology', in *ICON*, Vol. 1 (1995)

— *The Machine in America: a Social History of Technology* (Baltimore: Johns Hopkins University Press, 1995)

Oliver Razac, *Barbed Wire: a Political History* (London: Profile, 2002)

Leonard S. Reich, *The Making of American Industrial Research: Science and Business at GE and Bell, 1876–1926* (Cambridge: Cambridge University Press, 1985)

T. S. Reynolds and T. Bernstein, 'Edison and "the chair"', *IEEE Technology and Society*, 8 (March, 1989)

Pietra Rivoli, *The Travels of a T-shirt in the Global Economy: an Economist Examines the Markets, Power and Politics of World Trade* (Hoboken, NJ: Wiley, 2005)

Nathan Rosenberg, *Perspectives on Technology* (Cambridge: Cambridge University Press, 1976)

— *Inside the Black Box* (Cambridge: Cambridge University Press, 1982)

— *Exploring the Black Box* (Cambridge: Cambridge University Press, 1994)

Edmund Russell, *War and Nature: Fighting Humans and Insects with Chemicals from World War I to Silent Spring* (Cambridge: Cambridge University Press, 2001)

Witold Rybczynski, *One Good Turn: A Natural History of the Screwdriver and the Screw* (New York: Simon & Schuster, 2000)

Raphael Samuel, 'The workshop of the world: steam power and hand technology in mid-Victorian Britain', *History Workshop Journal*, No. 3 (1977)

— *Theatres of Memory: past and present in contemporary culture* (London: Verso, 1994)

Charles Sabel and Jonathan Zeitlin, 'Historical Alternatives to Mass Production: Politics, Markets and Technology in Nineteenth-century Industrialization', *Past and Present*, No. 108 (1985)

Virginia Scharff, *Taking the Wheel: Women and Coming of the Motor Age* (Albuquerque: University of the New Mexico Press, 1992)

Eric Schatzberg, *Wings of Wood, Wings of Metal: Culture and Technical Choice in American Airplane Materials, 1914–1945* (Princeton: Princeton University Press, 1998)

— '*Technik* comes to America: changing meanings of *Technology* before 1930', *Technology and Culture*, Vol. 46 (2006)

Eric Schlosser, *Fast Food Nation* (London: Penguin, 2002)

Ralph Schroeder, 'The Consumption of Technology in Everyday Life: Car, Telephone, and Television in Sweden and America in Comparative-Historical Perspective', *Sociological Research Online*, Vol. 7, No. 4.

Ruth Schwartz Cowan, *More Work for Mother: the Ironies of Household Technology from the Open Hearth to the Microwave* (New York: Basic Books, 1983)

Stephen I. Schwartz, *Atomic Audit: the Costs and Consequences of U. S. Nuclear Weapons since 1940* (Washington: Brookings Institution Press, 1998)

Philip Scranton, *Endless Novelty: Specialty Production and American Industrialization* (Princeton: Princeton University Press, 1997)

Neil Sheehan, *The Bright Shining Lie: John Paul Vann and America in Vietnam* (London: Vintage, 1989)

Haruhito Shiomi and Kazuo Wada (eds.), *Fordism Transformed: the Development of Production Methods in the Automobile Industry* (Oxford: Oxford University Press, 1995)

Bruce Sinclair (ed.), *Technology and the African-American Experience: Needs and Opportunities for Study* (Cambridge, MA: MIT Press, 2004)

John Singleton, 'Britain's Military Use of Horses 1914–1918', *Past and Present*, No. 139 (1993)

James Small, *The Analogue Alternative: the Electronic Analogue Computer in Britain and the USA, 1930–1975* (London: Routledge, 2001)

Vaclav Smil, *Energy in World History* (Boulder: Westview Press, 1994)

Anthony Smith (ed.), *Television: an international history* (Oxford: Oxford University Press,

1995)

Merrit Roe Smith (ed.), *Military Enterprise and Technological Change: Perspectives on the American Experience* (Cambridge, MA: MIT Press, 1985)

Merrit Roe Smith and L. Marx (eds.), *Does Technology Drive History? The Dilemma of Technological Determinism* (Cambridge, Mass.: MIT Press, 1994)

Raymond G. Stokes, *Constructing Socialism: Technology and Change in East Germany 1945–1990* (Baltimore: Johns Hopkins University Press, 2000)

Anthony Stranges, 'Friedrich Bergius and the Rise of the German Synthetic Fuel Industry', *ISIS*, Vol. 75 (1984)

— 'From Birmingham to Billingham: high-pressure coal hydrogenation in Great Britain', *Technology and Culture*, Vol. 26 (1985)

A. C. Sutton, *Western Technology and Soviet Economic Development 1930 to 1945* (Stanford: Hoover Institution, 1971)

— *Western Technology and Soviet Economic Development 1945 to 1965* (Stanford: Hoover Institution, 1973)

Andrea Tone, *Devices and Desires: a History of Contraceptives in America* (New York: Hill and Wang, 2001)

J. N. Tønnessen and A. O. Johnsen, *The History of Modern Whaling* (trans. By R. I. Christophersen) (London: Hurst, 1982)

Colin Tudge, *So Shall We Reap* (London: Allen Lane, 2003)

Martin Van Creveld, *Technology and War: from 2000 BC to the Present* (London: Brassey's, 1991)

W. Vincenti, *What Engineers Know and How They Know it: Studies from Aeronautical History* (Baltimore: Johns Hopkins University Press, 1990)

P. Weindling, 'The uses and abuses of biological technologies: Zyklon B and gas disinfestation between the First World War and the Holocaust', *History and Technology*, Vol. 11 (1994)

Tony Wheeler and Richard l'Anson, *Chasing Rickshaws* (London: Lonely Planet, 1998)

Langdon Winner, *Autonomous Technology: Technics-out-of-Control as a Theme in Political Thought* (Cambridge, MA: MIT Press, 1977)

Peter Worsley, *The Three Worlds: Culture and World Development* (London: Weidenfeld and Nicolson, 1984)

Jonathan Zeitlin, 'Flexibility and Mass Production at War: Aircraft Manufacturing in Britain, the United States, and Germany, 1939–1945', *Technology and Culture*, Vol. 36 (1995)

Journals

History and Technology
History of Technology
ICON
Technology and Culture

大衛・艾傑頓重要著作目錄選輯

專書：

England and the Aeroplane: An Essay on a Militant and Technological Nation (London: Macmillan, 1991).

再版：*England and the Aeroplane: Militarism, Modernity and Machines* (London: Penguin, 2013).

Science, Technology and the British Industrial 'Decline' ca. 1870-1970 (Cambridge: Cambridge University Press/ Economic History Society, 1996).

Warfare State: Britain 1920-1970 (Cambridge: Cambridge University Press, 2005).

The Shock of the Old: Technology and Global History since 1900 (London: Profile, 2007/ New York: Oxford University Press, 2007).

Britain's War Machine: Weapons, Resources and Experts in the Second World War (London: Penguin, 2011)

主編之論文集：

Innovation and Research in Business (Cheltenham: Edward Elgar, 1996).

調查報告：

with K.S. Hughes, *Science and Industrial Research and Development in Scotland: An Analysis with recommendations* (Glasgow: Scottish Foundation for Economic Research, 1993).

論文：

'Technological Innovation, Industrial Capacity and Efficiency: Public Ownership and the British Military Aircraft Industry, 1935-1948', *Business History*, Vol. 26 (1984), pp. 247-279.

'Industrial Research in the British Photographic Industry 1879-1939', in Jonathan Liebenau (ed.), *The Challenge of New Technology: Innovation in British Business since 1850* (Aldershot: Gower, 1988), pp. 106-134.

'Science and Technology in British Business History', *Business History*, Vol. 29 (1987), pp. 84-103. Also in R.P.T. Davenport-Hines and G. Jones (eds.), *Enterprise, Management and Innovation in British Business*, 1914-1960 (Cass, 1988), pp. 84-103.

with P.J. Gummett, 'Science, Technology Economics and War in the Twentieth Century' in G. Jordan (ed.), *A Guide to the Sources of British Military History* (New York: Garland, 1988), pp. 477-500.

'The Relationship between Military and Civil Technologies: A Historical Perspective', in P.J. Gummett and J. Reppy, *The Relations between Defence and Civil Technologies* (Dordrecht: Kluwer, 1988), pp. 106-114.

'The State, War and Technical Innovation in Great Britain, 1930-1950: The Contrasts of Military and Civil Industry', in M. McNeill et al (eds.), *Deciphering Science and Technology* (London: Macmillan, 1990) - Explorations in Sociology Series.

with K.S. Hughes, 'The Poverty of Science: A Critical Analysis of Scientific and Industrial Policy Under Mrs Thatcher', *Public Administration*, 67 (Winter 1989), pp. 419-433.

'Science and War' in R. Olby et al (eds.), *The Companion to the History of Modern Science* (London: Routledge, 1990), pp. 934-945.

'Liberal Militarism and the British State', *New Left Review*, No.185 (1991), pp. 138-169.

'The Prophet Militant and Industrial: The Peculiarities of Correlli Barnett', in *Twentieth*

Century British History, Vol. 2, No. 3 (1991), pp. 360-379.
'Whatever happened to the British Warfare State? The Ministry of Supply, 194 5-1951', in Helen Mercer et al, (eds), *The Labour Government 1945-51 and the Private Industry : the experience of 1945-1951* (Edinburgh University Press, 1992), pp. 91-116.
'Tilting at Paper Tigers: Essay Review of MacKenzie, Inventing Accuracy', *British Journal for the History of Science*, Vol. 26 (1993), pp. 67-75.
with Sally Horrocks, 'British Industrial Research and Development before 1945', *Economic History Review*, Vol. 47 (1994), pp. 213-238 [T. S. Ashton Prize 1991-1992].
'British Industrial Research and Development, 1900-1970', *Journal of European Economic History*, Vol. 23 (1994), pp. 49-67.
'Research, Development and Competitiveness', in K. Hughes ed., *The Future of UK Industrial Competitiveness and the role of Industrial Policy* (London: Policy Studies Institute, 1994), pp. 40-54.
'Public Ownership and the British Arms Industry, 1920-1950' in Robert Millward and John Singleton (eds), *The Political Economy of Nationalisation, 1920-1950* (Cambridge: Cambridge University Press, 1995), pp. 164-188.
with Hans-Joachim Braun, 'Spin-off from European aircraft industries in the interwar years', in Francois Caron, Paul Erker and Wolfram Fischer (eds), *Innovations and the European Economy Between the Wars* (Berlin/New York: de Gruyter, 1995), pp. 119-130
with K. Hughes, 'British Science Policy in the 1990s: Technocracy and the Market', *Science, Technology and Innovation*, Vol 8, No 4 (1995), pp. 21-26.
'The "White Heat" Revisited: British Government and Technology in the 1960s' *Twentieth Century British History*, Vol. 7 (1996), pp. 53-82.
'British Scientists and the relations of Science and War in Twentieth Century Britain', in Paul Forman and J.M. Sanchez Ron (eds.) *National Military Establishments and the Advancement of Science: Studies in Twentieth Century History* (Dordrecht: Kluwer, 1996), pp. 1-35.
'Science in the United Kingdom: A Case Study in the Nationalisation of Science', in John Krige and Dominique Pestre (eds.), *Science in the Twentieth Century* (Harwood, 1997), pp. 759-776.
'Tony Blair's Warfare State', *New Left Review*, No 230 (July-August 1998), pp. 123-130.

'De l'innovation aux usages. Dix thèses éclectiques sur l'histoire des techniques' *Annales HSS* juillet-octobre 1998, Nos 4-5, pp. 815-837.

'Science and the Nation: Towards New Histories of Twentieth Century Britain', Inaugural Lecture as Hans Rausing Professor, Imperial College, October 2002 in *Historical Research*, Vol. 78 (2005), pp. 96-112.

'"The Linear Model" Did not Exist: Reflections on the History and Historiography of Science and Research in Industry in the Twentieth Century' in Karl Grandin, Nina Wormbs, Sven Widmalm (eds), *The Science–Industry Nexus: History, Policy, Implications.* (New York: Watson, 2005), pp. 31-57.

'C.P. Snow as an Anti-Historian of British Science: Revisiting the Technocratic Moment, 1959-1964', *History of Science*, Vol. 43 (2005), pp. 187-208.

'Creole Technologies and Global Histories: Rethinking How Things Travel in Space and Time', *HoST: An International Journal for the History of Science and Technology*, Vol.1, No.1 (2007), pp. 1-31.

'The Contradictions of Techno-Nationalism and Techno-Globalism', *New Global Studies*, Vol. 1, No.1 (2007), pp. 1-32.

'The Primacy of Foreign Policy? Britain in the Second World War' in William Mulligan and Brendan Simms (eds), *Primacy of Foreign Policy in British History* (London: Palgrave, 2010), pp. 291-304.

'Invention, Technology or History: What Is the Historiography of Technology about?', *Technology and Culture*, Vol. 51 (2010), pp. 680-697 [PDF publication].

"War and Reconstruction – Rethinking the British Case and Its Implications' in Mark Mazower, Jessica Reinisch and David Feldman (eds), *Post-war Reconstruction in Europe: International Perspectives, 1945-1949, Past and Present*, No. 210 (Supplement 6) (2011), pp. 29-46.

'Time, Money, and History', *ISIS*, Vol. 103, No. 2 (June 2012), pp. 316-327.

'Doomed to Failure? Wilson's 'White Heat of the Scientific Revolution' and Renewal of Britain', *British Politics Review*, Vol. 9, No. 3 (2014), pp. 12-13.

'War, Invention, and Experts', in Richard Overy (eds), *The Oxford Illustrated History of World War Two* (Oxford: Oxford University Press, 2015), pp.344-372.

'Controlling resources: coal, iron-ore and oil in the Second World War', in Michael Geyer

and Adam Tooze (eds), *Cambridge History of the Second World War (Vol III): Total War: Economy, Society, Culture at War* (Cambridge: Cambridge University Press, 2015), pp. 122-148.

左岸科學人文　248

老科技的全球史

The Shock of the Old

Technology and global history since 1900

科技部經典譯注計畫

作　　者　大衛・艾傑頓（David Edgerton）
譯　　者　李尚仁
總 編 輯　黃秀如
責任編輯　林巧玲
封面設計　許晉維

社　　長　郭重興
發行人暨出版總監　曾大福
出　　版　左岸文化
發　　行　遠足文化事業股份有限公司
231新北市新店區民權路108-2號9樓
電　　話　(02)2218-1417
傳　　真　(02)2218-8057
客服專線　0800-221-029
E-Mail　service@bookrep.com.tw
左岸臉書　facebook.com/RiveGauchePublishingHouse
法律顧問　華洋法律事務所　蘇文生律師
印　　刷　呈靖彩藝有限公司
初版一刷　2016年12月
初版四刷　2021年2月
定　　價　420元
I S B N　978-986-5727-46-8

老科技的全球史／
大衛・艾傑頓（David Edgerton）著；李尚仁譯.
－初版.－新北市：左岸文化出版：
遠足文化發行，2016.12
面；　公分.－(左岸科學人文；248)
譯自：The shock of the old :
technology and global history since 1900
ISBN　978-986-5727-46-8（平裝）
1.科學技術 2.歷史 3.二十世紀
409　　105018368